JN193771

リーマン面の理論

寺杣 友秀 著

森北出版株式会社

まえがき

　リーマン面の理論は，代数幾何学，微分幾何学，位相幾何学，複素解析学など，現代数学の諸分野において多くの理論のひな型となっている．複素関数論，位相空間論，多様体論を一通り学んだ学生がさらに次のステップに進むときに，リーマン面の理論を理解しておくことは有用であろう．本書では複素関数論，位相空間論，多様体論の基礎的な部分を既知として，リーマン面の基礎となる事実を扱う．どういった動機でリーマン面の考え方が起こり，どう利用されていったのか一連のストーリーを理解しておくことは，代数幾何の分野を学ぼうとしている人にはもちろんのこと，そのほかの諸分野をより深く学ぼうとしている人にも有用なことであると思うので，ここでその一端をふり返ってみよう．

　初等超越関数とよばれる，三角関数，指数関数，対数関数から一歩踏み出した超越関数である楕円積分や楕円関数の研究は，オイラーやガウスによって始められた．三角関数と指数関数は複素関数のレベルにまで一般化されたとき，それらは本質的に同じものであるということは，オイラーの等式を通してオイラーによって発見された事実である．指数関数が虚数 $2\pi i$ を周期にもつ周期関数であることがこれからわかる．その一般化として，楕円関数が2重の周期をもつ関数として定義された．このように，楕円関数は，周期性をもつという点が三角関数と似ている点である．もう一つの特徴的な性質として，三角関数と類似の加法定理が成り立つということがある．楕円関数の加法定理は，楕円曲線の代数幾何学的な演算の帰結であることがわかってきた．

　この過程で，関数を考えるためにその関数の定義域であるべき「もの」がどういったものであるか，を考えることが重要であることが，次第に認識されていったのであるが，そのことを数学的にはっきり言い切ったのがリーマンである．その定義域として採用したのが，リーマン面である．その際，理論の根拠となった事実が，正則関数の一致の原理と解析接続の考え方であった．さらに，楕円積分を定義するための微分形式はそのリーマン面の上の微分形式と考えるべきで，そのためにはリーマン面自体をより正確に定め，研究することが大切であることが明らかになってきた．

　そうして，楕円積分や超楕円積分の理論を進展させるには，いくつかはっきりさせておかなければならない基本的問題が整理されていった．その一つが，本書でもちょうど真ん中あたりで扱うリーマン–ロッホの定理とも関連することで，リーマン面上にどれくらい多くの有理関数があるか？ という問題である．この問題を考えるうえで，

コンパクト・リーマン面においては，その「種数」が重要な役割を果たす．種数は連続変形で変わらない位相的な不変量で，そういったものが「有理関数がどれくらい存在するか」をコントロールするのである．

楕円積分は，正則微分形式の積分として，一般のリーマン面に一般化される．種数が g のコンパクト・リーマン面においては，正則微分形式の積分には $2g$ 個の周期が存在することがわかる．一般の複素多様体において，位相的なサイクル上で微分形式を積分するという操作により，ド・ラム・コホモロジー群と特異ホモロジーの間の双一次形式が定まり，これは互いの他の双対を与える．この双一次形式を周期積分という．本書ではリーマン面の場合に話を限って，周期積分を扱う．

リーマン面の積分周期は，位相的な不変量よりさらに精密なリーマン面の同型類から定まり，リーマン面の不変量となる．楕円積分の場合は，正則微分形式の二つの周期は楕円関数の 2 重周期を引き起こす．楕円関数の定義域としてのリーマン面は楕円曲線とよばれるが，その楕円曲線の上で与えられた極と零点をもつ有理関数の存在は，その周期によって完全に記述される．この事実をリーマン面の場合に一般化したのがアーベル–ヤコビの定理である．その意味でアーベル–ヤコビの定理は関数論的な定理といえるが，一方ではリーマン面の上の点の重複度まで込めた配置がいつ有理関数の極あるいは零点になるか，という問題ととらえれば，代数幾何の問題ともいえる．本書では扱うことはできないが，この考え方は高次元の場合にも一般化され，チャウ群という群の研究へと発展する．

リーマン面とその上の複素関数や複素積分を扱う複素関数論が発展する一方で，一般の多様体や代数多様体の代数的扱いをスムーズに行うために，コホモロジーの理論が整備されてきた．コホモロジー理論はその後抽象化され，代数幾何のみならず，数論幾何の分野にも応用されるようになり発展し，現代数学では欠くことのできない項目となっている．こういった道具がいかに強力なものであるかを体感してもらうためにも，リーマン面は恰好の題材であると思われる．本書では，コホモロジー的な原理がいかに有効であるかということが理解できるよう，入門的な観点から説明しようと試みる．

本書で仮定している知識，および本書の構成

本書を理解するために必要な知識としては，複素関数論，位相空間論および，多様体論の初歩の部分で，数学科の 3 年生くらいの知識を想定している．これらの知識の仮定のもとで自己完結するように心掛けた．また，必要な知識を以下にまとめてあげておいたので，参考文献と併せて読むことも可能であろう．

多様体においては，多様体に関する基礎知識に加え，微分形式の理論を既知として

仮定した．これについては [M1] などの教科書を参照されたい．また代数の知識としては，加群や環の初歩的な知識を本文の中で用いているが，これらの言葉などについても付録でごく大雑把に述べたので，[H1] などの代数の教科書を参照して補いながら読むとよいだろう．5.4 節で用いられる楕円型作用素のフレドホルム性については，関数解析を用いた議論が必要である．この部分はさまざまな結果を導くうえで本質的な部分であるが，その証明の概略を付録で与えた．この部分だけ超越的な議論が必要となる．コホモロジーの有限次元性の証明にはほかの方法もあるが，全体の議論がより自然になるように，ここではフレドホルム性を示す方法を採用した．

次に，本書の構成について述べたい．まず，第 1 章では，古典的にはどのような経緯でリーマン面が生まれてきたかということを，楕円曲線と楕円関数の周期を題材に説明する．この部分は論理的には独立して読めるので，飛ばすことも可能ではあるが，リーマン面を考える動機付けとしてあとの理解に役立つものと思う．

第 2 章は 1 変数複素関数論の復習で，これはリーマン面の局所的な性質を導くうえで基本的なものをまとめた．複素関数論では正則関数の考え方が重要で，特にコーシーの積分定理とコーシーの積分公式が基本となっている．

複素関数論の準備のもとで，第 3 章でリーマン面の定義とその例を述べた．複素平面における正則関数の概念はリーマン面においても一般化される．

第 4 章から第 6 章はコンパクト・リーマン面の性質を考えるうえで重要になってくる事項，特に，与えられた有限個の点で与えられた位数の極を許すような正則関数，つまり有理関数がどれくらいあるかということに対して有効な手段である，リーマン – ロッホの定理，セールの双対定理を目標としている．そのために有効な手段である層とそのコホモロジーの理論を第 4 章で導入した．第 5, 6 章では，層のコホモロジーを使って上記二つの定理の証明をするのが目的である．鍵となるのがコンパクト・リーマン面における正則関数の層の環上の局所自由加群の層のコホモロジーの有限次元性定理で，コンパクト多様体上の楕円型偏微分作用素のフレドホルム性はここに使われる．

リーマン – ロッホの定理に現れる種数の概念が位相的に定義されるものと一致することや整係数ホモロジーとの関連は，第 8 章で述べるアーベルの定理の証明で使われるが，そのための基本事項を第 7 章で述べた．リーマン面の本としての基本事項はだいたい第 8 章までといえる．

第 9 章から第 11 章は，リーマン面上の周期積分と関連したトピックスを扱った．第 9 章は，第 8 章のアーベルの定理に現れたヤコビ多様体を一般化したアーベル多様体と，その上のテータ関数について述べた．テータ関数を用いてアーベル多様体が射影空間に埋め込まれることの概略を述べるのがこの章の目的である．第 10 章は，楕円関数の満たす微分方程式をリーマン面の複素解析族に対して一般化したガウス – マニン

接続についての概略を述べた．第 11 章は，楕円曲線とそのモジュライ空間から生まれる保型形式についてのトピックスについてふれた．これについては軽くふれただけなので，興味をもたれた読者は，保型形式に関する本にあたられることをお勧めする．

2019 年 9 月

著　　者

目　次

第1章　楕円関数の2重周期性と楕円曲線 　　1

1.1　三角関数と楕円関数·· 1

1.2　振り子の運動と楕円関数·· 3

1.3　3次曲線と楕円関数の周期性·· 5

1.4　三角関数の加法定理と3次曲線の加法·································· 7

1.5　楕円関数の加法定理·· 11

1.6　楕円曲線を複素数で考える·· 13

1.7　楕円関数と二つの周期·· 15

1.8　複素積分と楕円関数·· 17

章末問題··· 20

第2章　複素関数論からの準備 　　21

2.1　正則関数·· 21

2.2　コーシーの積分定理とコーシーの積分公式······························ 23

2.3　正則関数の解析接続·· 26

2.4　対数関数と平方根の一意化リーマン面·································· 31

2.5　複素領域上の有理型関数·· 34

章末問題··· 35

第3章　リーマン面の定義と正則関数 　　36

3.1　リーマン面の定義·· 36

3.2　平面曲線·· 37

3.3　超楕円曲線·· 41

3.4　正則関数と有理型関数·· 43

3.5　微分形式の型と正則微分形式，有理型微分形式·························· 46

3.6　正則微分形式の例（超楕円曲線の場合）································ 51

3.7　正則微分形式の例（平面曲線の場合）とポアンカレ留数·················· 52

3.8　位相空間のホモロジー·· 54

3.9　微分形式とコーシーの積分定理·· 57

章末問題 ……………………………………………………………………………… 59

第4章　層とそのコホモロジー　　　　　　　60

4.1　正則関数の環，収束べき級数の環，イデアルの例 ………………………… 60

4.2　前層と層 …………………………………………………………………………… 61

4.3　帰納極限 …………………………………………………………………………… 64

4.4　層の茎と層化 ……………………………………………………………………… 66

4.5　加群の層の準同型の核，余核 ………………………………………………… 69

4.6　層のコホモロジーと長完全列 ………………………………………………… 72

4.7　層のテンソル積，順像と逆像 ………………………………………………… 76

章末問題 ……………………………………………………………………………… 76

第5章　正則ベクトル束とリーマン面上の有理関数　　　77

5.1　正則ベクトル束と局所自由 $\mathcal{O}_X$ 加群 ……………………………………… 77

5.2　ドルボーの補題 …………………………………………………………………… 81

5.3　1の分解とチェック・コホモロジー ………………………………………… 84

5.4　ドルボー・コホモロジーの有限次元性 ……………………………………… 87

5.5　正則直線束と因子群，因子類群 ……………………………………………… 90

5.6　リーマン–ロッホの定理と有理型関数の存在 ……………………………… 92

5.7　リーマン面の正則写像と分岐 ………………………………………………… 98

5.8　コンパクト・リーマン面の有理型関数 …………………………………… 101

章末問題 …………………………………………………………………………… 103

第6章　セールの双対定理　　　　　　　　104

6.1　可換環上の自由加群とその双対加群 ……………………………………… 104

6.2　双対ベクトル束と自然な双一次形式 ……………………………………… 105

6.3　射影直線上の直線束のコホモロジー ……………………………………… 107

6.4　グロタンディークの定理と射影直線上のセールの双対定理 …………… 110

6.5　層の順像，逆像，射影公式 ………………………………………………… 112

6.6　セールの双対定理の証明 …………………………………………………… 116

6.7　リーマン–ロッホの定理の書き換えと応用 ……………………………… 120

章末問題 …………………………………………………………………………… 122

第7章　コンパクト・リーマン面と代数曲線　　　123

7.1　フルビッツの定理 …………………………………………………………… 123

7.2　位相空間としてのリーマン面の種数 ……………………………………… 125

7.3　複素平面曲線の種数 ··· 127

7.4　コンパクト・リーマン面の射影空間への埋め込み ················· 128

　　章末問題 ·· 132

第8章　周期積分，ヤコビ多様体とアーベルの定理　　133

8.1　ポアンカレの補題とド・ラムの定理 ································· 133

8.2　リーマン面のトポロジー，交叉形式と微分形式の外積 ········· 139

8.3　シンプレクティックな基底とリーマンの2次関係式 ············ 140

8.4　周期格子，ヤコビ多様体とピカール群 ···························· 144

8.5　アーベルの定理とアーベル–ヤコビ写像 ··························· 148

　　章末問題 ·· 151

第9章　アーベル多様体　　153

9.1　偏極ホッジ構造とアーベル多様体 ··································· 153

9.2　主偏極ホッジ構造の周期とテータ関数 ···························· 156

9.3　アーベル多様体の射影埋め込み ······································ 160

9.4　超楕円曲線のヤコビ多様体 ·· 162

9.5　ヒッチン理論に向けて ·· 164

　　章末問題 ·· 166

第10章　周期積分と微分方程式　　168

10.1　ルジャンドルの楕円積分 ·· 168

10.2　接続と微分方程式 ·· 170

10.3　リーマン面の複素解析族 ·· 171

10.4　層の複体とハイパー・コホモロジー ······························· 173

10.5　相対正則ド・ラム複体，相対ポアンカレの補題 ················ 175

10.6　ガウス–マニン接続 ··· 179

10.7　ガウスの超幾何関数と周期積分 ····································· 181

　　章末問題 ·· 183

第11章　楕円曲線と保型形式　　184

11.1　ラマヌジャンと分割数とラマヌジャン関数 ······················ 184

11.2　楕円曲線と平面3次曲線 ·· 185

11.3　3次曲線の不変量 ··· 187

11.4　楕円曲線の周期格子 ··· 188

11.5　保型形式と j 不変量 ·· 191

11.6　最後に—有限体上の楕円曲線と志村 – 谷山予想 ·································· 192

　　章末問題 ·· 194

付録 A　環と加群の基本事項　195

A.1　環とその上の加群 ··· 195

A.2　PID（主イデアル整域）と離散付値環 ·· 199

A.3　体とその拡大 ·· 200

付録 B　多様体と微分形式　203

B.1　C^∞ 多様体と C^∞ 写像 ··· 203

B.2　微分形式 ·· 204

B.3　ポアンカレの双対定理と双一次形式 ·· 210

付録 C　ホモロジー代数　212

C.1　複　体 ·· 212

C.2　連結準同型と複体の長完全列 ··· 214

C.3　二重複体と全複体 ·· 217

付録 D　楕円型作用素のフレドホルム性　219

D.1　主定理とその証明に使われる命題 ··· 219

D.2　命題を仮定した定理の証明 ··· 222

D.3　周期的関数とソボレフ・ノルム ··· 224

D.4　多様体上のソボレフ・ノルムに関する定理 ··· 226

D.5　楕円型評価 ·· 229

D.6　楕円型偏微分方程式に関する正則性定理（命題 D.6 の証明）····················· 230

章末問題解答　232

あとがき　241

参考文献　242

索　引　243

第1章

楕円関数の2重周期性と楕円曲線

代表的な初等超越関数の一つに三角関数がある．三角関数は，代数関数の積分として現れる関数の逆関数として定義されていて，その特徴的な性質として周期性がある．この章では，それを自然に拡張した楕円関数の起こりを厳密性にこだわることなく，素朴な形で述べることにしよう．楕円関数は自然に複素関数，特に正則関数に拡張することができて，そうすることによって三角関数にはない2重の周期性をもつ．これを述べるためには，第3章以降で述べるリーマン面を考えることが有効である．

1.1 三角関数と楕円関数

大学の数学において，さまざまな関数の性質を学ぶ．関数の中には多項式で表される関数や，平方根などのように代数的に定義される関数，つまり代数関数とよばれる関数がある一方，高校の数学でも習う $\sin x, \cos x, \tan x$ で代表される三角関数や指数関数，対数関数のように，代数的には表されない関数も存在する．後者は超越関数とよばれ，上にあげた超越関数は**初等超越関数**とよばれる．これらのもつ性質，たとえば加法定理や指数法則などは，これらの関数を考えるうえで基本的な法則といえる．

物理や工学には，これら初等超越関数からさらに一歩進んだ**楕円関数**が使われる．楕円関数にも，三角関数と類似の加法定理などの定理があり，その有用性がガウスやオイラーの時代から次第にわかってきた．楕円関数はたとえば，力学における運動方程式を振り子に対して適用して，厳密な解を求めようとするときに自然に現れる超越関数である．

初等超越関数の特筆すべき特徴はいくつかある．たとえば解析の観点からいえば，これらの関数が比較的単純なテーラー展開をもつことである．もう一つは，代数的な微分方程式の解として定義されることである．たとえば微分方程式の解であることを用いれば，初等超越関数あるいはその逆関数が，代数的な関数を被積分関数とするような積分表示をもつことがわかる．この性質は楕円関数にも受け継がれており，加法定理などの性質も，この事実を基礎に代数的な観点から組み立てることもできる．

よい性質をもった超越関数の枠組みを，どのようにして広げていくか，またそれらは

どのような性質をもっているか，ということは，18，19 世紀の多くの大数学者にとって大きな関心事であった．その中で大きな貢献をした数学者に**ヤコビ**と**アーベル**がいる．その後，代数関数の積分として表される関数の理論が次第に出来上がる中で，統一的に扱う枠組みを提供したのが**リーマン**であった．こうした中で現れたのがリーマン面の考え方で，関数等式などがこういった一般的な枠組みで整理されていった．

　初等超越関数がテーラー展開をもつことは，実数の範囲で考えても意味深いのだが，実はこういった特殊関数は複素数値関数にまで拡張することによって，より定義域が自然にみえてくることがある．また，こういった初等超越関数をテーラー展開を用いて複素平面上の複素数値関数にまで自然に拡張するとき，よい性質を兼ね備えた正則関数に自然に拡張される．

　たとえば，初等超越関数である $x = \cos\theta$ は，厳密には次のようにして定義される．まず，原点を中心とする半径 1 の円，および第一象限にある点 (x, y) を考えて，図 1.1 のように $(1, 0)$ から (x, y) に至る部分の弧を考える．円の方程式は $y = \sqrt{1 - x^2}$ と表されるので，その弧の長さ θ を積分によって求めると，

$$\theta(x) = \int_x^1 \sqrt{\left(\frac{d}{dx}\sqrt{1 - x^2}\right)^2 + 1}\, dx = \int_x^1 \frac{1}{\sqrt{1 - x^2}}\, dx$$

となる．ここで，$\theta = \theta(x)$ の逆関数，すなわち x を θ の関数 $x = \cos\theta$ として定義したものが $\cos\theta$ の定義となる．さらに，これは任意の実数 θ に対して定義域を自然に拡張することができる．図形的な意味を考えると，円の $1/4$ の長さ

$$\frac{\pi}{2} = \int_0^1 \frac{1}{\sqrt{1 - x^2}}\, dx$$

の 4 倍である 2π が周期となることは自然に理解されよう．楕円積分はこの逆三角関数の積分表示を一般化したもので，

$$F(y, \nu) = \int_0^y \frac{1}{\sqrt{(1 - y^2)(1 - \nu^2 y^2)}}\, dy$$

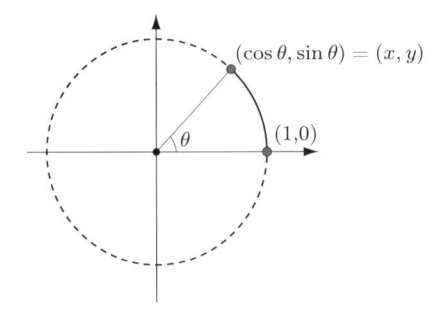

図 1.1　単位円中の弧の長さ

で定義されるものである．ここで，$|\nu| < 1$ を仮定すると，この積分表示に意味があるのは $-1 < y < 1$ の範囲にある場合である．さらに関数等式を書くときには，同時に

$$-\int_0^y \frac{1}{\sqrt{(1-y^2)(1-\nu^2 y^2)}}\, dy$$

といったものを扱ったほうが便利であり，$F(y, \nu)$ の被積分関数は二つの値をとる，普通の意味では関数とはいえない "2価関数" と考えたほうが都合がよい．"2価" の関数を，値がただ一つに決まる通常の意味での関数を定めるようにするための枠組みが必要で，この不都合を解決すべく，リーマン面のアイデアがリーマンにより提唱された．楕円積分がどのような意味で逆三角関数の類似であるかをしばらく眺めてみよう．

1.2　振り子の運動と楕円関数

振り子の振動に関する微分方程式を立てて，その解を求めてみよう．図 1.2 のように，点 O を中心に長さ 1 のひもで重さ 1 の質点 p がつながれている状況を考える．重力加速度は 1 として，点 O を通り重力方向の直線とひものなす角度 θ を時間 t の関数として，θ の満たす微分方程式を立ててみる．最大振れ幅を θ_0 としたとき，最大に振れたときの位置エネルギーは，一番下にある状態を起点とすると，$1 - \cos\theta_0$ となる．角度が θ のときの位置エネルギーは $1 - \cos\theta$ で，そのときの速度は $d\theta/dt$ であることを考えれば，そこでの運動エネルギーは $(1/2)(d\theta/dt)^2$ となる．**エネルギー保存則**によると，位置エネルギーと運動エネルギーの和は常に一定で $1 - \cos\theta_0$ となるので，

$$\frac{1}{2}\left(\frac{d\theta}{dt}\right)^2 + 1 - \cos\theta = 1 - \cos\theta_0$$

となる．これは t に関する関数 $\theta = \theta(t)$ に関する微分方程式なので，これを解いてみよう．変形すると，

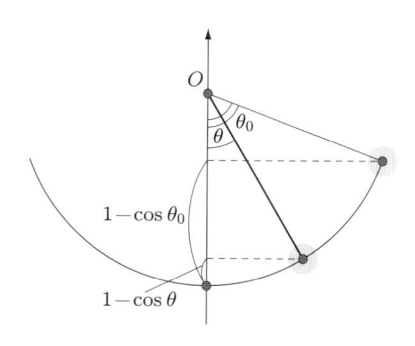

図 1.2　振り子

$$\frac{1}{2}\left(\frac{d\theta}{dt}\right)^2 = \cos\theta - \cos\theta_0$$

$$\frac{d\theta}{dt} = \sqrt{2(\cos\theta - \cos\theta_0)}$$

となる．これは変数分離形の微分方程式なので，求積法で解ける．

$$dt = \frac{1}{\sqrt{2(\cos\theta - \cos\theta_0)}}\,d\theta$$

$$t = \int \frac{1}{\sqrt{2(\cos\theta - \cos\theta_0)}}\,d\theta + C$$

ただし，C は積分定数である．三角関数が出てくる積分なので $u = \tan(\theta/2)$ と変換すると，

$$\sin\theta = \frac{2u}{1+u^2}, \quad \cos\theta = \frac{1-u^2}{1+u^2}$$

となり，

$$2(\cos\theta - \cos\theta_0) = \frac{4(u_0^2 - u^2)}{(1+u^2)(1+u_0^2)}, \quad d\theta = \frac{2du}{1+u^2}$$

となる．$u_0 = \tan(\theta_0/2)$ とおくと，

$$t - C = \int \frac{1}{\sqrt{2(\cos\theta - \cos\theta_0)}}\,d\theta = \int \sqrt{\frac{(1+u^2)(1+u_0^2)}{4(u_0^2 - u^2)}}\,\frac{2du}{1+u^2}$$

$$= \sqrt{1+u_0^2}\int \frac{1}{\sqrt{(u_0^2 - u^2)(1+u^2)}}\,du$$

となる．したがって，

$$\tau = \frac{t}{\sqrt{1+u_0^2}}$$

とスケール変換を施した時間 τ を考えると，$-u_0$ から u までかかる時間は，新たな単位で

$$\tau = \tau(u) = \int_{-u_0}^{u} \frac{1}{\sqrt{(u_0^2 - u^2)(1+u^2)}}\,du$$

となる．逆に u を時間 τ に関する関数として求めるには，$\tau = \tau(u)$ の逆関数 $u = u(\tau)$ を求めればよい．$-\pi/2 < \theta < \pi/2$ の範囲では u と θ は 1 対 1 に対応しているので，角度 $\theta(\tau)$ は，等式 $u = \tan(\theta/2)$ により $u(\tau)$ から一意的に定まる．関数 $u(\tau)$ は，積分の始点 u_0 のとり方に依存して決まるものである．$u = u(\tau)$ と表される関数は**楕円関数**といわれ，三角関数や対数関数，指数関数などの初等超越関数では表すことはできない．

1.3　3次曲線と楕円関数の周期性

　振り子の振動の方程式の解であるので，前節で考えた $u = u(\tau)$ は時間 τ に関して周期的な関数になることが予測される．これは実際にそうなって，その周期 P は

$$P = 2 \int_{-u_0}^{u_0} \frac{1}{\sqrt{(u_0^2 - u^2)(1 + u^2)}} \, du$$

となる．ここで2倍したのは，行きと帰りでは平方根のとり方において符号が逆になるからである．これは**楕円関数の周期**といわれる．つまり，この関数は $0 \leq \tau \leq P$ で定義されているが，これを $u(\tau) = u(\tau + P)$ という周期関数として定義したとき，これは無限回可微分関数となることが振り子の運動であることから予想されよう．これは力の向き，大きさが位置のみによって決まってくる保存力であることから，物理的にはわかる．

　楕円関数の周期性について考察してみたい．楕円関数は代数関数の積分の逆関数として定義されていた．三角関数もそのようにして定義することができることを復習しよう．逆三角関数に関する微分の公式

$$\frac{d}{dx}(\cos^{-1} x) = -\frac{1}{\sqrt{1 - x^2}}$$

を用いて三角関数の加法定理を理解できないだろうか？　この式から，$\cos t = x$ とおくと，$x = x_0$ という点から $x = x_1$ で与えられる点まで運動するときにかかる時間は

$$t = -\int_{x_0}^{x_1} \frac{dx}{\sqrt{1 - x^2}}$$

で求められる．まず，三角関数を時間 t をパラメータとする点の運動としてとらえてみる．$x = x(t)$ として x の時間微分を求めてみると，$dx/dt = -\sqrt{1 - x^2}$ で与えられる．ここで，位置 $x = x(t)$ と速度 $y = y(t) = dx/dt$ を表す点 $(x(t), y(t))$ を各時間ごとにプロットすると，曲線

$$x^2 + y^2 = 1$$

上を運動することがわかるだろう．

　同様のことを楕円関数で考えてみよう．時間 t をパラメータとする点 $(u, w) = (u, du/dt)$ の運動を考えると，

$$\left(\frac{du}{dt}\right)^2 = (u_0^2 - u^2)(1 + u^2)$$

という微分方程式を満たすので，その軌跡を考えれば

$$w^2 = (u_0^2 - u^2)(1 + u^2) = (u_0 - u)(u_0 + u)(1 + u^2)$$

という曲線上を動くことがわかる．代数的な変数変換を施して上の方程式が簡単になるようにしてみよう．まず，$u' = 1/(u_0 - u)$ とおくと $u = (u_0 u' - 1)/u'$ なので，上の方程式は

$$u'^4 w^2 = (2u_0 u' - 1)\{(u_0 u' - 1)^2 + u'^2\}$$

と変換される．さらに，$y = wu'^2$ として $g(u') = (2u_0 u' - 1)\{(u_0 u' - 1)^2 + u'^2\}$ とおくと，

$$y^2 = g(u')$$

という形になる．さらに，$x = pu'$ なる一次変換を施せば，上の方程式は

$$y^2 = x^3 + ax^2 + bx + c \tag{1.1}$$

という形の平面 3 次曲線にすることができる．つまり，$(u, du/dt)$ で与えられる運動は代数的な変換を施すことによって，この 3 次曲線上の運動とみることができる．この 3 次曲線は楕円曲線といわれる．(u, w) と (u', y) の変換が $x = p/(u_0 - u)$，$y = wu'^2$ で与えられているとき，$du/w = k(dx/y)$ なので，微分方程式

$$dt = \frac{du}{w} \tag{1.2}$$

は $dt = k(dx/y)$ と変換される．ここで，k は 0 でない定数である．このことから，変数 τ を $\tau = t/k$ とおくと，微分方程式 (1.2) は $d\tau = dx/y$ と表され，その解は

$$\tau = \tau(x) = \int_{x_0}^x \frac{dx}{y} \ \left(= \int_{x_0}^x \frac{dx}{\sqrt{x^3 + ax^2 + bx + c}} \right) \tag{1.3}$$

となる．t と τ の間の変換は定数倍，(u, w) から (x, y) の変換は代数的なものなので，t をパラメータとして動く点 (u, w) の運動は周期的運動となる．したがって，τ をパラメータとして動く点 (x, y) の運動も，3 次曲線の上を動く周期的運動となることが結論される．

　$f(x) = x^3 + ax^2 + bx + c$ がどのように因数分解されるかによって曲線 $C : y^2 = (x - a_1)(x - a_2)(x - a_3)$ の様子は異なるが，たとえば $f(x) = (x - a_1)(x - a_2)(x - a_3)$ $(a_1 < a_2 < a_3)$ と実数の範囲で因数分解されるとすると，その形は図 1.3 のようになる．

　また，上の積分 (1.3) の値 τ は，曲線 (1.1) 上の点 $(x_0, \sqrt{x_0^3 + ax_0^2 + bx_0 + c})$ から点 $(x, \sqrt{x^3 + ax^2 + bx + c})$ まで微分形式 dx/y を線積分したものと考えられる．時刻 $t = 0$ において点 $(a_1, 0)$ から出発して C を 1 周するのにかかる時間は，

$$P = 2 \int_{a_1}^{a_2} \frac{dx}{\sqrt{(x - a_1)(x - a_2)(x - a_3)}}$$

となるので，この点の運動は周期を P とする周期的運動となる．

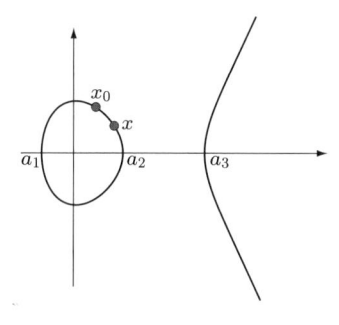

図 1.3　3 次曲線

定理 1.1　3 次曲線 $y^2 = x^3 + ax^2 + bx + c$ 上で，微分方程式 $d\tau = dx/y$ で定まる変数 τ をパラメータとして定まる点 (x, y) の運動は，周期 P をもつ周期的運動である．

1.4　三角関数の加法定理と 3 次曲線の加法

周期的な関数の代表として三角関数があるが，三角関数と同じような性質が楕円関数にもあるのだろうか？　三角関数における加法定理や倍角公式の類似物は考えられるのだろうか？

ご存知のように，加法定理は次のような定理である．

$$\sin(\alpha + \beta) = \sin\alpha\cos\beta + \cos\alpha\sin\beta$$

$$\cos(\alpha + \beta) = \cos\alpha\cos\beta - \sin\alpha\sin\beta$$

この公式の興味深いところは，$\sin(\alpha + \beta), \cos(\alpha + \beta)$ が $\sin\alpha, \sin\beta, \cos\alpha, \cos\beta$ を用いて代数的に書かれている点である．このような公式は楕円関数では望めないのか？

この問題を考えるために，三角関数の場合に加法定理が代数的に書かれているという事実を図形的（図 1.4）に考えてみることは有用である．この運動において，図形上の点 $p_0 = (1, 0)$ から $p_1 = (\cos\theta, \sin\theta)$ まで移動するのにかかる時間は θ である．$p_2 = (\cos\alpha, \sin\alpha)$ から初めて θ だけ時間が経ったときの点を $p_3 = (\cos(\alpha + \theta), \sin(\alpha + \theta))$ とするときに，p_3 の座標が p_0, p_1, p_2 の点の座標の多項式で書くことができれば，その形が加法定理となる．点 p_3 を点 p_0, p_1, p_2 から図形的に求めるには，以下のようにすればよい．まず，p_1, p_2 を結ぶ直線 $L = \overline{p_1 p_2}$ を考える．次に，p_0 を通って L と平行な直線 L' を考えて，L' の p_0 でないほうの交点が p_3 になるのである．

上のやり方で得られた p_3 を p_1 と p_2 の加法として定める．このとき，p_0 は単位元となる．この加法は射影平面 $\mathbf{P}^2(\mathbf{R})$ を使って，より見通しよく定義できる．射影平面

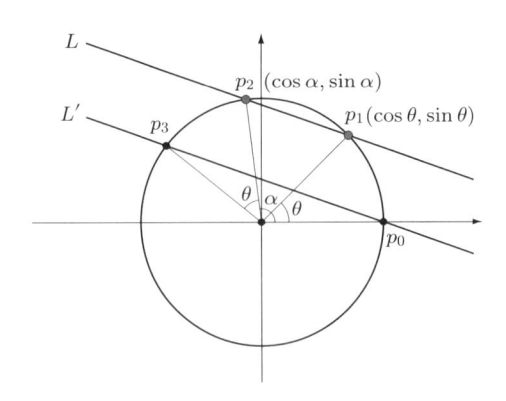

図 1.4 三角関数の加法定理

を, $\mathbf{R}^3$ の $\mathbf{0} = (0,0,0)$ でない点 (X,Y,Z) の集合に $(X,Y,Z) \sim \lambda(X,Y,Z)$（ただし $\lambda \neq 0, \in \mathbf{R}$）という同値関係を入れたときに得られる同値類全体の集合として定義する. (X,Y,Z) の同値類を $(X:Y:Z)$ と書き, **射影平面**を $\mathbf{P}^2(\mathbf{R})$ と書く. $F(X,Y,Z)$ を X,Y,Z に関する斉次 d 次多項式とすると,

$$F(\lambda X, \lambda Y, \lambda Z) = \lambda^d F(X,Y,Z)$$

となることから, $\{(X,Y,Z) \mid F(X,Y,Z) = 0\}$ という集合は同値類たちの合併集合となっている. この集合は $\mathbf{P}^2(\mathbf{R})$ のある部分集合を定めるので, これを $Z(F)$ と書く. たとえば, X,Y,Z に関する 0 でない斉次 1 次式 L は $Z(L)$ を定めるが, このようにして定まる図形は（射影幾何における）直線とよばれる. 射影平面 $\mathbf{P}^2(\mathbf{R})$ には $\mathbf{R}^3$ の位相から誘導される位相が考えられるが, この位相に関して $Z(F)$ は閉集合である. さて, $U_Z = \{(X:Y:Z) \mid z \neq 0\}$ は $\mathbf{P}^2(\mathbf{R})$ の開集合となるが, U_Z の点 $(X:Y:Z)$ は, その代表元 $(X/Z, Y/Z, 1)$ をとることにより, $(x,y,1)$ の形の代表元が一意的に定まる. $(X:Y:Z)$ に対して $(x,y) = (X/Z, Y/Z)$ を対応させることにより, U_Z と $\mathbf{R}^2$ の間の 1 対 1 対応ができ, これにより U_Z と $\mathbf{R}^2$ は同相である. これから, $\mathbf{R}^2$ は $\mathbf{P}^2(\mathbf{R})$ の開集合とみなすことができる. $\mathbf{P}^2(\mathbf{R})$ における U_Z の補集合は**無限遠直線**といい, l_∞ と書く.

　この同一視により, $x^2 + y^2 = 1$ によって定まる円は,

$$F(X,Y,Z) = X^2 + Y^2 - Z^2$$

によって定まる閉集合 $Z(F)$ と U_Z の共通部分と一致する. 射影平面の中の幾何学で考えれば, 円の上に定めた加法は次のように考えられる. 一般に, $\mathbf{R}^2$ 内の直線 $ax + by + c = 0$ は $\mathbf{P}^2(\mathbf{R})$ 内の直線 $Z(aX + bY + cZ)$ を U_Z 内で考えたものとなっている. この直線と l_∞ との交わりは $(-b : a : 0)$ となるので, この直線の傾きを表

している．したがって，$\mathbf{R}^2$ 内の二つの直線 l_1 と l_2 が無限遠直線上で交わるということは，これらの直線が平行であることを意味している．このことを踏まえれば，円における加法は以下のように言い換えられる．p_1 と p_2 を結ぶ直線が無限遠直線 l_∞ と交わる点を p_{12} とおくと，p_{12} と p_0 を結んでできる直線と円 C の交点を考えたとき，その二つの交点のうちの p_0 ではないほうが p_3 となる．実際上の図形的な方法で $p_3 = (\cos(\theta + \alpha), \sin(\theta + \alpha))$ を表せば，加法定理が得られるのである．

それでは，**楕円曲線の加法定理**を 3 次曲線の幾何学を用いて求めることができるだろうか？ 円の場合は，無限遠直線を補助にとることにより図形的に和の構造を定義して，これが時間に関する和の構造と一致することをみた．3 次曲線の場合も，これのまねをして図形的に加法の構造を入れることを考えよう．以後，3 次曲線

$$C : y^2 = x^3 + ax^2 + bx + c \tag{1.4}$$

を実射影平面 $\mathbf{P}^2(\mathbf{R}) = \{(X : Y : Z) \mid (X, Y, Z) \neq (0, 0, 0)\}$ で考えるときは，斉次式

$$F = Y^2 Z - (X^3 + aX^2 Z + bXZ^2 + cZ^3)$$

によって定まる曲線 $\overline{C} = Z(F)$ を考える．ここで，C から $\overline{C}$ に移行するときに新たに付け加わる点は，$X = Z = 0$ で表される点のみである．直線と 3 次曲線の交点を用いて 3 次曲線の上に加法を定義したい．加法を定義するときに一つ原点となるべき点 p_0 を固定して，ここだけの記号でこれを 0 と書く．p_1 と p_2 の和 $p_1 \oplus p_2$ を次のように定義する．

> p_1, p_2 を結ぶ直線と 3 次曲線 C の交点のうち p_1, p_2 でないものを p_{12} とする．さらに，p_{12} と 0 を結ぶ直線と C の交点のうち $p_{12}, 0$ ではないものを $p_1 \oplus p_2$ と定義する．

このとき，交換法則 $p_1 \oplus p_2 = p_2 \oplus p_1$ および $0 \oplus q = q$ は明らかに成り立つ．

▌**定理 1.2** この加法は結合法則 $(p_1 \oplus p_2) \oplus p_3 = p_1 \oplus (p_2 \oplus p_3)$ を満たす．

▌**補題 1.3** 次の点のうち，縦横に並んだ点は一直線上にあるとする．

$$
\begin{array}{ccc}
p_{12} & p_1 \oplus p_2 & 0 \\
p_1 & x & p_2 \oplus p_3 \\
p_2 & p_3 & p_{23}
\end{array}
$$

つまり，x は $p_1 \oplus p_2$ と p_3 を結ぶ直線と，p_1 と $p_2 \oplus p_3$ を結ぶ直線の交点である．このとき，$\overline{C}$ は x を通る．

証明 横の3本の直線を定義する方程式を考えて，その積である3次の多項式 F_1 を考えると，x 以外の8点で0となる．他方，縦について同じことをすると，やはり x 以外の8点で0になる3次多項式 F_2 が得られる．八つの点で消える3次式全体の空間の次元は2次元であり，これは F_1, F_2 で生成される2次元のベクトル空間になるので，曲線 $\overline{C}$ も x を通る．□

定理 1.2 の証明 上の補題より，$(p_1 \oplus p_2) \oplus p_3$ も $p_1 \oplus (p_2 \oplus p_3)$ も，ともに x と 0 を結ぶ直線と C との交点のうち，x でも 0 でもない点として定まることからわかる．□

ここで，3次曲線の加法を計算してみよう．x に関して平行移動を施して，ここでは3次式の形が

$$y^2 = x^3 + ax + b \tag{1.5}$$

の形となるようにとっておく．加法を計算するには，連立方程式

$$\begin{cases} y^2 = x^3 + ax + b \\ y = px + q \end{cases}$$

において，二つの解がわかっているときにもう一つの解を求めるという操作を2回行えばよい．たとえば，$p_1 = (x_1, y_1), p_2 = (x_2, y_2)$ が上の連立方程式を満たすとして，もう一つの交点 p_{12} の座標を (x_3, y_3) とすると，x_3, y_3 は x_1, x_2, y_1, y_2 を用いて次のように表すことができる．まず，x に関する3次方程式に変形して，

$$(px + q)^2 = x^3 + ax + b$$

なので，解と係数の関係から $x_1 + x_2 + x_3 = p^2$ である．直線 $y = px + q$ の傾きは $p = (y_1 - y_2)/(x_1 - x_2)$ なので，(x_3, y_3) は

$$x_3 = \left(\frac{y_1 - y_2}{x_1 - x_2} \right)^2 - x_1 - x_2, \quad y_3 = \frac{y_1 - y_2}{x_1 - x_2}(x_3 - x_1) + y_1$$

で求められる．

さらに，射影化して $y^2 z = x^3 + axz^2 + bz^3$ の無限遠点 $(0:1:0)$ を通る直線は，一般にアフィン座標で考えると直線 $x = k$（k は定数）という形で表されるので，(x_1, y_1) と無限遠点を結んでできる直線 $x = x_1$ との三つ目の交点は $(x_1, -y_1)$ となる．したがって，次の定理を得る．

定理 1.4 方程式 (1.4) で与えられる3次曲線において，無限遠点を原点としたときの (x_1, y_1) と (x_2, y_2) の和 (x_3, y_3) は，

$$x_3 = \left(\frac{y_1 - y_2}{x_1 - x_2} \right)^2 - x_1 - x_2$$

$$-y_3 = \frac{y_1 - y_2}{x_1 - x_2}(x_3 - x_1) + y_1$$

で与えられる.

1.5 楕円関数の加法定理

　ここでは，3次曲線の加法と楕円関数の加法の関係を示す．(u, w) を (x, y) に移す変換を施して3次曲線の方程式を式 (1.5) の形と仮定し，無限遠点を原点として，1.4節のようにして3次曲線 C に加法を導入する.

定理 1.5　3次曲線の加法で得られる点と，時間の足し算によって得られる点は一致する．言い換えれば，

$$(x(t_1), y(t_1)) \oplus (x(t_2), y(t_2)) = (x(t_1 + t_2), y(t_1 + t_2))$$

が成立する．これを楕円関数に関する加法定理という．ここで，時間 t は微分方程式 $dt/dx = 1/y$ によって定まる変数で，x, y を t の式で表したものを $x(t), y(t)$ とおいた.

　この定理を示すために，楕円曲線と直線の方程式

$$\begin{cases} y^2 = x^3 + ax + b \\ y = px + q \end{cases}$$

を考え，三つの交点を $(x_1, y_1), (x_2, y_2), (x_3, y_3)$ とする．(p, q) が変化すると，直線 $L: y = px + q$ は変化するので，それに応じて x_1 も変化する．したがって，$x_1 = x_1(p, q)$ は (p, q) の関数とみることができる．ここで，x_1, x_2, x_3 は3次方程式の解なので，解の番号付けの順番を一つ固定しなくてはならないが，(p, q) の微小変化を考えたとき，解の番号付けも連続になるようにとってくる．このとき，$x_1 = x_1(p, q)$ は (p, q) について全微分可能なので，その全微分を

$$dx_1 = \frac{\partial x_1}{\partial p} dp + \frac{\partial x_1}{\partial q} dq$$

と書く．x_2, x_3, y_1, y_2, y_3 についても同様に考える．下の命題を証明する.

命題 1.6　t_1, t_2, t_3 を実数として，$x_i = x(t_i), y_i = y(t_i)$ $(i = 1, 2, 3)$ とする．t_1, t_2, t_3 が，3点 $(x_1, y_1), (x_2, y_2), (x_3, y_3)$ が一直線上に乗っているという条件を満たすように動くとすると，$t_1 + t_2 + t_3$ は一定である.

命題を示すためには，p, q が微小変形されるとき，$t_1 + t_2 + t_3$ の微小変形が 0 であることを示せばよい．つまり，

$$dt_1 + dt_2 + dt_3 = \frac{dx_1}{y_1} + \frac{dx_2}{y_2} + \frac{dx_3}{y_3} = 0 \tag{1.6}$$

を示せばよい．中辺から計算していく．

$$\frac{dx_1}{y_1} + \frac{dx_2}{y_2} + \frac{dx_3}{y_3} = \frac{dx_1}{px_1 + q} + \frac{dx_2}{px_2 + q} + \frac{dx_3}{px_3 + q}$$
$$= \frac{(px_2 + q)(px_3 + q)dx_1 + (px_3 + q)(px_1 + q)dx_2 + (px_1 + q)(px_2 + q)dx_3}{(px_1 + q)(px_2 + q)(px_3 + q)} \tag{1.7}$$

ここで，x_1, x_2, x_3 は 3 次方程式

$$(px + q)^2 = x^3 + ax + b$$

の解である．したがって，(p, q) の関数として

$$x_1 + x_2 + x_3 = p^2$$
$$x_1 x_2 + x_2 x_3 + x_3 x_1 = a - 2pq$$
$$x_1 x_2 x_3 = q^2 - b$$

が成り立ち，これらを全微分して得られる式

$$dx_1 + dx_2 + dx_3 = 2pdp$$
$$(x_1 + x_2)dx_3 + (x_2 + x_3)dx_1 + (x_3 + x_1)dx_2 = -2pdq - 2qdp$$
$$x_1 x_2 dx_3 + x_2 x_3 dx_1 + x_3 x_1 dx_2 = 2qdq$$

を式 (1.7) に代入すると，式 (1.6) が得られる．

定理 1.5 の証明 3 次曲線上の点 (x_0, y_0) を原点として選んだときに，$(x_1, y_1), (x_2, y_2)$ の和 $(x_1, y_1) \oplus (x_2, y_2)$ は次のようにして決まっていた.

(1) まず $(x_1, y_1), (x_2, y_2), (\xi, \eta)$ が一直線上にあるように (ξ, η) を選ぶ．

(2) 次に $(\xi, \eta), (x_0, y_0), (x_3, y_3)$ が一直線上にあるように (x_3, y_3) を選ぶ．

このようにしてできた (x_3, y_3) が $(x_1, y_1) \oplus (x_2, y_2)$ の定義であった．いま仮に C が連結である場合を考えると，$(x_i, y_i) = (x(t_i), y(t_i))$ $(i = 1, 2, 3)$, $(\xi, \eta) = (x(\tau), y(\tau))$ であるように t_1, t_2, t_3, τ を選ぶことができる．さらに命題 1.6 より，t_1, t_2, τ を通る直線は $t_3, 0, \tau$ を通る直線に連続的に変形できるので，$t_1 + t_2 + \tau = t_3 + 0 + \tau$ が成り立つ．したがって，$t_1 + t_2 = t_3$ が成り立つ．C が連結でない場合も，$(x_1, y_1), (x_2, y_2)$ が (x_0, y_0) と同じ連結成分上にある場合を考えれば，$(x_1, y_1), (\xi, \eta)$ を通る直線を $(x_0, y_0), (\xi, \eta)$ を通る直線に変形さ

せることにより，同様の結論を得る． □

系 1.7（楕円関数の加法定理） (x, y) が無限遠点のときに $t = 0$ であるように，パラメータ t をとる．このとき，x, y を変数 t の関数として $x = x(t)$, $y = y(t)$ と表すと，下の式が成り立つ．

$$x(t_1 + t_2) = \left(\frac{y(t_1) - y(t_2)}{x(t_1) - x(t_2)} \right)^2 - x(t_1) - x(t_2)$$

$$-y(t_1 + t_2) = \frac{y(t_1) - y(t_2)}{x(t_1) - x(t_2)}(x(t_1 + t_2) - x(t_1)) + y(t_1)$$

1.6 楕円曲線を複素数で考える

この節では，曲線

$$C : y^2 = x^3 + ax^2 + bx + c$$

を複素数で考えよう．まず，二つの複素数の組からなる集合 $\{(x, y) \mid x, y \in \mathbf{C}\}$ で考える．複素平面とよびたいところであるが，複素数平面との混同を避けるために，これは**複素アファイン平面**とよぶことにする．ここで，集合

$$C_{\mathbf{C}} = \{(x, y) \mid x, y \in \mathbf{C},\, y^2 = x^3 + ax^2 + bx + c\}$$

はどのような形かを考えてみる．複素数の範囲で，

$$x^3 + ax^2 + bx + c = (x - \alpha_1)(x - \alpha_2)(x - \alpha_3)$$

と因数分解できる．簡単のため，$\alpha_1, \alpha_2, \alpha_3$ が実数で $\alpha_1 < \alpha_2 < \alpha_3$ となる場合を考える．

$(x, y) \in C_{\mathbf{C}}$ に対して $x \in \mathbf{C}$ を対応させる写像 $\pi : C_{\mathbf{C}} \to \mathbf{C}$ を考えると，$\pi^{-1}(x)$ は $x \neq \alpha_1, \alpha_2, \alpha_3$ であれば，2 点からなり，$x = \alpha_1, \alpha_2, \alpha_3$ であれば，1 点からなる．$C_{\mathbf{C}}$ は位相空間としては，次のようにして $\mathbf{C}$ の二つのコピー C_1, C_2 を貼り合わせたものと同相になっている．まず，C_1, C_2 のそれぞれにおいて，α_1 と α_2 を結ぶ実数軸に含まれる線分と，α_3 より大きいの実数軸の一部分に切れ目を入れる．それらを図 1.5 のようにして貼り合わせる．

次に，$C_{\mathbf{C}}$ の**コンパクト化** $\overline{C}_{\mathbf{C}}$ を考えたいが，そのために複素射影直線 $\mathbf{P}^1(\mathbf{C})$ を定義する．$\mathbf{C}^2 - \{(0, 0)\}$ の点 $(x, y), (x', y')$ をとるとき，ある $\lambda \in \mathbf{C}, \neq 0$ が存在して $(x', y') = (\lambda x, \lambda y)$ となるとき $(x, y) \sim (x', y')$ であるとして，同値関係 $\sim$ を入れる．この同値関係による同値類の集合を $\mathbf{P}^1 = \mathbf{P}^1(\mathbf{C})$ と書き，それに $\mathbf{C}^2 - \{(0, 0)\}$ の商

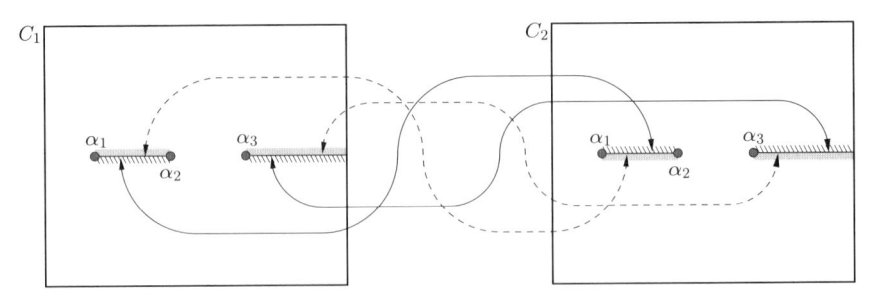

図 1.5　二つの複素平面の貼り合わせ

位相による位相を入れたものを複素射影直線といい，$\mathbf{P}^1 = \mathbf{P}^1(\mathbf{C})$ と書く．(X, Y) の類は $(X : Y)$ と書かれる．射影平面のときと同様にして，$U_Y = \{Y \neq 0\}$ で定まる $\mathbf{P}^1$ の開集合は，$z = X/Y \in \mathbf{C}$ を考えることにより，$\mathbf{C}$ と同相になっている．また，$U_X = \{X \neq 0\}$ は $\zeta = Y/X \in \mathbf{C}$ により，$\mathbf{C}$ と同相になっている．U_X と U_Y は $\mathbf{P}^1$ の開被覆で，$\mathbf{P}^1$ は，この二つの開集合を同一視 $\zeta = 1/z$ という対応で貼り合わせることで得られる．$\mathbf{P}^1$ は，$\mathbf{C} \simeq U_Y$ に 1 点 $(1 : 0)$ を付け加えてできた空間で球面と同相になるため，**リーマン球面**ともよばれる．

　今度は複素射影直線 $\mathbf{P}^1$ の二つのコピー P_1, P_2 を用意する．これらを無限遠点と α_1 を結ぶ線分と，α_2 と α_3 を結ぶ線分で切れ目を入れて図 1.6 のように貼り合わせて得られたものを $\overline{C}_{\mathbf{C}}$ とおき，楕円曲線という．$\overline{C}_{\mathbf{C}}$ は位相空間としてはトーラスと同相になる．

　このように $\overline{C}_{\mathbf{C}}$ を定めると，$C_{\mathbf{C}}$ は $\overline{C}_{\mathbf{C}}$ の部分集合で，複素平面 2 枚に切れ目を入れて貼り合わせたものとみることができる．$C_{\mathbf{C}}$ の中で，$(x, y) = (\alpha_1, 0), (\alpha_2, 0), (\alpha_3, 0)$

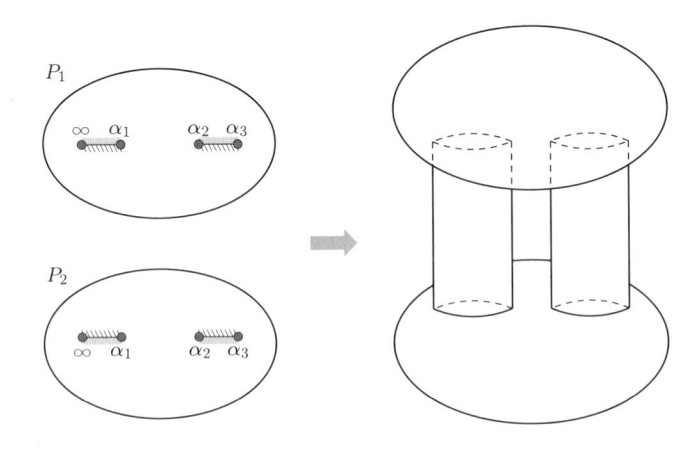

図 1.6　楕円曲線と貼り合わせ

のまわりでは x を局所的な座標としてとると，$C_{\mathbf{C}}$ 上の 2 点が同じ x に対応して不都合が起きる．そのまわりでは y を局所的な座標としてとると，$C_{\mathbf{C}}$ 上の点と y の値が 1 対 1 に対応する．x と y の両方が座標として考えられるところでは，互いに他の正則関数（第 2 章を参照）となる．このような幾何学的対象は**リーマン面**とよばれ，第 3 章以降で扱うものである．ここではきちんとした定義を与えないが，複素化し，射影化した 3 次曲線 C はコンパクトなリーマン面である．

1.7 楕円関数と二つの周期

$\mathbf{R}^2$ 内の曲線 $C : y^2 = x(1-x)(1-\lambda x)$ 上で，2 点 $(0,0)$ と (x,y) を結ぶ部分に向きを考えたものを γ とする．γ 上の線積分

$$t = \int_\gamma \frac{dx}{y}$$

を考える．この t を曲線のパラメータとしてとり，終点の座標をこのパラメータ t の関数と考えて $(x(t), y(t)) = (x,y)$ とおく．$x(t), y(t)$ は t に関して周期関数となることがわかり，これらは楕円関数とよばれた．ここでは，$x(t), y(t)$ を複素関数として考えたときの周期について考察しよう．複素関数とは，複素平面のある領域上で定義された複素数値関数のことである．

以下，$\lambda < 0$ とする．曲線 C を実平面上の $0 \le x \le 1$ の範囲で考えて，$(0,0)$ での局所座標 u を

$$u = \frac{y}{\sqrt{(1-x)(1-\lambda x)}}$$

ととる．ここで，平方根 $\sqrt{(1-x)(1-\lambda x)}$ は，$x = 0$ のまわりで 1 の近くの値をとるものである．この u を用いれば，曲線上で $(0,0)$ の近くの点の座標 (x,y) は，u を用いて

$$(x(u), y(u)) = (u^2, u\sqrt{(1-u^2)(1-\lambda u^2)})$$

と表される．ここで，上で定義したパラメータ t とパラメータ u の間の変換を考える．t は

$$t = f(u) = \int_0^u \frac{d(x(v))}{y(v)} = \int_0^u \frac{2dv}{\sqrt{(1-v^2)(1-\lambda v^2)}}$$

$$= 2u + \frac{(\lambda+1)u^3}{3} + \frac{(3\lambda^2 + 2\lambda + 3)u^5}{20} + \frac{(5\lambda^3 + 3\lambda^2 + 3\lambda + 5)u^7}{56} + \cdots$$

$$(1.8)$$

と表される．ここに現れたテーラー展開は，絶対値が十分小さい複素数 u に対して収

束するので，そのような複素数に対して定義された複素関数とみることができる．

べき級数表示 (1.8) から形式的に $u = g(t)$ について解いてみると，

$$g(t) = \frac{t}{2} - \frac{(\lambda + 1)\, t^3}{48} + \frac{(\lambda^2 + 14\,\lambda + 1)\, t^5}{3840} - \frac{(\lambda^3 + 135\,\lambda^2 + 135\,\lambda + 1)\, t^7}{645120} + \cdots$$

$$(1.9)$$

となる．この関数 $g(t)$ を用いれば，t を実数のパラメータとして，点の座標 (x, y) は

$$(x, y) = (g(t)^2, g(t)\sqrt{(1 - g(t)^2)(1 - \lambda g(t)^2)}) \tag{1.10}$$

と表示される．さらに，C 上の点の運動はすべての実数 t について延長して考えることができて，

$$P = 2\int_0^1 \frac{dx}{\sqrt{x(1 - x)(1 - \lambda x)}}$$

を周期としてもつ周期的運動となる．

表示 (1.9) を用いると，$g(t)$ は絶対値が十分小さい複素数 t に対して絶対収束して，t に関する複素関数を与えることがわかる．さらにべき級数の表示からわかるように，複素関数 $u = g(t)$ は複素関数 $t = f(u)$ の逆関数である．したがって，t の絶対値が十分小さければ式 (1.10) によって点 $(x(t), y(t))$ を考えることができ，この点は曲線 C を複素化した $C_{\mathbf{C}}$ 上にある．

今度は，実平面上で曲線 $C' : y'^2 = -x(1 - x)(1 - \lambda x)$ を $-1/\lambda \le x \le 0$ の範囲で考え，

$$u' = \frac{y'}{\sqrt{(1 - x)(1 - \lambda x)}}$$

という局所座標をとり，同様の考察をする．$(x, y') = (0, 0)$ の近くでは，曲線 C' は u' をパラメータとして，パラメータ表示

$$(x(u'), y'(u')) = (-u'^2, u'\sqrt{(1 + u'^2)(1 + \lambda u'^2)})$$

をもつ．さらにパラメータ t' を

$$t' = f(u') = \int_0^u \frac{d(x(v'))}{y'(v')}$$

で取り替える．そして，t' が実数全体を動くパラメータとして，点 (x, y') を t' の関数として表すと，これは t' について

$$P' = 2\int_{1/\lambda}^0 \frac{dx}{\sqrt{-x(1 - x)(1 - \lambda x)}}$$

を周期としてもつ周期的運動となる．u' を t' のべき級数で表すと

$$u' = g'(t') = -\frac{t'}{2} - \frac{(\lambda+1)\,t'^3}{48} - \frac{(\lambda^2 + 14\lambda + 1)\,t'^5}{3840}$$

$$- \frac{(\lambda^3 + 135\lambda^2 + 135\lambda + 1)\,t'^7}{645120}$$

$$- \frac{(\lambda^4 + 1228\lambda^3 + 5478\lambda^2 + 1228\lambda + 1)\,t'^9}{185794560} + \cdots$$

となり，絶対値が十分小さい複素数 t' に対して絶対収束する．したがって，絶対値が十分に小さい複素数 t' に対して

$$(x, y') = (-g'(t')^2, g'(t')\sqrt{(1+g'(t)^2)(1+\lambda g'(t)^2)})$$

を考えることができて，これは C' の複素化 $C'_{\mathbf{C}}$ 上にある．

複素化した曲線 $C_{\mathbf{C}}$ と $C'_{\mathbf{C}}$ は，$y' = iy, u' = iu, t' = -it$ という座標変換で同型となっている．このことから，$g'(-it) = ig(t)$ となっていることがわかる．$g'(t')$ がすべての実数上に延長できることから，原点における複素関数 $g(t)$ は虚軸上に延長されることがわかり，$it \in i\mathbf{R}$ のときには

$$ig(it) = g'(t) = g'(t + P') = g'(-i(it + iP')) = ig(it + iP')$$

となることがわかる．すなわち，$g(t)$ を虚軸に拡張したとき，虚数の周期 iP' をもつ周期関数となることが結論された．次節で，周期 P と iP' をもとに関数 $g(t)$ が複素平面全体に拡張できることをみる．このように，$g(t)$ は二つの独立な周期をもっている．

1.8 複素積分と楕円関数

前節で t をパラメータとする $C_{\mathbf{C}}$ 上の運動

$$(x(t), y(t)) = (g(t)^2, g(t)\sqrt{(1-g(t)^2)(1-\lambda g(t)^2)})$$

を考えたとき，$g(t)$ は

(1) t が絶対値が十分小さい複素数のときに収束して，

(2) $t \in \mathbf{R}$ あるいは $t \in i\mathbf{R}$ のときに P, iP' を周期とする周期関数として定義される

ことがわかった．この写像を複素平面全体で定義される，二つの周期 P, iP' をもつ複素平面上の関数（いくつかの定義されない除外点を除いて）に延長することを考える．ここでは，複素関数論の初等的な知識である正則関数および複素積分の性質を用いて説明する．これらについては第 2 章以降で述べることとする．

正則関数のきちんとした定義は第 2 章で述べるが，ここでは，複素領域 D 上の複素関数が正則関数であるとは，任意の $z_0 \in D$ において，その関数が z_0 のまわりで $z - z_0$ に関する収束べき級数として表されることと理解しておこう．$z = x + iy$ として z を (x, y) 平面上の点と同一視することにより，D 上で定義されている複素関数を $f(z) = f(x, y)$ と書く．$g(x, y), h(x, y)$ をそれぞれ $f(x, y)$ の実部，虚部とする．γ を D 上の点 z_0 から点 z への道とするとき，$f(z)$ の z に関する線積分を

$$\int_\gamma f(z)dz = \int_\gamma (g(x, y)dx - h(x, y)dy) + \int_\gamma (h(x, y)dx + g(x, y)dy) \cdot i$$

と定め，これを**複素積分**という．さらに D（平面内の穴のあいていない領域）が単連結で，$f(z)$ が正則関数であれば，第 2 章のコーシーの積分定理 2.6 により，z_0 から z への二つの道 γ_1, γ_2 に対して $\displaystyle\int_{\gamma_1} f(z) = \int_{\gamma_2} f(z)$ が成り立つ．よって，γ を z_0 と z を結ぶ道とすると，$F(z) = \displaystyle\int_\gamma f(z)dz$ は z に関する複素関数となるが，これは正則関数となる．実際 $z_0 = 0$ のとき，

$$f(z) = a_0 + a_1 z + a_2 z^2 + a_3 z^3 + \cdots$$

であるとすると，

$$F(z) = a_0 z + \frac{a_1}{2} z^2 + \frac{a_2}{3} z^3 + \frac{a_3}{4} z^4 + \cdots$$

となるからである．さらに $f(z_0) \neq 0$ ならば，局所的に $F(z)$ は z_0 のまわりでの同相写像となり，しかも向きを保つ．

z を $\mathbf{H}_\pm = \{z \in \mathbf{C} \mid \pm \mathrm{Im}(z) > 0\}$ 上の点とし，γ を 0 から z に至る $\mathbf{H}_\pm \cup \{0\}$ 内の道とするとき，複素積分 $F_\pm(\gamma)$ を

$$F_+(\gamma) = \int_\gamma \frac{i}{\sqrt{\zeta}\sqrt{\zeta - 1}\sqrt{1 - \lambda\zeta}} \, d\zeta$$

$$F_-(\gamma) = \int_\gamma \frac{1}{\sqrt{-\zeta}\sqrt{1 - \zeta}\sqrt{\lambda\zeta - 1}} \, d\zeta$$

により定義する．ここで，$\zeta \in \mathbf{H}_+$ に対して $\sqrt{\zeta}$ は第一象限，つまり $\mathrm{Im}(\sqrt{\zeta}) > 0, \mathrm{Re}(\sqrt{\zeta}) > 0$ にある平方根として定義する．$\sqrt{z}$ は $\mathbf{H}_+$ 上の正則関数であって $\mathbf{H}_\pm$ は単連結なので，$F_\pm(\gamma)$ は z に関する正則関数となるため，これをふたたび $F_\pm(z)$ と書く．このとき次が成り立つ．

命題 1.8 $F_\pm(z)$ は，$\mathbf{H}_\pm$ と $R_\pm$ の間の 1 対 1 写像を与える．ここで，$R_\pm$ は複素平面内の長方形の内部

$$R_+ = \{t \in \mathbf{C} \mid \mathrm{Re}(z) \in (0, P),\ \mathrm{Im}(z) \in (0, P')\}$$

$$R_- = \{t \in \mathbf{C} \mid \mathrm{Re}(z) \in (-P, 0),\ \mathrm{Im}(z) \in (0, P')\}$$

である. これは**シュワルツ–クリストッフェル変換**とよばれるものの特殊な場合である.

証明 $\mathbf{H}_+$ 上の関数 $F_+(z)$ は $\mathbf{R} - \{0, 1, 1/\lambda\}$ まで定義域が延長されるが, 広義積分を考えることにより, $\mathbf{R}$ に連続関数として拡張できることを注意しておく. $\mathbf{H}_+$ の境界 $\mathbf{R}$ を動くとき, $F_+(z)$ はどのような図形を描くかを考える. 実関数の広義積分に関して次の等式が成り立つことに注意する.

$$\int_0^1 \frac{dx}{\sqrt{x(1-x)(1-\lambda x)}} = \int_{-\infty}^{1/\lambda} \frac{dx}{\sqrt{x(1-x)(1-\lambda x)}}$$

$$\int_{1/\lambda}^0 \frac{dx}{\sqrt{-x(1-x)(1-\lambda x)}} = \int_1^\infty \frac{dx}{\sqrt{-x(1-x)(1-\lambda x)}}$$

これは, $x' = 1/(\lambda x)$ という変数変換をすることによりわかる.

このことから, $\mathbf{H}_+$ の境界 $\mathbf{R}$ およびその近傍の像は, $F_+(z)$ によって R_+ の境界およびその近傍に 1 対 1 に写像される. w を R_+ の任意の元とする. ϵ を十分小さくとれば, r が $-\infty$ から ∞ まで動くとき, $F_+(r + \epsilon i)$ は w のまわりを 1 回転する. w は F_+ の像となっている. さらに, 上式の被積分関数は $\mathbf{H}_+$ において 0 にはならないので, $F_+(z)$ は局所的に 1 対 1 となるため, $\mathbf{H}_+$ と R_+ の 1 対 1 写像を与える. $F_-(z)$ についても同様である. $\square$

1.6 節では, 二つのリーマン球面 P_1, P_2 を貼り合わせて得られる $\overline{C_\mathbf{C}}$ を考えた. P_1, P_2 それぞれの上半空間を $\mathbf{H}_{1+}, \mathbf{H}_{2+}$, 下半空間を $\mathbf{H}_{1-}, \mathbf{H}_{2-}$ とおく. P_1, P_2 から実軸を除いてできる領域上の関数 $F(z)$ を下の式で定義する.

$$F(z) = \begin{cases} F_\pm(z) & (z \in \mathbf{H}_{1\pm}) \\ -F_\pm(z) & (z \in \mathbf{H}_{2\pm}) \end{cases}$$

このとき, $\mathbf{H}_{1+}$ の境界としての $(1/\lambda, 0)$ の像と, $\mathbf{H}_{1-}$ の境界としての $(1/\lambda, 0)$ の像は一致する. 同様にして $\mathbf{H}_{1\pm}, \mathbf{H}_{2\pm}$ の像を考えると, 図 1.7 のようになる. したがって, $F(z)$ は $C_\mathbf{C}$ 上の連続関数となる.

$D = \{z \in \mathbf{C} \mid \mathrm{Re}(z) \in [-P, P),\ \mathrm{Im}(z) \in [-P', P')\}$ とおく. $F(z)$ の逆関数を $\pi_D : D \to C$ とおく. $\tau_1 = 2P$, $\tau_2 = 2iP'$ とおき,

$$L = L(\tau_1, \tau_2) = \{a\tau_1 + b\tau_2 \mid a, b \in \mathbf{Z}\}$$

とおく. $z \in \mathbf{C}$ に対して $[z] \in D$ を $z - [z] \in L$ が成り立つものとして定義し, $\pi(z) = \pi_D([z])$ と定義すると, π は $\mathbf{C} \to C$ に連続関数として延長できる. したがっ

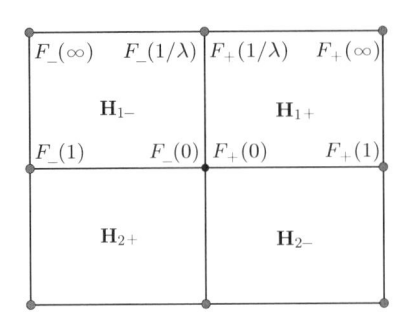

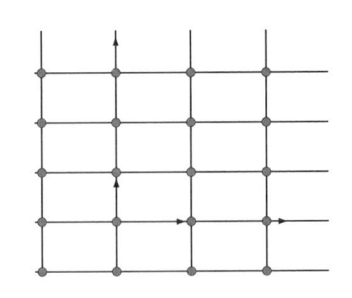

図 1.7 シュワルツ–クリストッフェル
変換の貼り合わせ

図 1.8 実数係数楕円曲線の τ_1, τ_2 で
生成される格子

て，$(x, y) = (x(t), y(t))$ は $l \in L$ に対して

$$x(t) = x(t + l), \quad y(t) = y(t + l)$$

を満たすことがわかる．このような性質をもつ関数を **2 重周期関数**という．τ_1, τ_2 を
楕円関数の**基本周期**といい，L を**周期格子**という（図 1.8）．

章末問題

1.1 $E : y^2 = x^3 + ax + b$ で与えられた楕円曲線を考える．定理 1.2 に述べた加法において p_1 と p_2 が一致するとき，この 2 点を通る直線が一意的に定まらない．したがって，楕円曲線の加法における p_1 の 2 倍を定義できていないが，このときは p_1 における C の接線をとり，その直線と E の交点のうち p_1 とは異なる点の座標を (x_3, y_3) として，p_1 の 2 倍を $(x_3, -y_3)$ により定義する．$p_1 = (x_1, y_1)$ として，p_1 の 2 倍を与える公式を求めよ．

1.2 楕円曲線 C と原点を定理 1.4 で考えたものとする．点 (x_0, y_0) を C 上の一般の点とするとき，楕円曲線の意味での加法で 2 倍すると (x_0, y_0) となる点はいくつあるか？ このような点は (x_0, y_0) の 2 分点とよばれる．また，(x_0, y_0) を原点とするとき，その 2 分点をすべて求めよ．

1.3 1.7 節で考えた楕円積分において $\lambda = -1$ の場合，つまり $y^2 = x - x^3 = x(1-x)(1+x)$ の場合を考える．1.7 節で求めた二つの周期 P, iP' をベータ関数を用いて表せ．ここで，ベータ関数とは，$\alpha > 0, \beta > 0$ に対して

$$B(\alpha, \beta) = \int_0^1 x^{\alpha-1}(1-x)^{\beta-1} dx$$

で定まる関数である．

第2章

複素関数論からの準備

リーマン面の局所的理論は複素関数論を基礎としている．この章では，複素関数論の基本事項についてまとめておく．複素関数とは，複素平面内のある領域で定義された複素数値関数のことである．複素関数論の中心的役割を演じるのが正則関数である．正則関数の顕著な性質は，複素微分可能性条件からわかる関数の解析性，つまり，1点の近傍における関数の形が決まれば，その関数の正則関数としての延長はあったとしても一意的である，というものである．これらはコーシーの積分公式から導かれるものである．この解析性という性質を用いて，解析接続の概念が考えられ，多価関数を正当化する過程で一意化リーマン面が現れた．この章において，正則関数に関する基本的性質とその証明の概略を与える．くわしくはアールフォルス [A1] などを参照されたい．

2.1 正則関数

複素平面の空でない開集合を**複素領域**という．複素領域 D 上で定義された複素数値関数のことを，単に複素関数という．D 上の点 z を $z = x + iy$ と表すことにより，複素関数 $f(z)$ は

$$f(z) = f(x, y) = P(x, y) + iQ(x, y)$$

と表すことができる．

$f = f(x, y)$ が x, y に関して1階連続微分可能であるとき，$f(z)$ は z に関して1階連続微分可能であるという．$f(z)$ は z に関して1階連続微分可能であるとき，$f = f(z)$ の全微分 df を

$$df(z) = \frac{\partial}{\partial x} f(x, y) dx + \frac{\partial}{\partial y} f(x, y) dy$$

と定義する．$dz = dx + idy, d\overline{z} = dx - idy$ とおくと，

$$\begin{aligned}
df(x, y) &= \frac{1}{2} \left\{ (dz + d\overline{z}) \frac{\partial}{\partial x} f(x, y) - i(dz - d\overline{z}) \frac{\partial}{\partial y} f(x, y) \right\} \\
&= \frac{dz}{2} \left(\frac{\partial}{\partial x} - i \frac{\partial}{\partial y} \right) f(x, y) + \frac{d\overline{z}}{2} \left(\frac{\partial}{\partial x} + i \frac{\partial}{\partial y} \right) f(x, y)
\end{aligned}$$

となるので，正則微分 $\partial/\partial z$, 反正則微分 $\partial/\partial \overline{z}$ という複素関数に対する微分作用素を

$$\frac{\partial}{\partial z}f(z) = \frac{1}{2}\left(\frac{\partial}{\partial x} - i\frac{\partial}{\partial y}\right)f(z), \quad \frac{\partial}{\partial \overline{z}}f(z) = \frac{1}{2}\left(\frac{\partial}{\partial x} + i\frac{\partial}{\partial y}\right)f(z)$$

と定めると，

$$df(z) = \frac{\partial}{\partial z}f(z)dz + \frac{\partial}{\partial \overline{z}}f(z)d\overline{z}$$

となる．また，

$$\overline{\left(\frac{\partial f}{\partial z}\right)} = \frac{\partial \overline{f}}{\partial \overline{z}}$$

が成り立つ．

定義 2.1　$f(z)$ を複素領域 D 上の 1 階連続微分可能な複素関数とする．$f(z)$ が**正則関数**であるとは，$\partial f(z)/\partial \overline{z} = 0$ となることである．この微分方程式をコーシー–リーマンの方程式という．

$\partial/\partial \overline{z}$ は 1 階の微分作用素なので，f, g を 1 階連続微分可能関数，α, β を複素数としたとき

$$\frac{\partial}{\partial \overline{z}}(\alpha f + \beta g) = \alpha\frac{\partial f}{\partial \overline{z}} + \beta\frac{\partial g}{\partial \overline{z}}, \quad \frac{\partial}{\partial \overline{z}}(fg) = \frac{\partial f}{\partial \overline{z}}\cdot g + f\cdot\frac{\partial g}{\partial \overline{z}}$$

という性質が成り立ち，正則関数の定義とあわせると，次の性質が成り立つ．

命題 2.1　$f(z), g(z)$ を領域 D 上の正則関数，α, β を複素数とすると，$\alpha f(z) + \beta g(z)$，$f(z)g(z)$ も正則関数となる．特に，領域 D 上の正則関数の集合は環をなす．

合成関数の偏微分の公式から，次の命題が成り立つ．

命題 2.2　D, E を複素領域として，$f : D \to E, g : E \to \mathbf{C}$ を 1 階連続偏微分可能複素関数とすると，

$$\frac{\partial(g \circ f)}{\partial z}(z) = \frac{\partial g}{\partial w}(f(z))\frac{\partial f}{\partial z}(z) + \frac{\partial g}{\partial \overline{w}}(f(z))\frac{\partial \overline{f}}{\partial z}(z)$$

$$\frac{\partial(g \circ f)}{\partial \overline{z}}(z) = \frac{\partial g}{\partial w}(f(z))\frac{\partial f}{\partial \overline{z}}(z) + \frac{\partial g}{\partial \overline{w}}(f(z))\frac{\partial \overline{f}}{\partial \overline{z}}(z)$$

が成り立つ．

もう少し一般に，次の命題が成り立つ．

命題 2.3　D を複素領域，E を $\mathbf{C}^n$ の領域とする．$f = (f_1, \ldots, f_n) : D \to E, g = g(w_1, \ldots, w_n) : E \to \mathbf{C}$ を 1 階連続偏微分可能複素関数とすると，

$$\frac{\partial(g \circ f)}{\partial z} = \sum_{i=1}^{n} \left(\frac{\partial g}{\partial w_i} \frac{\partial f_i}{\partial z} + \frac{\partial g}{\partial \overline{w_i}} \frac{\partial \overline{f_i}}{\partial z} \right)$$

$$\frac{\partial(g \circ f)}{\partial \overline{z}} = \sum_{i=1}^{n} \left(\frac{\partial g}{\partial w_i} \frac{\partial f_i}{\partial \overline{z}} + \frac{\partial g}{\partial \overline{w_i}} \frac{\partial \overline{f_i}}{\partial \overline{z}} \right)$$

が成り立つ.

このことから，正則関数は合成について閉じているという性質がわかる.

命題 2.4　$f(z), g(w)$ は複素領域 D, E で定義された正則関数で，$z \in D$ に対して $f(z)$ の値は E の元であるとする．このとき，合成関数 $(g \circ f)(z)$ も正則関数となる.

2.2　コーシーの積分定理とコーシーの積分公式

a, b を $a < b$ を満たす実数とする．$[a,b]$ から複素平面への連続写像 $\gamma : [a,b] \to \mathbf{C}$ が滑らかな曲線であるとは，次の条件を満たすことである.

(1) $[a,b]$ の各点において γ は無限階微分可能写像（ただし，端点では片側微分可能）であって，$[a,b]$ の各点 t_0 に対して $(d\gamma/dt)_{t=t_0}$ は 0 ベクトルにならない.

(2) γ は単射である.

また，$[a,b]$ から複素平面への連続写像 $\gamma : [a,b] \to \mathbf{C}$ が区分的に滑らかな曲線であるとは，$[a,b]$ の分割 $a = a_0 < a_1 < \cdots < a_{n-1} < a_n = b$ が存在して，γ の $[a_i, a_{i+1}]$ への制限が滑らかな曲線となることをいう．$[a,b]$ は γ のパラメータ区間とよばれる．$[a,b]$ をパラメータ区間とする曲線 γ に対して，$\gamma^{-1}(t)$ を $\gamma^{-1}(t) = \gamma(a+b-t)$ と定めると，$[a,b]$ によってパラメータ付けされた区分的に滑らかな曲線ができる．これを γ の向き付けを逆にした曲線という（区分的に滑らかな曲線には，自分自身に交わるものもある）.

いま，区分的に滑らかな曲線 $\gamma_1 : [a,b] \to \mathbf{C}$, $\gamma_2 : [b,c] \to \mathbf{C}$ が与えられて，$\gamma_1(b) = \gamma_2(b)$ を満たすとき，$[a,b]$ 上では γ_1，$[b,c]$ 上では γ_2 と定義することにより $[a,c]$ をパラメータ区間とする区分的に滑らかな曲線が得られるが，これを γ_1 と γ_2 の合成とよび，$\gamma_1 \gamma_2$ と書く．また，$\gamma : [a,b] \to \mathbf{C}$ が区分的に滑らかな曲線で $\gamma(a) = \gamma(b)$ となるとき，γ は**閉曲線**とよばれ，さらに (a,b) においては単射となるとき，γ は**単純閉曲線**とよばれる.

$f(z)$ を複素領域 D で定義された連続な複素関数，$\gamma : [a,b] \to D$ を $[a,b]$ でパラメータ付けされた区分的に滑らかな曲線とする（図 2.1）．$f(z)$ の γ に沿った線積分 $\displaystyle\int_{\gamma} f(z) dz$

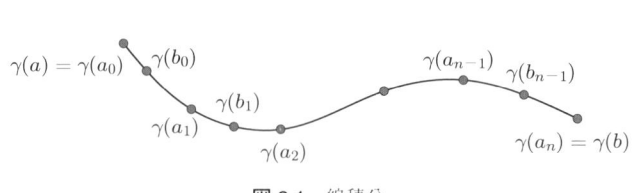

図 2.1　線積分

をリーマン積分によって定義する．すなわち，$[a,b]$ の分割 $\alpha = [a = a_0 < \cdots < a_n = b]$ に対して，その分割幅を $d(\alpha) = \max_i(a_{i+1} - a_i)$ によって定義するとき，

$$\int_\gamma f(z)dz = \lim_{(\alpha,\{b_i\}_i):d(\alpha)\to 0} \sum_{i=0}^{n-1} f(\gamma(b_i))(\gamma(a_{i+1}) - \gamma(a_i))$$

によって定義する．ここで，極限は α はすべての分割の集合，b_i は $a_i < b_i < a_{i+1}$ なる数列の集合を動くものとする．上の条件のもとで，この線積分は収束することが知られている．

　この線積分は，曲線の向きを変えないパラメータ付けを変えても変わらず，曲線の向きを逆にすると符号が逆転することが知られている．複素領域 D が区分的に滑らかな境界 ∂D をもつとき，この境界には自然な向きが定まる．その定め方としては，この向きに沿って進むときに領域 D が左にみえるようにする．

> **定義 2.2**　E を複素領域，$\gamma : [a,b] \to E$ を E に含まれる区分的に滑らかな閉曲線とする．γ が E の中で**可縮**であるとは，次のような性質をもつ連続関数 $\widetilde{\gamma} : [a,b] \times [0,1] \to E$ が存在することである．
> (1) $\widetilde{\gamma}$ の $[a,b] \times \{0\}$ への制限が定数値写像である．
> (2) $\widetilde{\gamma}$ の $[a,b] \times \{1\}$ への制限が γ となる．
> (3) $\{a\} \times [0,1]$ および $\{b\} \times [0,1]$ において，$\widetilde{\gamma}$ は常に $\gamma(a) = \gamma(b)$ と値が同じである．
>
> つまり，γ が基点 $\gamma(a) = \gamma(b)$ を保ちつつ 1 点に変形されるということである．

　領域 E が単連結であるとは，E 内の任意の単純閉曲線が E 内で可縮になることをいう（図 2.2）．E 内で可縮な単純閉曲線 γ は，E 内のある有界領域 D の境界となることが知られている．この事実に正確な証明を与えるのはそれほど容易ではないが，直観的には明らかであろう．このとき，D の点を可縮な単純閉曲線 γ の内部ということにする．

　これらの定義のもと，コーシーの積分定理は次のように述べることができる．

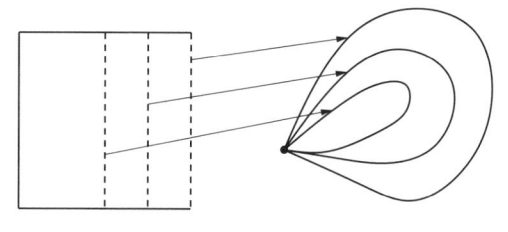

図 2.2 可縮な閉曲線

定理 2.5（コーシーの積分定理） $f(z)$ を複素領域 E で定義された正則関数，D を境界 ∂D が区分的に滑らかな曲線となる有界領域で，その閉包 $\overline{D}$ が E に含まれるものとする．このとき，

$$\int_{\partial D} f(z)dz = 0$$

が成り立つ．特に，γ が E 内で可縮な単純閉曲線のとき，

$$\int_{\gamma} f(z)dz = 0$$

が成り立つ．

証明　前半は，グリーンの定理と $f(z)$ が正則関数である条件 $\partial f(z)/\partial \overline{z} = 0$ を使うことにより，

$$\int_{\partial D} f(z)(dx + idy) = \int_D \left(-\frac{\partial}{\partial y}f(z) + i\frac{\partial}{\partial x}f(z) \right)dxdy$$

$$= 2i \int_D \frac{\partial}{\partial \overline{z}}f(z)dxdy = 0$$

となることからわかる．後半は，必要であれば単純閉曲線 γ の向きを変えて，$\gamma = \partial D$ となる有界領域 D が存在することからわかる．　　　　　　　　　□

コーシーの積分定理は，次のように閉曲線の単純性の条件をゆるめることができる．

定理 2.6（コーシーの積分定理 2） $f(z)$ を複素領域 E で定義された正則関数，γ を E 内の可縮で区分的に滑らかな曲線とすると，

$$\int_{\gamma} f(z)dz = 0$$

が成り立つ．

証明は省略する．コーシーの積分定理から，次のコーシーの積分公式と正則関数の解析性が得られる．

定理 2.7（コーシーの積分公式） $f(z)$ を複素領域 E 上で定義された正則関数，γ を E 内の反時計回りに回る可縮な単純閉曲線，z_0 を γ の内部の点とする．このとき，

$$f(z_0) = \frac{1}{2\pi i} \int_\gamma \frac{f(z)}{z - z_0} dz$$

が成り立つ．

証明では，曲線の形式的和を用いて積分を考えることにする．すなわち，曲線 $\gamma_1, \dots, \gamma_k$ と整数 $a_1, \dots, a_k$ が与えられたとき，形式的な和 $\gamma = \sum_i a_i \gamma_i$ に対して

$$\int_\gamma f(z)dz = \sum_i a_i \int_{\gamma_i} f(z)dz$$

と定義する．たとえば，$\displaystyle\int_{\gamma^{-1}} f(z)dz = \int_{-\gamma} f(z)dz$ が成り立つ．

証明 D として $\partial D = \gamma$ となるものをとり，正の実数 r を，z_0 を中心として半径 r の閉円板 $\overline{\Delta}(z, r) = \{z \mid |z - z_0| \leq r\}$ が D に含まれるようにとる．このとき，開円板 $\Delta(z, r)$ を $\{z \mid |z - z_0| < r\}$ とすると，$D - \Delta(z, r)$ の境界は

$$\partial(D - \Delta(z, r)) = \gamma + C(z_0, r)^{-1}$$

となる．ここで，$C(z_0, r)$ は，z_0 を中心として半径 r の円の上を反時計回りに 1 周する閉曲線である．したがって，$f(z)/(z - z_0)$ は $D - \Delta(z, r)$ 内で正則なので，

$$0 = \int_{\partial(D-\Delta(z,r))} \frac{f(z)}{z - z_0} dz = \int_{\gamma + C(z_0, r)^{-1}} \frac{f(z)}{z - z_0} dz$$

となる．さらに，$C(z_0, r)$ 上での線積分のパラメータ表示 $z = z_0 + re^{it}$ $(t \in [0, 2\pi])$ を用いて

$$\int_\gamma \frac{f(z)}{z - z_0} dz = \int_{C(z_0, r)} \frac{f(z)}{z - z_0} dz = \int_{[0, 2\pi]} \frac{f(z_0 + re^{it})}{re^{it}} ire^{it} dt$$

$$= i \int_{[0, 2\pi]} f(z_0 + re^{it}) dt$$

となるが，左辺は r に無関係なので，

$$\int_\gamma \frac{f(z)}{z - z_0} dz = \lim_{r \to 0} i \int_{[0, 2\pi]} f(z_0 + re^{it}) dt = i \int_{[0, 2\pi]} \left(\lim_{r \to 0} f(z_0 + re^{it}) \right) dt$$

$$= 2\pi i f(z_0)$$

となる． $\square$

2.3　正則関数の解析接続

コーシーの積分公式を使うことにより，次の正則関数の解析性が示される．

定理 2.8（正則関数の解析性） D を複素領域，$f(z)$ を D 上の正則関数，z_0 を D の点とする．さらに，z_0 を中心とする半径 r の開円板 $\Delta(z_0, r)$ が D に含まれているとする．このとき，$f(z)$ は z_0 のまわりで

$$f(z) = \sum_{i=0}^{\infty} a_i (z - z_0)^i$$

とテーラー展開可能で，その収束半径

$$R = \left(\limsup \sqrt[n]{|a_n|} \right)^{-1}$$

は r 以上となる．

証明 z を $\Delta(z_0, r)$ の点とする．ϵ を十分小さい正数で，$z \in \Delta(z_0, r - \epsilon)$ となるようにとる．$C(z_0, r - \epsilon)$ を，z_0 が中心で半径が $r - \epsilon$ の反時計回りに向き付けされた円周とするとき，コーシーの積分公式により，

$$f(z) = \frac{1}{2\pi i} \int_{C(z_0, r-\epsilon)} \frac{f(\zeta)}{\zeta - z} \, d\zeta = \frac{1}{2\pi i} \int_{C(z_0, r-\epsilon)} \frac{f(\zeta)}{(\zeta - z_0) - (z - z_0)} \, d\zeta$$

$$= \frac{1}{2\pi i} \int_{C(z_0, r-\epsilon)} \frac{f(\zeta)}{\zeta - z_0} \left(1 - \frac{z - z_0}{\zeta - z_0} \right)^{-1} d\zeta$$

となる．ここで，級数

$$\left(1 - \frac{z - z_0}{\zeta - z_0} \right)^{-1} = \sum_{i=0}^{\infty} \left(\frac{z - z_0}{\zeta - z_0} \right)^i$$

は $\zeta \in C(z_0, r - \epsilon)$ 上で一様収束することから，上の積分と無限和の順番を取り替えることができて，

$$上式 = \frac{1}{2\pi i} \sum_{i=0}^{\infty} (z - z_0)^i \int_{C(z_0, r-\epsilon)} \frac{f(\zeta)}{(\zeta - z_0)^{i+1}} \, d\zeta$$

となる．さらに，$\zeta \in C(z_0, r - \epsilon)$ 上の連続関数 $|f(\zeta)|$ の最大値を $M(\epsilon)$ とおくと

$$\left| \int_{C(z_0, r-\epsilon)} \frac{f(\zeta)}{(\zeta - z_0)^{i+1}} \, d\zeta \right| \le \int_{C(z_0, r-\epsilon)} \left| \frac{f(\zeta)}{(\zeta - z_0)^{i+1}} \, d\zeta \right|$$

$$\le 2\pi (r - \epsilon)^{-i} M$$

となるので，

$$f(z) = \sum_{i=0}^{\infty} c_i (z - z_0)^i, \quad |c_i| \le M (r - \epsilon)^{-i} \tag{2.1}$$

となる．したがって，$f(z)$ はテーラー展開されて，その収束半径は $r - \epsilon$ 以上になる．ϵ は任意に小さい正数であったので，収束半径は r 以上となる． $\square$

系 2.9 $f(z)$ を複素領域 D 上の正則関数とする．$z_0 \in D$ を $f(z)$ の零点とし，その連

結な近傍で $f(z)$ は恒等的には 0 でないとすると，z_0 のまわりで零点は孤立している．

証明 r' を十分小さい実数で $\Delta(z_0, r') \subset D$ となるようにとる．$f(z)$ のテーラー展開を

$$f(z) = \sum_{i=m}^{\infty} a_i(z - z_0)^i \quad (a_m \neq 0)$$

とすると，$f(z_0) = 0$ である．よって，$m \geq 1$ で $f(z)$ の収束半径が r 以上であることから，$0 < r < r'$ なる実数 r に対して十分大きな $M > 0$ をとれば，$|a_i/a_m| < M \cdot r^{-i+m}$ がすべての i について成り立つ．したがって，$0 < k < 1/(1 + M)$ ととると，$|z - z_0| < kr$ のとき，

$$\left| \sum_{i=m+1}^{\infty} a_i(z - z_0)^{i-m} \right| < \sum_{i=m+1}^{\infty} |a_i(z - z_0)^{i-m}|$$

$$< \sum_{i=m+1}^{\infty} |a_m| M r^{-i+m} (kr)^{i-m} = \frac{|a_m| k M}{1 - k} < |a_m|$$

となる．よって，

$$|a_m(z - z_0)^m| > \left| \sum_{i=m+1}^{\infty} a_i(z - z_0)^i \right|$$

となるので，$f(z) \neq 0$ となる． $\square$

定義 2.3（正則関数の零点の位数） D を複素領域，$f(z)$ を D 上の正則関数とする．z_0 を D 内の 1 点とする．$f(z)$ を z_0 で

$$f(z) = \sum_{i=m}^{\infty} a_i(z - z_0)^i \quad (a_m \neq 0)$$

とテーラー展開したとき，m を $f(z)$ の**零点の位数**といい，$\mathrm{ord}_{z_0}(f(z))$ と書く．

補題 2.10 (1) f を複素領域 D 上の正則関数とし，$z \in D$ で $f(z) = 0$ とすると，f の零点は D 内で孤立しているか，あるいは z のある近傍で f は恒等的に 0 である．

(2) $z_0 \in D$ とする．$f(z), g(z)$ を D 上の正則関数とする．このとき，

$$\mathrm{ord}_{z_0}(f(z)g(z)) = \mathrm{ord}_{z_0}(f(z)) + \mathrm{ord}_{z_0}(g(z))$$

$$\mathrm{ord}_{z_0}(f(z) + g(z)) \geq \min(\mathrm{ord}_{z_0}(f(z)), \mathrm{ord}_{z_0}(g(z)))$$

が成立する．

定義 2.4（複素微分） $f(z)$ を複素数値関数とする．極限

$$\lim_{|h| \to 0} \frac{f(z + h) - f(z)}{h} \tag{2.2}$$

が存在するとき，$f(z)$ は正則であるという．この極限が存在するとき，$f(z)$ の**複素微分**といい，$df(z)/dz$ と書く．

系 2.11　複素領域 D において，1 階連続微分可能関数 $f(z)$ に対して，正則関数であるための必要十分条件は，D の各点において複素微分可能であることである．

定理 2.12（一致の原理）　D を連結な領域とし，$f(z), g(z)$ を D 上の正則関数として，D の空でない開集合で一致しているとする．このとき，$f(z)$ と $g(z)$ は D 上で一致する．

証明　$g(z) = 0$ の場合に証明すればよい．D の部分集合

$$E = \{z \in D \mid \text{ある } z \text{ の近傍が存在して } f(z) = 0 \text{ となる}\}$$

を考えると，E は開集合となる．E は D の中で閉集合であることを示そう．E が閉集合でないとすると，E の閉包を $\overline{E}$ として $\partial E = \overline{E} - E \neq \emptyset$ なので，$z \in \partial E$ をとると，E の点列 $\{z_i\}_i$ で z に収束するものがとれる．$f(z_i) = 0$ だったので，f の連続性から $f(z) = 0$ である．$z \notin E$ より，z の任意の近傍で $f(z) \equiv 0$ となることはないので，z の近傍において $f(z)$ の零点は孤立している．これは，$f(z)$ の零点の部分集合 $\{z_i\}$ で z に収束するものがあることに矛盾する．したがって，E は D の中で閉集合である．E は空ではなく開集合かつ閉集合であり，D は連結なので $E = D$ となり，定理は証明された．　　　　　□

定義 2.5　(1)　連結な領域 D 上の正則関数 $f(z)$ が与えられたとき，領域 D_i とその上の正則関数 f_i の組の列 (D_i, f_i) $(i = 0, 1, \ldots, n)$ が (D, f) の**解析接続**であるとは，次の性質を満たすことである．

    (a)　$(D_0, f_0) = (D, f)$ となる．

    (b)　D_i は連結な（空でない）領域で，$i = 0, \ldots, n-1$ に対して $D_i \cap D_{i+1} \neq \emptyset$ である．このような条件を満たす領域の列 $D_0, \ldots, D_n$ を領域の鎖という．

    (c)　$f_i(z)$ と $f_{i+1}(z)$ は $D_i \cap D_{i+1}$ 上で一致する．

    一般に，(1b), (1c) を満たす $(D_0, f_0), \ldots, (D_n, f_n)$ を正則関数の鎖という．

(2)　z_0, z_1 を複素平面上の 2 点，$\gamma : [a, b] \to \mathbf{C}$ を z_0, z_1 を結ぶ曲線とする．D_0, D_1 を z_0, z_1 の連結な近傍，f_0, f_1 を D_0, D_1 上の正則関数とする．(D_1, f_1) が (D_0, f_0) の γ に沿った解析接続であるとは，ある正則関数の鎖 (D'_0, f'_0), $\ldots, (D'_{n-1}, f'_{n-1})$ で次の性質を満たすものが存在することである（図 2.3）．

    (a)　分割 $a = a_0 < a_1 < \cdots < a_n = b$ が存在して，$\gamma([a_i, a_{i+1}])$ は D'_i で覆われる．

    (b)　$(D'_0, f'_0) = (D_0, f_0)$, $(D'_{n-1}, f'_{n-1}) = (D_1, f_1)$

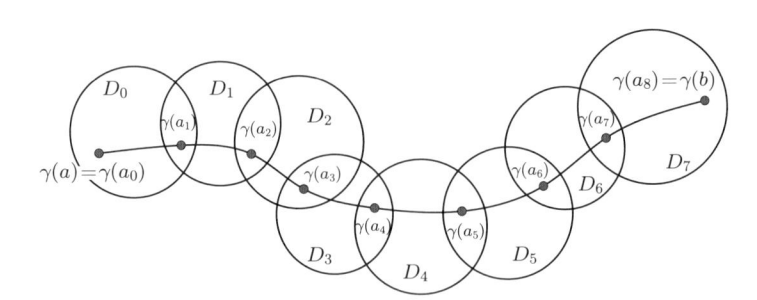

図 2.3 解析接続（$n = 8$ の場合）

一致の原理を用いることにより，次の解析接続の一意性の定理が得られる．

定理 2.13（解析接続の一意性） (1) 複素領域 $D_0, \ldots, D_n$ が定義 2.5 の条件 (1b) を満たしている領域の鎖とし，$D = D_0$ とおく．$(D_0, f_0), \ldots, (D_n, f_n)$ と $(D_0, f_0'), \ldots, (D_n, f_n')$ がともに (D, f) の解析接続とする．このとき，D_n 上の正則関数 f_n, f_n' は一致する．

(2) D_0, D_1 を連結な複素領域，z_0, z_1 をそれぞれ D_0, D_1 内の点，γ を z_0, z_1 を結ぶ曲線とする．f を D_0 上の正則関数とする．$(D_1, g), (D_1, h)$ を (D, f) の曲線 γ に沿った (D_0, f) の解析接続とすると，$g = h$ となる．

証明 (1) $f_i = f_i'$ となることを i に関する帰納法で証明する．$i = 0$ のときは，条件 $(D_0, f_0) = (D, f) = (D_0, f_0')$ より成立する．i のときに $f_i = f_i'$ となるとしよう．$D_i \cap D_{i+1}$ 上で $f_i = f_{i+1}$ となるので，f_i と f_{i+1} は正則関数として貼り合わされて，$D_i \cup D_{i+1}$ 上の正則関数 F_i となる．同様にして，f_i' と f_{i+1}' は正則関数として貼り合わされて，$D_i \cup D_{i+1}$ 上の正則関数 F_i' となる．条件 (1b) により，$D_i \cup D_j$ は連結な領域であることに注意しよう．帰納法の仮定から $D_i \neq \emptyset$ 上で $F_i = f_i$ と $F_i' = f_i'$ が成り立ち，$D_i \cup D_{i+1}$ は連結なので，一致の原理（定理 2.12）により，$F = F'$ となる．よって，これらを D_{i+1} に制限することにより，$f_{i+1} = f_{i+1}'$ となる．したがって，帰納法により，任意の $1 \leq i \leq n$ に対して $f_i = f_i'$ となることがわかる．

(2) γ のパラメータ表示を $\gamma : [0, 1] \to \mathbf{C}$ とする．(D_1, g) および (D_1, h) の解析接続を与える正則関数の鎖を，それぞれ $(E_0, g_0), \ldots, (E_{n-1}, g_{n-1})$ および $(F_0, h_0), \ldots, (F_{m-1}, h_{m-1})$ とする．(D_1, g) の解析接続に用いられる定義 2.5 (2) の条件を満たす $[0, 1]$ の分割を $0 = a_0 < \cdots < a_n = 1$，$(D_1, h)$ で用いられるものを $0 = b_0 < \cdots < b_m = 1$ とおく．このとき，条件より

$$[a_i, a_{i+1}] \subset E_i \ (0 \leq i \leq n-1), \quad [b_j, b_{j+1}] \subset F_j \ (0 \leq j \leq m-1)$$

となる．そこで，二つの分割の共通細分 $0 = c_0 < \cdots < c_l = 1$ をとると，$0 \leq k \leq l-1$ に対して $[c_k, c_{k+1}] \subset [a_i, a_{i+1}], [c_k, c_{k+1}] \subset [b_j, b_{j+1}]$ を満たす i, j が存在するので，それらを $i(k), j(k)$ とおく．そこで，

$$[c_k, c_{k+1}] \subset [a_{i(k)}, a_{i(k)+1}] \cap [b_{ij(k)}, b_{j(k)+1}] \subset E_{i(k)} \cap F_{j(k)}$$

より, G_k を $E_{i(k)} \cap F_{j(k)}$ の中で $[c_k, c_{k+1}]$ を含む連結成分とすると, $[c_k, c_{k+1}] \subset G_k$ で

$$(G_0, g_{i(0)}|_{G_0}), \cdots, (G_{l-1}, g_{i(l-1)}|_{G_{l-1}}), \quad \text{および}$$

$$(G_0, h_{j(0)}|_{G_0}), \cdots, (G_{l-1}, h_{j(l-1)}|_{G_{l-1}})$$

はともに正則関数の鎖となる. また, G_0 上で $g_{i(0)} = g_0 = h_0 = h_{j(0)}$ なので, (1) より G_{l-1} 上で $g_{n-1} = g_{i(l-1)} = h_{j(l-1)} = h_{m-1}$ となる. $G_{l-1} \subset E_{n-1} = D_1, G_{l-1} \subset F_{m-1} = D_1$ なので, ふたたび一致の原理を用いれば, $(D_1, g) = (E_{n-1}, g_{n-1}) = (F_{m-1}, h_{m-1}) = (D_1, h)$ となり命題を得る. □

2.4 対数関数と平方根の一意化リーマン面

　この節では, 対数関数の解析接続, あるいは平方根をとる関数を解析接続することを考える. まず, 対数関数を観察するために, 積分で定義された関数の正則性について考える. D_0 を単連結な領域, $f(z)$ を D_0 上の正則関数, z_0 を D_0 内の点とする. γ を z_0 と z を結ぶ曲線として,

$$I(\gamma) = \int_\gamma f(z)dz$$

とおく. γ_1, γ_2 を z_0 と z を結ぶ曲線とする. このとき, γ_1 と γ_2 は D_0 の中でホモトピー同値なので, コーシーの積分定理 2（定理 2.6）より $I(\gamma_1) = I(\gamma_2)$ となり, $I(\gamma)$ は終点のみの関数となる. これを $I(z)$ と書くことにする. ここで, z_0 と z を結ぶ曲線 γ と γ' がホモトピー同値であるとは, 連続写像

$$\theta : [0,1] \times [0,1] \to C : (u,t) \mapsto \theta(u,t)$$

で

$$\theta(u,0) = x, \quad \theta(u,1) = \infty, \quad \theta(0,t) = \gamma(t), \quad \theta(1,1) = \gamma'(t)$$

が成り立つことである.

┃命題 2.14 $I(z)$ は z の正則関数となる.

対数関数の一意化リーマン面

　それでは, 複素対数関数について考えることにしよう. z を複素数として, 1 と z を結ぶ原点を通らない曲線 γ に対して, 積分

$$L(\gamma) = \int_\gamma \frac{dz}{z}$$

を考えたものが複素対数関数である．0 でない複素数の集合 $\mathbf{C}^\times$ の点 z と，1 と z を結ぶ曲線 γ の組 (z, γ) のホモトピー同値類の集合を

$$X = \{(z, \gamma) \mid z \in \mathbf{C}^\times,\ \gamma\ \text{は}\ 1\ \text{と}\ z\ \text{を結ぶ曲線}\}/(\text{ホモトピー同値})$$

とおくと，コーシーの積分定理より，L は X 上の関数とみることができる．写像 $\pi : X \to \mathbf{C}^\times$ を $\pi(\gamma, z) = z$ により定める．負の（正の）実数の集合を $\mathbf{R}_-$（$\mathbf{R}_+$）と書く．

命題 2.15 $X' = \mathbf{R}_+ \times \mathbf{R}$ とし，X' の点 (r, θ) に対して，$(R(t), \Theta(t))$ $(t \in [0, 1])$ を $(1, 0)$ と (r, θ) を X' の中で結ぶ直線とする．このとき，写像 φ を

$$\varphi : X' \to X : (r, \theta) \mapsto (\gamma, z) = (R(t)(\cos \Theta(t) + i \sin \Theta(t)), r(\cos \theta + i \sin \theta))$$

とおくと，この写像により X は X' と同一視される．$\overline{\varphi} = \pi \circ \varphi : X' \to \mathbf{C}^\times$ とおく．$z_0 \in \mathbf{C}^\times$ の開近傍 $D(z_0)$ を

$$D(z_0) = \left\{ z \in \mathbf{C} \ \middle| \ |z - z_0| < \frac{|z|}{2} \right\}$$

とし，$\widetilde{z_0} = (r_0, \theta_0) \in X'$ の開近傍 $\widetilde{D}(\widetilde{z_0})$ を

$$\widetilde{D}(\widetilde{z_0}) = \left\{ \widetilde{z} = (r, \theta) \in X' \ \middle| \ \theta_0 - \frac{\pi}{2} < \theta < \theta_0 + \frac{\pi}{2},\ \overline{\varphi}(\widetilde{z}) \in D(\overline{\varphi}(\widetilde{z_0})) \right\}$$

と定めると，写像 $\overline{\varphi}$ の $\widetilde{D}(\widetilde{z_0})$ への制限は同相写像となる．

X は，以下のようにして複素平面の部分集合を貼り合わせることで構成できる．$\mathbf{C}^\times - \mathbf{R}_-$ のコピー X_n と $\mathbf{R}_-$ のコピー Y_n を用意する．$y \in Y_n = \mathbf{R}_-$ の $\mathbf{R}_- \subset \mathbf{C}^\times$ における十分小さい開近傍 U を考える．$\mathbf{H}_+, \mathbf{H}_-$ を 1.8 節のものとする．U に対して

(1) $U \cap \mathbf{H}_+ \subset \mathbf{C} - \mathbf{R}_-$ に対応する X_n の部分集合 U_-，

(2) $U \cap \mathbf{H}_- \subset \mathbf{C} - \mathbf{R}_-$ に対応する X_{n+1} の部分集合 U_+，および

(3) $U \cap \mathbf{R}_-$ に対応する Y_n の部分集合 U_0

の合併集合 $U_- \cup U_0 \cup U_+$ を，y における開近傍となるように非交和 $\coprod_n (X_n \coprod Y_n)$ に位相を導入すると，これは X' と同相な空間となっている．X の部分集合 Z_n を $Z_n = X_n \cup Y_n$ と定めると，これは $\mathbf{C}^\times$ のコピーと思うことができるので，X は図 2.4 のように $\mathbf{C}^\times$ のコピー Z_n に $\mathbf{R}_-$ でスリットを入れて，Z_n におけるスリットの上部にある領域と Z_{n+1} のスリットの下部にある領域を貼り合わせて得られている，と考えら

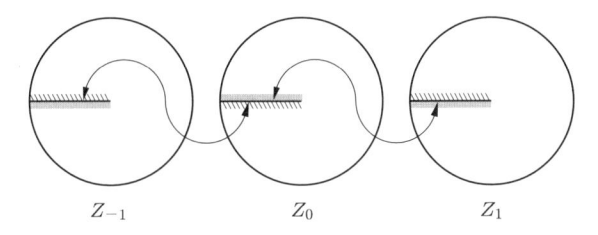

図 2.4 $\log(z)$ の一意化リーマン面

れる．さらに，X 上の関数 $\log(z)$ を Z_n 上の点 $z = r(\cos\theta + i\sin\theta)$ $(-\pi < \theta \le \pi)$ に対して

$$\log(z) = \log(r) + i(\theta + 2n\pi)$$

と定めれば，これも X 上の関数 $L(\gamma)$ と一致する．局所的に複素平面と同相となるような位相を X に入れると，上のように定義した $\log(z)$ はこの同相を通して正則関数となっている．このようにして得られた X を $\log(z)$ **の一意化リーマン面**とよぶ．対数関数の一意化リーマン面は，対数関数を複素平面から原点を除いた空間内にある，1 から始まる任意の道に沿って $\log(z)$ を解析接続していった局所的な正則関数の集まりと考えられる．

$\sqrt{z}$ の一意化リーマン面

複素数 z に対して，$w^2 = z$ となる w は $z \ne 0$ であれば二つある．実際，$z = r(\cos\theta + i\sin\theta)$ と極形式の形に書けば，

$$w = \sqrt{r}\left(\cos\frac{\theta}{2} + i\sin\frac{\theta}{2}\right) \quad \text{および} \quad w = -\sqrt{r}\left(\cos\frac{\theta}{2} + i\sin\frac{\theta}{2}\right)$$

の二つが w に関する解となるからである．また，$z = 0$ のときは，w に関する解は $w = 0$ のただ一つとなっている．したがって，z を決めたとき，$w^2 = z$ の解 w は値が一通りには定まらない多価関数となる．$\sqrt{z}$ の値が一意的に定まるような空間，すなわち $\sqrt{z}$ の一意化リーマン面を，上記のスリットを用いたやり方で構成する．まず，図 2.5 のように $\mathbf{C}^\times$ の二つのコピー X_0, X_1 を用意し，そのそれぞれの $\mathbf{R}_-$ にあたる部分にスリットを入れ，

(1) X_0 におけるスリットの上部と X_1 におけるスリットの下部，

(2) X_1 におけるスリットの上部と X_0 におけるスリットの下部，

をそれぞれ貼り合わせて X を得る．

このようにして得られた位相空間 X を $\sqrt{z}$ **の一意化リーマン面**という．それぞれの

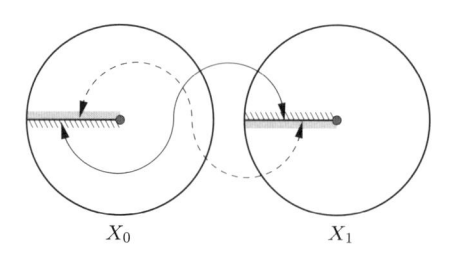

図 2.5 $\sqrt{z}$ の一意化リーマン面

コピー上で対応する $\mathbf{C}^{\times}$ の点に対応させる写像 $X \to \mathbf{C}^{\times}$ は局所的には $\mathbf{C}^{\times}$ と同相なので，X 上に定義された関数が正則であるということを，この同相を通じて定義することができる．

命題 2.16 $\mathbf{C}^{\times}$ の元 z を $z = r(\cos\theta + i\sin\theta)$ $(-\pi \leq \theta < \pi)$ と書いて，X 上の複素関数 $\varphi(z)$ を

$$\varphi(z) = \begin{cases} \sqrt{r}\left(\cos\dfrac{\theta}{2} + i\sin\dfrac{\theta}{2}\right) & (z \in X_0 \text{ のとき}) \\[2ex] \sqrt{r}\left\{\cos\left(\dfrac{\theta}{2} + \pi\right) + i\sin\left(\dfrac{\theta}{2} + \pi\right)\right\} & (z \in X_1 \text{ のとき}) \end{cases}$$

と定義すると，$\varphi(z)$ は X 上の正則関数となっている．

したがって，$\sqrt{z}$ の一意化リーマン面は，$\sqrt{z}$ を解析接続していった局所的な正則関数の集まりと考えられる．

2.5 複素領域上の有理型関数

D を複素領域，Σ を D の中の離散集合とする．$D - \Sigma$ 上の正則関数 $f(z)$ が D の上の**有理型関数**であるとは，Σ の各点 a に対して，ある a の D に含まれる近傍 U で $U \cap \Sigma = \{a\}$ であり，ある a 以外では 0 にならない正則関数 $h(z)$ と正則関数 $g(z)$ が存在して，$U - \{a\}$ 上で $f(z) = g(z)/h(z)$ の形に書けることをいう．$f(z)$ を D 上の有理型関数とすると，$a \in D$ に対して a の近傍で正則関数の商 $f(z) = g(z)/h(z)$ の形に表したとき，$\mathrm{ord}_a(g(z)) - \mathrm{ord}_a(h(z))$ を $f(z)$ の**位数**といい $\mathrm{ord}_a(f)$ と書く．補題 2.10 により，$\mathrm{ord}_a(f(z))$ は，$f(z)$ を $U - \{a\}$ で正則関数の商の形に表す仕方によらずに定まることがわかる．

$f(z)$ を z_0 の近傍で定義された有理型関数として，$\mathrm{ord}_{z_0}(f) = k$ とする．$k > 0$ のとき $f(z)$ は z_0 で k 位の零点をもつといい，$k < 0$ のとき $f(z)$ は位数 $|k|$ 位の極をも

つという.

> **命題 2.17** $f(z), g(z)$ を D 上の有理型関数とすると, $f(z)g(z), f(z)+g(z)$ も D 上の有理型関数となる. また, D が連結であって, $g(z)$ が恒等的に 0 でなければ, $f(z)/g(z)$ も D 上の有理型関数となる. 言い換えれば, 連結な複素領域 D 上の有理型関数全体は体になる.

証明 有理型関数が和と積について閉じているのは容易にわかる. f を 0 でない有理型関数とすると, 局所的には恒等的には 0 でない正則関数 h を用いて $f = h/g$ の形に書ける. したがって, f の逆数は g/h と書けるが, 連結領域 D 上で正則関数 h の零点が離散集合となることから, これはふたたび有理型関数となる. □

章末問題

2.1 $f(x)$ を有理関数とするとき,

$$f(x) = h_\infty(x) + \sum_{a \in \mathbf{C}} \sum_{k=1}^{n_a} \frac{c_{a,k}}{(x-a)^k}$$

の形に一意的に書けることを示せ. ここで, $\displaystyle\sum_{a \in \mathbf{C}}$ は $f(x)$ が正則でないような複素数全体に関する和であり, $h_\infty(x)$ は多項式で

$$n_a = -\mathrm{ord}_a(f(x)), \quad c_{a,k} = \mathrm{Res}_{x=a}(x-a)^{k-1}f(x)$$

であり, Res は留数である (定義 3.8).

2.2 $S^1 = \{z \in \mathbf{C} \mid |z| = 1\}$ 上の C^∞ 級複素関数 u が $z = e^{2\pi i\theta} = \cos(2\pi\theta) + i\sin(2\pi\theta)$ という座標を用いて $u(\theta)$ という形で与えられているとする. u が $\overline{D} = \{z \in \mathbf{C} \mid |z| \leq 1\}$ まで連続で $D = \{z \in \mathbf{C} \mid |z| < 1\}$ 上で正則な関数として延長できるためには, $n > 0$ なるすべての整数 n について

$$\int_0^1 u(\theta)\mathbf{e}(n\theta)d\theta = 0$$

となることが必要十分条件であることを示せ. ここで, $\mathbf{e}(z) = \exp(2\pi iz)$ を表す. また, 延長された関数は

$$f(z) = \int_0^1 \frac{\mathbf{e}(\theta)u(\theta)}{\mathbf{e}(\theta) - z}d\theta$$

で与えられることを示せ.

2.3 $f(z), g(z)$ を複素係数多項式とする. このとき, 十分大きい実数 R に対して

$$\frac{1}{2\pi}\int_{|z|=R} g(z)\frac{df}{f} = \sum_{a \in \mathbf{C}} \mathrm{ord}_a(f)g(a)$$

となることを示せ.

第3章

リーマン面の定義と正則関数

現代数学において，高次元の図形などの幾何学的対象は多様体として定義される．リーマン面は，前章の一意化リーマン面を抽象的に定義したものである．リーマン面は，2次元の可微分多様体にさらに複素構造という上部構造を付与したもので，複素関数論が適用できるような構造を付与した多様体，ともいえる．この章ではリーマン面の定義とその例をあげ，さらにリーマン面の複素座標を用いて定義される正則関数，有理型関数，あるいは正則微分形式を定義する．さらに，リーマン面の扱いをより柔軟なものにするために，リーマン面の間の正則写像を定義する．

3.1 リーマン面の定義

この章ではリーマン面を定義する．そのためには位相空間論の知識は仮定する．多様体についても多少の知識があれば，この章のリーマン面の定義はよりよく理解されると思う．位相空間の定義と性質に関しては松坂 [M2] などを，さらに多様体については松本 [M1] を参照されたい．

多様体は，局所的にみれば $\mathbf{R}^n$ と同型なものを貼り合わせて得られているものとして定義された．論理的にははじめに位相空間が与えられていて，それに条件を加えていく形で定義する．これまで考えに入れてなかったものを考えることは，議論の柔軟性が増すという点では歓迎すべきものであるが，思いもよらない病的なものも入り込んでしまう可能性があるので，注意が必要となることがある．$\mathbf{R}^n$ において使える議論，たとえば微積分を多様体の範疇でも展開できるようにするためには，多様体にそれに見合った構造，たとえば可微分構造などを入れなくてはならない．

X を，位相空間で第二可算公理を満たすハウスドルフ空間であるとする．X が**リーマン面**であるとは，X の開被覆 $\{U_i\}_i$ とそれぞれの U_i に対して，次の条件を満たす U_i から $\mathbf{C}$ の開集合への同相写像 $\varphi_i : U_i \to \mathbf{C}$ が与えられているものとして定義する．$\varphi_i(U_i \cap U_j)$ は $\mathbf{C}$ の開集合で，$\varphi_i \,|_{U_i \cap U_j} : U_i \cap U_j \to \varphi_i(U_i \cap U_j)$ は同相写像となっていることに注意する．

条件：$U_i \cap U_j \neq \emptyset$ なる i, j に対して合成写像によって与えられる同相写像

$$\varphi_i(U_i \cap U_j) \xrightarrow{\varphi_i|_{U_i \cap U_j}^{-1}} U_i \cap U_j \xrightarrow{\varphi_j|_{U_i \cap U_j}} \varphi_j(U_i \cap U_j)$$

は正則写像である．

このとき，$\varphi_i : U_i \to \mathbf{C}$ は**局所複素座標**あるいは単に局所座標といわれ，$\{\varphi_i\}$ は**局所複素座標系**といわれる．局所座標として $\mathbf{C}$ の開集合がとれるので，リーマン面は 2 次元の可微分多様体になっている．また，リーマン面 X の空でない開集合には，X のリーマン面の構造を制限することにより，リーマン面の構造が入る．

自明なリーマン面の例として，複素平面 $\mathbf{C}$ の開集合が挙げられる．また，1.6 節で定義した射影直線 $\mathbf{P}^1$ は，そこでの記号を用いて二つの開集合 U_X と U_Y で被覆され，写像 z, ζ によって $\mathbf{C}$ と同相である．さらに，共通部分の変換は，正則写像 $\zeta = 1/z$ で与えられるので，リーマン面となっている．

2.4 節の $\log(z)$ の一意化リーマン面，$\sqrt{z}$ の一意化リーマン面は，局所同型 p を用いて局所複素座標を定めることにより，リーマン面となる．

3.2 平面曲線

2 変数の実係数多項式 $f(z, w)$ で十分よい性質をもつものが与えられると，(z, w) を座標とする $\mathbf{R}^2$ の中で $f(z, w) = 0$ という方程式によって平面曲線が定まる．曲線の中では特殊ではあるが，重要な例である．同様に，2 次元複素数アファイン空間で考えたものは**複素平面曲線**とよばれ，これによりリーマン面の例が数多く得られる．いま，$f(z, w)$ を z, w の 0 でも定数でもない多項式として，$\mathbf{C}^2$ の中で

$$C = \{(z, w) \in \mathbf{C}^2 \mid f(z, w) = 0\} \tag{3.1}$$

で定義される集合を考える．

$$z = x + iy, \quad w = \xi + i\eta$$

とおいて，$\mathbf{C}^2$ を (x, y, ξ, η) を座標とする $\mathbf{R}^4$ と同一視する．この座標により $f(z, w)$ の実部，虚部は (x, y, ξ, η) の実関数とみることができるので，それぞれ $\mathrm{Re}(f(z, w)) = \varphi(x, y, \xi, \eta)$, $\mathrm{Im}(f(z, w)) = \psi(x, y, \xi, \eta)$ とおくと，$f(z, w) = 0$ によって定義される集合 X は，$\varphi(x, y, \xi, \eta) = \psi(x, y, \xi, \eta) = 0$ という二つの方程式で定義された集合と同一視される．ここで陰関数の定理を用いれば，実行列

$$J_{\mathbf{R}} = \begin{pmatrix} \dfrac{\partial \varphi}{\partial x} & \dfrac{\partial \varphi}{\partial y} & \dfrac{\partial \varphi}{\partial \xi} & \dfrac{\partial \varphi}{\partial \eta} \\ \dfrac{\partial \psi}{\partial x} & \dfrac{\partial \psi}{\partial y} & \dfrac{\partial \psi}{\partial \xi} & \dfrac{\partial \psi}{\partial \eta} \end{pmatrix}$$

の階数が X 上で常に2であれば，X は多様体になる．これは，複素数まで係数を拡大して考えて一次結合で取り替えれば，複素行列

$$J_{\mathbf{C}} = \begin{pmatrix} \dfrac{\partial f}{\partial z} & \dfrac{\partial f}{\partial \overline{z}} & \dfrac{\partial f}{\partial w} & \dfrac{\partial f}{\partial \overline{w}} \\[3mm] \dfrac{\partial \overline{f}}{\partial z} & \dfrac{\partial \overline{f}}{\partial \overline{z}} & \dfrac{\partial \overline{f}}{\partial w} & \dfrac{\partial \overline{f}}{\partial \overline{w}} \end{pmatrix}$$

の階数が2となることと同値になる．$f(z,w)$ が z,w に関する多項式であることに気を付けると，$\partial f/\partial \overline{z} = \partial f/\partial \overline{w} = 0$ なので

$$J_{\mathbf{C}} = \begin{pmatrix} \dfrac{\partial f}{\partial z} & 0 & \dfrac{\partial f}{\partial w} & 0 \\[3mm] 0 & \overline{\left(\dfrac{\partial f}{\partial z}\right)} & 0 & \overline{\left(\dfrac{\partial f}{\partial w}\right)} \end{pmatrix}$$

となり，これは行列

$$J = \begin{pmatrix} \dfrac{\partial f}{\partial z} & \dfrac{\partial f}{\partial w} \end{pmatrix} \tag{3.2}$$

の階数が1であることと同値になる．したがって，J の階数が C の上で1であれば，C は多様体となる．実は，次の定理が成り立つ．

定理 3.1（ヤコビアン判定法） C 上で式 (3.2) で定義される行列 J の階数が1であれば，C はリーマン面である．

証明 (z,w) を X 上の点とする．$J(z,w)$ の階数が1という条件から $\partial f/\partial z, \partial f/\partial w$ のいずれかは0でないので，$\partial f/\partial z \neq 0$ としよう．このとき $J_{\mathbf{C}}$ の形から，陰関数の定理より，X におけるある (z,w) の近傍 U と $\mathbf{C}$ の開集合 W が存在して，写像

$$\pi_w : X \to \mathbf{C} : (z,w) \mapsto w$$

により U と W は同相になる．したがって，ある無限回微分可能複素関数 $\zeta(\xi,\eta)$ が存在して，π_w の逆写像が $w \mapsto (\zeta(w),w)$ で与えられる．

‖主張 3.1 $\zeta(w)$ は w の正則関数である．

証明 w の関数として $f(\zeta(w),w)$ は恒等的に0となるので，命題 2.2 と，$f(z,w)$ が z についても w についても正則関数であることを用いて，

$$0 = \frac{\partial f(\zeta(w),w)}{\partial \overline{w}} = \frac{\partial f}{\partial z}\frac{\partial \zeta}{\partial \overline{w}} + \frac{\partial f}{\partial w}\frac{\partial w}{\partial \overline{w}} = \frac{\partial f}{\partial z}\frac{\partial \zeta}{\partial \overline{w}}$$

となる．他方，$\partial f/\partial z \neq 0$ なので $\partial \zeta/\partial \overline{w} = 0$ となり，コーシー–リーマンの方程式を満たす．したがって，$\zeta(w)$ は w の正則関数となる． $\qquad\square$

それでは上の主張を用いて, C にリーマン面の構造を入れよう. まず, 位相空間としては, $\mathbf{C}^2$ の閉集合としての誘導位相を入れる. $p = (z_0, w_0) \in C$ として, $\partial f(p)/\partial z$ が 0 でない場合は, 上のように w_0 のある複素近傍 W_0 上の正則写像 $\zeta(w)$ および p の近傍 U_p が存在して, $\pi_w : U_p \to W_p : (z, w) \mapsto w$ は同相写像となっているので, これを局所複素座標と定める. $\partial f(p)/\partial w$ が 0 でない場合は同様にして, z_0 のある近傍 Z_0 と p の近傍 U_p が存在して, z 座標への射影 π_z がそれらの同相写像を与える. これらの写像が局所複素座標を定めることを示そう. $\partial f(p)/\partial z$ か $\partial f(p)/\partial w$ は 0 ではないので, U_p は C の開被覆になっている. $U_p \cap U_q \neq \emptyset$ のときに $\varphi_p \circ \varphi_q^{-1}$ が正則関数となっていることを確かめよう. U_p, U_q の両方とも π_z あるいは π_w である場合は明らかなので, そうでない場合を考えよう. たとえば, U_p, U_q での局所座標が π_z, π_w で与えられている場合を考える (下図式).

$$Z_0 \xleftarrow{\ \pi_z\ } U_p \supset U_p \cap U_q \subset U_q \xrightarrow{\ \pi_w\ } W_0$$
$$w \qquad\qquad (\zeta(w), w) \qquad\qquad \zeta(w)$$

このときは $\pi_w \circ \pi_z^{-1}(w) = \zeta(w)$ となり, 主張 3.1 により, これは同相写像 π_z, π_w の双方が定義されているところで正則関数となる. (定理 3.1 の証明終) $\qquad\square$

式 (3.1) で定義される C は $\mathbf{C}^2$ の閉集合である. 式 (3.2) の J が C 上では階数が 1 となるという条件のもとでは, C はリーマン面になるが, コンパクトにはならない. 上の構成を少し変えて射影平面内で考えることにより, コンパクトなリーマン面が得られることを次に述べよう.

n を 1 以上の自然数とする. 射影平面を定義するのに少し一般化して, 射影空間 $\mathbf{P}^n$ を定義する. $\mathbf{C}^{n+1} - \{(0, \ldots, 0)\}$ の 2 点 $X = (X_0, \ldots, X_n), X' = (X_0', \ldots, X_n')$ に対して $(X_0', \ldots, X_n') = \lambda(X_0, \ldots, X_n)$ となる 0 でない複素数 λ が存在するとき, X と X' は射影同値であるという. $\mathbf{C}^{n+1} - \{(0, \ldots, 0)\}$ の射影同値類全体の集合を (複素) 射影平面といい, $\mathbf{P}^n$ と書く. $\mathbf{P}^n$ には $\mathbf{C}^{n+1} - \{(0, \ldots, 0)\}$ の商位相により位相が導入される. $X = (X_0, \ldots, X_n)$ の類を $(X_0 : \cdots : X_n)$ と書く. $X = (X_0, \ldots, X_n) \in \mathbf{C}^{n+1} - \{(0, \ldots, 0)\}$ のとき, $|X_0|^2 + \cdots + |X_n|^2 > 0$ なので, $(X_0 : \cdots : X_n)$ の代表元として $l = \sqrt{|X_0|^2 + \cdots + |X_n|^2}$ で割ることにより, $|X_0|^2 + \cdots + |X_n|^2 = 1$ となるものをとることができる. $\{(X_0, \ldots, X_n) \mid |X_0|^2 + \cdots + |X_n|^2 = 1\}$ は $\mathbf{C}^{n+1}$ の有界閉集合なのでコンパクトであり, $\mathbf{P}^n$ はその像なのでコンパクト空間になる. また, $\widetilde{U_i}$ を $X_i \neq 0$ によって定義される $\mathbf{C}^{n+1}$ の部分集合とすると, $\widetilde{U_i}$ の $\mathbf{P}^i$ における像 U_i は写像

$$\psi_i : \mathbf{C}^n \to U_i : (x_0, \ldots, x_{i-1}, x_{i+1}, \ldots, x_n) \mapsto (x_0 : \cdots : x_{i-1} : 1 : x_{i+1} : \cdots : x_n)$$
$$\tag{3.3}$$

によって $\mathbf{C}^n$ と同相となり, ψ_i の逆写像は

$$(X_0 : \cdots : X_n) \mapsto \left(\frac{X_0}{X_i}, \ldots, \frac{X_{i-1}}{X_i}, \frac{X_{i+1}}{X_i}, \ldots, \frac{X_n}{X_i} \right)$$

で与えられる. U_i とそこから $\mathbf{C}^n$ への写像を局所座標とすることにより, $\mathbf{P}^n$ には可微分多様体の構造を入れることができる.

多項式 f が十分によい条件を満たしていれば, $\mathbf{C}^2$ の中での f の零点はリーマン面となることが示された. これを利用して, 斉次多項式 $F(X_0, X_1, X_2)$ が十分によい条件を満たせば, $\mathbf{P}^2$ の中での F の零点で定義される部分集合はコンパクト・リーマン面となることを示そう. X_0, X_1, X_2 に関する複素係数多項式

$$F(X_0, X_1, X_2) = \sum_{i,j,k} a_{ijk} X_0^i X_1^j X_2^k \quad (a_{ijk} \in \mathbf{C})$$

が d 次斉次式であるとは, $i + j + k \neq d$ であれば, $a_{ijk} = 0$ が成り立つこととする. F が d 次斉次式であれば,

$$F(\lambda X_0, \lambda X_1, \lambda X_2) = \lambda^d F(X_0, X_1, X_2)$$

となるので, $X, X' \in \mathbf{C}^3 - \{(0,0,0)\}$ が射影同値であれば $F(X) = 0$ と $F(X') = 0$ は同値になる. したがって, $F(X) = 0$ という方程式は X の類によらない意味があり,

$$C = \{X = (X_0 : X_1 : X_2) \in \mathbf{P}^2 \mid F(X) = 0\}$$

は $\mathbf{P}^2$ の閉部分集合となる. このようにして定めた C がリーマン面になるための条件を考えよう. 位相としては $\mathbf{P}^2$ からの誘導位相を考える. まず, U_0, U_1, U_2 は $\mathbf{P}^2$ の開被覆なので, C の開被覆 $C \cap U_0$ を考える. 同相写像 (3.3) を用いると, $C \cap U_0$ は $\mathbf{C}^2$ 内の平面曲線

$$\{(x_1, x_2) \in \mathbf{C}^2 \mid F(1, x_1, x_2) = 0\}$$

と同相になるので, $C \cap U_0$ に前段の仕方でリーマン面の構造が入るための十分条件

条件: $F(1, x_2, x_2) = 0$ が満たされているときには
$$\left(\frac{\partial F}{\partial X_1}(1, x_1, x_2), \frac{\partial F}{\partial X_2}(1, x_1, x_2) \right) \text{ の階数が } 1 \text{ である} \tag{3.4}$$

を考える. このときここで, オイラーの公式

$$dF(X_0, X_1, X_2)$$
$$= X_0 \frac{\partial F(X_0, X_1, X_2)}{\partial X_0} + X_1 \frac{\partial F(X_0, X_1, X_2)}{\partial X_1} + X_2 \frac{\partial F(X_0, X_1, X_2)}{\partial X_2}$$

を用いれば, F に関するこの条件は

$$\frac{\partial F(X_0, X_1, X_2)}{\partial X_0} = \frac{\partial F(X_0, X_1, X_2)}{\partial X_1} = \frac{\partial F(X_0, X_1, X_2)}{\partial X_2} = 0 \text{ の解は}$$

$X_1 = 0$ で定まる集合に含まれる

と言い換えることができる．したがって，すべての $C \cap U_i$ について条件 (3.4) と同様の条件を課することは，

$$行列 \left(\frac{\partial F(X_0, X_1, X_2)}{\partial X_0}, \frac{\partial F(X_0, X_1, X_2)}{\partial X_1}, \frac{\partial F(X_0, X_1, X_2)}{\partial X_2} \right) \tag{3.5}$$

の階数は $(X_0, X_1, X_2) \neq (0, 0, 0)$ において 1 である

と言い換えられる．さらにこの条件が満たされるとき，$C \cap U_0, C \cap U_1, C \cap U_2$ に入れたリーマン面の構造は，それらの共通部分において互いに他の許容的な局所座標（後述の定義 3.3）となっていることが容易に確かめられる．

定理 3.2 $F(X_0, X_1, X_2)$ を 0 でない多項式で条件 (3.5) を満たしているとする．このとき，$F(X_0, X_1, X_1) = 0$ で定まる $\mathbf{P}^2$ の部分集合にはコンパクト・リーマン面の構造が定まる．

3.3 超楕円曲線

$g \geq 1$ として，$a_1, \ldots, a_{2g+2}$ を相異なる複素数とする．$f(z)$ を $2g + 2$ 次の多項式

$$f(z) = (z - a_1) \cdots (z - a_{2g+2})$$

とする．この節では，$\mathbf{C}^2$ 内で

$$C : w^2 = f(z) \tag{3.6}$$

で定義されるリーマン面およびそのコンパクト化を構成して，その位相的な性質について考察しよう．

$$F(z, w) = w^2 - f(z)$$

とおくと，

$$J_F(z, w) = \left(\frac{\partial F(z, w)}{\partial z}, \frac{\partial F(z, w)}{\partial w} \right) = \left(2w, \frac{df}{dz} \right)$$

の階数は C 上では 1 となる．実際，$J_F(z, w) = 0$ であれば，$w = 0$ つまり $f(z) = 0$ と $df/dz = 0$ に共通解が存在することとなるが，これは $f(z)$ に重複解がないことに矛盾するからである．したがって，前節の定理 3.1 から C はリーマン面となることがわかる．前節同様，陰関数の定理より，$w \neq 0$ のときすなわち $z \neq a_1, \ldots, a_{2g+2}$ で

あれば, z を局所複素座標としてとることができる. また, $df/dz \neq 0$ のとき, たとえば $z \neq a_1, \ldots, a_{2g+2}$ であれば, そのまわりで w を局所複素座標としてとることができる.

さらに, 方程式 $w^2 = f(z)$ は $\zeta = 1/z, w' = w/z^{g+1}$ と変数変換することにより,

$$C' : {w'}^2 = (1 - a_1\zeta) \cdots (1 - a_{2g+2}\zeta)$$

と変形されるので, ふたたび式 (3.6) の形をしていて, これはリーマン面となる. $z \to \infty$ のとき $\zeta \to 0$ となるので, C と C' は貼り合わさってコンパクトなリーマン面 $\overline{C}$ となる.

2.4 節では, $\mathbf{C}^\times$ のコピーを二つ貼り合わせることによって $\sqrt{z}$ の一意化リーマン面の構成を与えた. 同様に, $\overline{C}$ は位相空間として, 二つの $\mathbf{P}^1$ にスリットを入れて貼り合わせて得られることをみよう. 簡単のため, a_i $(i = 1, \ldots, 2g+2)$ は, $a_1 < a_2 < \cdots < a_{2g+2}$ なる実数として, $D = \mathbf{P}^1 - \{a_1, \ldots, a_{2g+2}\}$ とする. D に a_{2i-1} と a_{2i} を結んでできる $g+1$ 個の線分をスリットとして入れたものを 2 個用意して, 下のようにして定めた w の値に従って貼り合わせる. D に $g+1$ 個のスリットを入れたものを C_0, C_1 とする. 方程式 (3.6) を満たす C_0 上の z に関する連続関数 w を下のように定義する.

> z が C_0 の点であって, a_{2k-1} と a_{2k} を結ぶ線分 l_i に下から近付くときは w は $(-1)^{k-1}i\mathbf{R}$ の値に近付き, 上から近付くときは w は $(-1)^k i\mathbf{R}$ の値に近付く.

同様にして, C_1 上の連続関数 w を, C_0 上の w の符号を入れ替えたものとして定義する. さらに, w が連続となるように C_0 と C_1 に境界として l_i^+, l_i^- を付け加えることによって, 図 3.1 のように貼り合わせて $\overline{C}$ を構成する. 貼り合わせた結果, 位相空間

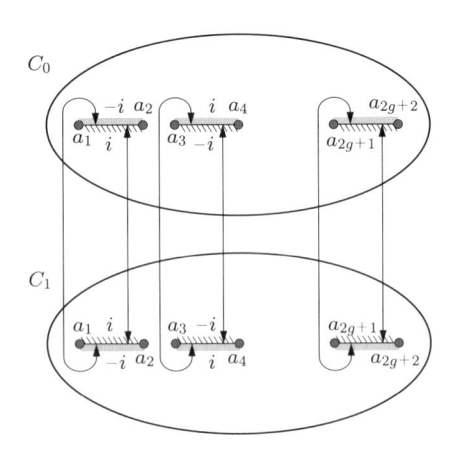

図 3.1　超楕円曲線の貼り合わせ

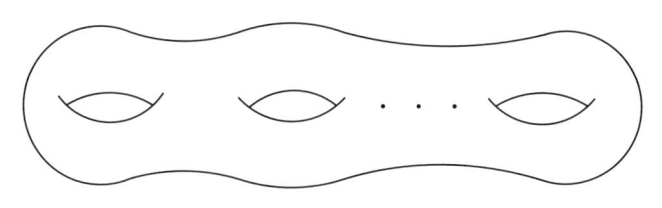

図 3.2　種数 g の超楕円曲線

としては，図 3.2 のような閉じた曲面と同相となっている.

> **定義 3.1**　上のようにして得られたコンパクトなリーマン面 $\overline{C}$ を，種数が g の**超楕円曲線**という. また，$g = 1$ のときは**楕円曲線**という. 方程式 $w^2 = f(z)$ は，正確には $\overline{C}$ の中で $z = \infty$ に対応する二つの点 ∞_0, ∞_1 を取り除いた部分しか表していないが，慣用的にこれを超楕円曲線の定義方程式という. $p : \overline{C} \to \mathbf{P}^1$ を超楕円曲線の自然な射影という.

3.4　正則関数と有理型関数

X をリーマン面とする. X の局所複素座標を (U_i, φ_i) とする. ここで，$\cup_i U_i$ は X の開被覆，$\varphi_i : U_i \to \mathbf{C}$ を局所複素座標を与える同相写像とする.

> **定義 3.2**　(1) X 上の複素数値関数 $f : X \to \mathbf{C}$ が**正則写像**であるとは，すべての i に対して，合成関数
> $$\varphi_i(U_i) \xrightarrow{\varphi_i^{-1}} U_i \xrightarrow{f} \mathbf{C}$$
> が正則関数となることである.
>
> (2) $\Sigma \subset X$ を X の離散集合，f を $X - \Sigma$ 上の正則関数とする. f が X 上の**有理型関数**であるとは，すべての i に対して，f の $U_i - \Sigma$ への制限が複素座標 φ_i を通して $\varphi(U_i)$ の有理型関数となることである. また，X の離散集合 Σ_1, Σ_2 および $X - \Sigma_1, X - \Sigma_2$ 上の正則関数 f_1, f_2 が与えられ，それらが X 上の有理型関数となっていて $X - \Sigma_1 - \Sigma_2$ 上で一致するとき，二つの有理型関数は同値であるという. 以下，この同値関係に関する同値類を，単に X の有理型関数とよぶ.

■**例 3.1**　$f(x, y)$ を x, y に関する複素係数多項式として $\partial f / \partial x \neq 0$ であるとすると，$f(x, y) = 0$ によってリーマン面が定義されることを 3.2 節でみた. このとき y が局所座標を与えて，x を y の正則関数として表すことができた. したがって，$g(x, y)$ を

x, y の多項式とすると, これを X に制限して得られる関数は y についての正則関数となることがいえる. $\partial f/\partial y \neq 0$ のときも, 局所座標 x に関する正則関数であるので, 行列式 (3.2) の階数が X 上で 1 以上であるとき, $g(x, y)$ の X への制限は X 上の正則関数となる. また, X が連結で, $h(x, y)$ が X に制限したとき恒等的に 0 にならなければ, $g(x, y)/h(x, y)$ は X への制限によって X 上の有理関数を与える. ■

リーマン面の正則関数について基本的性質を述べることにしよう. リーマン面上の正則関数を用いて, リーマン面の局所複素座標の定義を広げることを考える. リーマン面の構造を変えることなく, 別の座標を正則写像を用いて取り替えたいことが往々にしてある. そこで, 局所座標の考え方を次のようにして一般化して考えることにする.

定義 3.3 X をリーマン面, U を X の開集合, $\varphi : U \to \mathbf{C}$ を U から $\varphi(U)$ への微分同相写像であり, 正則写像であるとする. このとき, φ は, X の U における許容的な局所複素座標であるという. リーマン面を定義する局所複素座標は, 許容的な局所複素座標である. また, $p \in U$ として, φ は U における許容的な局所複素座標で $\varphi(p) = 0$ となるとき, φ は p における一意化元という.

次の命題が成立する.

命題 3.3 X をリーマン面として, $\mathcal{W} = \{W_j\}_{j \in J}$ をその開被覆, $\psi_j : W_j \to \mathbf{C}$ を W_j の許容的局所複素座標とする. このとき, 複素関数 $f : X \to \mathbf{C}$ が正則関数であるためには, すべての j について $f \circ \psi_j^{-1}$ が $\psi_j(W_i)$ 上で正則関数となることが必要十分である.

証明 X のリーマン面の構造が開被覆 $\mathcal{U} = \{U_i\}_{i \in I}$ と局所座標 $\varphi_i : U_i \to \mathbf{C}$ で与えられているものとする.

必要であること：f を正則関数として, $\psi : W \to \psi(W) \subset \mathbf{C}$ を許容的局所複素座標とする. このとき, $f \circ \psi^{-1} : \psi(W) \to \mathbf{C}$ が正則関数であることをいえばよい. $W \cap U_i$ は W の開被覆なので, $\psi(W \cap U_i)$ 上で $f \circ \psi^{-1} = (f \circ \varphi^{-1}) \circ (\varphi \circ \psi^{-1})$ が正則であることを示せばよい. f, ψ が正則であることの定義より $f \circ \varphi^{-1}, \psi \circ \varphi^{-1}$ は正則であるが, φ, ψ ともに $U \cap U_i$ 上で微分同相なので, 正則関数 $\psi \circ \varphi^{-1}$ の逆写像 $\varphi \circ \psi^{-1}$ も正則関数となる. したがって, $f \circ \psi^{-1}$ も正則関数となる.

十分であること：必要条件と同じ記号を用いる. 正則関数となることをいうのには, $f \circ \varphi_i^{-1} : \varphi(U_i) \to \mathbf{C}$ が正則であることをいえばよい. $\varphi(U_i)$ の開被覆 $\cup_j \varphi(U_i \cap W_j)$ を考えると, $\varphi(U_i \cap W_j)$ 上では $f \circ \varphi_i^{-1} = f \circ \psi_i^{-1} \circ \psi_i \circ \varphi_i^{-1}$ と書ける. あとは必要条件のときと同様にして, これが正則関数であることがわかる. □

以下，許容的な局所複素座標のことを単に局所複素座標という．複素領域の一致の原理は，リーマン面上の複素関数にも拡張される．

命題 3.4（一致の原理） X を連結リーマン面，f, g を X 上の正則関数とする．さらに，空でない開集合 $U \subset X$ が存在して，U 上で f と g が一致しているとする．このとき，X 上で f と g は一致する．

リーマン面からリーマン面への正則写像

定義 3.4 X, Y をリーマン面として，$f : X \to Y$ を連続写像とする．

(1) f が X の点 x において正則写像であるとは，$f(x)$ の近傍 V と V における局所複素座標 $\psi : V \to \mathbf{C}$, x の近傍 U と U における局所複素座標 $\varphi : U \to \mathbf{C}$ で $f(U) \subset V$ となるものが存在して，$\psi \circ f \circ \varphi^{-1} : \varphi(U) \to \mathbf{C}$ が正則写像となっていることである．

(2) f が正則写像であるとは，すべての X の点 x において f が正則写像であることである．

(3) $f : X \to Y$ の像が 1 点であるとき，f は定値写像という．定値写像は正則写像である．

■**例 3.2** たとえば，X を $w^2 = (z - a_1) \cdots (z - a_{2g+2})$ で定義された超楕円曲線として，定義 3.1 で定義された $p : X \to \mathbf{P}^1$ は正則写像である． ■

射影直線における有理型関数

ここで，射影直線 $\mathbf{P}^1$ 上の有理型関数を考える．

命題 3.5 $\mathbf{P}^1$ 上の有理型関数 f は，非斉次座標 z の有理関数である．つまり，

$$f(z) = \frac{g(z)}{h(z)}$$

となる z に関する多項式 $g(z), h(z)$ が存在する．

証明 f を $\mathbf{P}^1$ 上の有理型関数とすると，ある $\mathbf{P}^1$ の離散集合 Σ が存在して，f は $\mathbf{P}^1 - \Sigma$ の上の正則関数となる．十分に大きい $M \gg 0$ をとれば，$\Sigma - \{\infty\} \subset \{z < M\}$ となる．$\mathbf{P}^1$ はコンパクトなので，$\Sigma - \{\infty\}$ は有限集合であるから，$\Sigma - \{\infty\} = \{z_1, \ldots, z_k\}$ と表される．そこで $r_i = -\operatorname{ord}_{z_i}(f(z))$ として，

$$\widehat{f}(z) = f(z) \cdot \prod_{i=1}^{k} (z - z_i)^{r_i}$$

とおくと，$\widehat{f}$ は $\mathbf{P}^1$ 上の有理型関数で $\mathbf{C}$ においては正則関数となる．さらに，$\widehat{f}(z)$ の原点のまわりでのテーラー展開を

$$\widehat{f}(z) = \sum_{i=0}^{\infty} a_i z^i$$

∞ のまわりでの $\zeta = 1/z$ に関するローラン展開を

$$\widehat{f} = \zeta^{-m} \sum_{j=0}^{\infty} b_j \zeta^j = z^m \sum_{j=0}^{\infty} b_j \frac{1}{z^j} \quad (m = -\operatorname{ord}_{\infty}(\widehat{f}))$$

とおく．すると，この二つが $\mathbf{C}^{\times}$ で一致することから，$m' > m$ に対して $b_{m'} = 0$ となり，

$$\widehat{f} = \sum_{j=0}^{m} b_j z^{m-j}$$

となるので，$\widehat{f}$ は高々 m 次の多項式である．したがって，

$$f(z) = \widehat{f}(z) \cdot \prod_{i=1}^{k} (z - z_i)^{-r_i}$$

となり，$f(z)$ は z に関する有理関数となる． □

3.5 微分形式の型と正則微分形式，有理型微分形式

リーマン面は複素構造を忘れることによって可微分多様体と思うことができるので，リーマン面上の可微分な（実係数，複素係数）微分形式を定義することができる．複素構造があることを用いて，複素係数微分形式のなすベクトル空間を直和分解することを考えてみよう．X をリーマン面として，$\cup_i U_i$ を X の開被覆，$\varphi_i : U_i \to \mathbf{C}$ を複素座標とする．$\varphi(p) = z_i(p) = x_i(p) + iy_i(p)$ とおくことにより，可微分多様体としての局所座標 (x_i, y_i) が定まる．この開被覆を用いたとき，X の 1 次の微分形式 ω の U_i 上への制限 $\omega \,|_{U_i}$ は，局所座標を用いて

$$\omega \,|_{U_i} = f_i(x_i, y_i) dx_i + g_i(x_i, y_i) dy_i$$

と書くことができる．ここで，f_i, g_i は，(x_i, y_i) に関する複素数値 C^{∞} 関数である．$U_i \cap U_j \neq \emptyset$ のとき，$\omega \,|_{U_i \cap U_j}$ を U_i, U_j それぞれの局所座標を用いて

$$\omega \,|_{U_i \cap U_j} = f_i(x_i, y_i) dx_i + g_i(x_i, y_i) dy_i = f_j(x_j, y_j) dx_j + g_j(x_j, y_j) dy_j$$

と書いたとき，微分形式の係数関数たちの変換法則は次のようになる．まず，x_j, y_j が x_i, y_i の関数として

$$x_j = \xi_j(x_i, y_i), \quad y_j = \eta_j(x_i, y_i)$$

と表されたとすると，微分形式の基底の変換は

$$dx_j = \frac{\partial \xi_j}{\partial x_i}dx_i + \frac{\partial \xi_j}{\partial y_i}dy_i, \quad dy_j = \frac{\partial \eta_j}{\partial x_i}dx_i + \frac{\partial \eta_j}{\partial y_i}dy_i$$

と表されるので，ω の係数の変換は

$$f_i(x_i, y_i) = f_j(\xi_j, \eta_j)\frac{\partial \xi_j}{\partial x_i} + g_j(\xi_j, \eta_j)\frac{\partial \eta_j}{\partial x_i}$$

$$g_i(x_i, y_i) = f_j(\xi_j, \eta_j)\frac{\partial \xi_j}{\partial y_i} + g_j(\xi_j, \eta_j)\frac{\partial \eta_j}{\partial y_i}$$

で与えられる．ここで，$dz_i = dx_i + idy_i$, $d\overline{z_i} = dx_i - idy_i$ として U_i 上の微分形式の基底変換を行うと，

$$\omega\mid_{U_i} = F_i dz_i + G_i d\overline{z_i}, \quad F_i = \frac{f_i - ig_i}{2}, \ G_i = \frac{f_i + ig_i}{2}$$

と表せる．同様にして，U_j においても $\omega\mid_{U_j} = F_j dz_j + G_j d\overline{z_j}$ と表したとき，基底 $dz_i, d\overline{z_i}$ と基底 $dz_i, d\overline{z_i}$ で表したときの係数の変換は，$\partial\overline{z_i}/\partial z_j = \partial z_i/\partial\overline{z_j} = 0$ を用いれば，$p \in U_i \cap U_j$ に対して

$$F_j(p) = F_i(p)\frac{\partial z_i}{\partial z_j}(p), \quad G_j(p) = G_i(p)\frac{\partial \overline{z_i}}{\partial \overline{z_j}}(p)$$

となる．

定義 3.5 $\{U_i\}$ をリーマン面 X の開被覆，$\varphi_i : U_i \to \mathbf{C}$ を局所複素座標とする．ω を複素係数 C^∞ 級微分形式とする．

(1) 任意の i に対して

$$\omega\mid_{U_i} = f_i(z_i)dz_i \quad (\omega\mid_{U_i} = f_i(z_i)d\overline{z_i})$$

（ただし，f_i は C^∞ 級関数）という形に書けるとき，ω は（開被覆 $\{U_i\}_i$ と局所複素座標系 $\{\varphi_i\}$ に関する）**(1,0) 形式**（**(0,1) 形式**）であるという．X 上の (1,0) 形式（(0,1) 形式）の全体のなす $\mathbf{C}$ ベクトル空間を $\mathcal{A}^{10}(X)$ ($\mathcal{A}^{01}(X)$) と書く．

(2) 任意の i に対して

$$\omega\mid_{U_i} = f_i(z_i)dz_i$$

（ただし，$f_i \circ \varphi_i^{-1}$ は正則関数）という形に書けるとき，ω は（開被覆 $\{U_i\}_i$ と局所複素座標系 $\{\varphi_i\}$ に関する）**正則 1 次微分形式**あるいは**正則微分形式**であるという．X 上の正則 1 次微分形式の空間を $\Omega^1(X)$ と書く．

複素座標に関する変数変換の公式から，次の命題が得られる．

命題 3.6　ω をリーマン面 X 上の C^∞ 微分形式とする.

(1) ω が $(1,0)$ 形式（$(0,1)$ 形式）であるという条件は，X の開被覆 $\{U_i\}$ と局所複素座標系 $\{\varphi_i\}$ のとり方によらない.

(2) ω が正則微分形式であるという条件は，X の開被覆 $\{U_i\}$ と局所複素座標系 $\{\varphi_i\}$ のとり方によらない.

証明　(1) ω が $\{\varphi_i\}_i$ に関して $(1,0)$ 形式であると仮定して，$\{\psi_j\}_j$ に関して $(1,0)$ 形式であることを証明しよう. 仮定から，$\varphi_i(U_i \cap W_j)$ の座標 z_i を用いて $\omega = f_i(z_i)dz_i$ と書ける. $\psi_j(U_i \cap W_j)$ の座標を w_j とすると $z_i = \varphi_i \circ \psi_j^{-1}(w_j)$ となり，これは w_j の正則関数である. したがって，w_j を局所座標として ω を表すと，

$$
\omega = f_i(\varphi_i \circ \psi_j^{-1}(w_j)) \left(\frac{\partial(\varphi_i \circ \psi_j^{-1})(w_j)}{\partial w_j} dw_j + \frac{\partial(\varphi_i \circ \psi_j^{-1})(w_j)}{\partial \overline{w_j}} d\overline{w_j} \right)
$$
$$
= f_i(\varphi_i \circ \psi_j^{-1}(w_j)) \frac{\partial(\varphi_i \circ \psi_j^{-1})(w_j)}{\partial w_j} dw_j
$$

となり，局所複素座標 (W_j, ψ_j) を用いても，$\psi_j(U_i \cap W_j)$ 上で dw_j の C^∞ 関数倍の形に書ける. したがって，$\psi_j(W_j)$ 上でもこの形に書ける. ω が $(0,1)$ 形式の場合も同様にできる. ここで，上式 2 行目から 3 行目の変形は，$\varphi_i \circ \psi_j^{-1}$ に関するコーシー–リーマンの方程式を用いた.

(2) ω が正則微分形式のときは，(U_i, φ_i) を局所複素座標としたとき dz_i の係数 f_i は正則関数になるので，局所座標 (W_j, ψ_j) についても，dw_j の係数は

$$
f_i(\varphi_i \circ \psi_j^{-1}(w_j)) \frac{\partial(\varphi_i \circ \psi_j^{-1})(w_j)}{\partial w_j}
$$

となり，$\psi_j(U_i \cap W_j)$ 上で w_j の正則関数となる. したがって，$\psi_j(W_j)$ 上でも正則関数となる. 　　　　　　$\square$

1 次の微分形式の基底 $dz_i, d\overline{z_i}$ を用いると，2 次の微分形式の（各点における）基底として，$dz_i \wedge d\overline{z_i} = -2i dx_i \wedge dy_i$ がとれる.

命題 3.7　リーマン面は向き付け可能である.

証明　局所座標 z_i が別の局所座標 z_j の正則関数 $\varphi_i(z_j)$ を用いて $z_i = \varphi_i(z_j)$ と表されるとき，

$$
dz_i \wedge d\overline{z_i} = \left(\frac{\partial \varphi_i(z_j)}{\partial z_j} dz_j \right) \wedge \left(\frac{\overline{\partial \varphi_i(z_j)}}{\partial \overline{z_j}} d\overline{z_j} \right) = \left| \frac{\partial \varphi_i(z_j)}{\partial z_j} \right|^2 dz_j \wedge d\overline{z_j}
$$

であり，$|\partial \varphi_i(z_j)/\partial z_j|^2 > 0$ なので，2 次の微分形式の組 $\{dx_i \wedge dy_i = (i/2)dz_i \wedge d\overline{z_i}\}_i$ によって X の向き付けが与えられる. 　　　　　　$\square$

また，上の局所座標を用いた微分形式 $dz_i, d\overline{z_i}$ を用いれば，外微分は

$$d(F_i dz_i + G_i d\overline{z_i}) = \left(-\frac{\partial F_i}{\partial \overline{z_i}} + \frac{\partial G_i}{\partial z_i} \right) dz_i \wedge d\overline{z_i}$$

と表される．

命題 3.8 $\omega \in \mathcal{A}^{10}(X)$ とする．ω が正則微分形式であるための必要十分条件は，$d\omega = 0$ となることである．

証明 $\omega \in \mathcal{A}^{10}(X)$ を局所座標を用いて $\omega = f(z)dz$ と書く．このとき上の公式により，$d\omega = -(\partial f/\partial \overline{z})dz \wedge d\overline{z}$ なので，$d\omega = 0$ と f が正則であることは同値である． □

正則微分形式は，各局所座標 z_i に関して，dz_i を基底としてその係数が z_i の正則関数となっているものとして定義した．係数を有理型関数に一般化することにより，次のように有理型微分形式を定義する．

定義 3.6 X をリーマン面，Σ をその離散部分集合とする．$X - \Sigma$ 上の正則微分形式 ω が**有理型微分形式**であるとは，Σ の各点 p に対して p の近傍 U_p，および $U_p - \{p\}$ では 0 にならない U_p 上の正則関数 $g(z)$ と，U_i 上の正則微分形式 η が存在して，U_p 上で

$$\omega \mid_{U_p} = \frac{1}{g(z)}\eta$$

が成り立つことである．ここで，z は局所複素座標，$g(z)$ は p 以外では 0 にならない正則関数である．

このように正則微分形式，有理型微分形式を定義するとき，次の命題は，開被覆と局所座標を用いてコーシー–リーマンの方程式を考えることによりわかる．

命題 3.9 X, Y をリーマン面とし，$f : X \to Y$ をリーマン面の正則写像とする．

(1) u を X 上の正則関数とするとき，du は正則微分形式となる．また，ω を正則微分形式，u を正則関数とすると，$u\omega$ も正則微分形式である．

(2) u を X 上の有理型関数とするとき，du は有理型微分形式となる．また，ω を有理型微分形式，u を有理型関数とすると，$u\omega$ も有理型微分形式である．

(3) ω を Y 上の $(1,0)$ 形式，$(0,1)$ 形式，正則微分形式とすると，$f^*\omega$ も X 上の $(1,0)$ 形式，$(0,1)$ 形式，正則微分形式である[†]．

(4) (3) においてさらに，f が定数写像でないとする．ω を Y 上の有理型微分形式とすると，$f^*\omega$ も X 上の有理型微分形式である．

---

† C^∞ 級写像 $f : X \to Y$ に対する微分形式の引き戻し f^* については，付録 B.2.3 項を参照のこと．

X をリーマン面, p を X の点とする. 有理型微分形式が与えられたとき, p に関して, 零点あるいは極の位数を, 正則関数と同様にして定義することができる.

定義 3.7　X をリーマン面, $p \in X$ として, ω を有理型微分形式とする. さらに, z を U_p における一意化元とする. このとき, $\omega = f(z)dz$ となる U_p 上の有理型関数 $f(z)$ がある. ω の p における位数 $\mathrm{ord}_p(\omega)$ を $\mathrm{ord}_p(\omega) = \mathrm{ord}_p(f)$ によって定義する. このとき, $\mathrm{ord}_p(\omega)$ は一意化元 z のとり方によらずに定まる.

有理型微分形式に関しては, 以下のようにして留数が定義される.

命題 3.10　ω を有理型微分形式とする. 点 p における一意化元 z に関して ω を

$$\omega = \sum_{k=m}^{\infty} a_k z^k dz \quad (m \in \mathbf{Z}) \tag{3.7}$$

とローラン展開したときの -1 次の係数 a_{-1} は,

$$a_{-1} = \frac{1}{2\pi i} \int_{C_\epsilon} \omega$$

によって与えられる. ただし, ϵ は ω が 0 でないときには, $D(0, \epsilon) - \{0\}$ で ω が 0 にならないように選ぶ. したがって, a_{-1} は一意化元のとり方によらずに定まる.

定義 3.8　ローラン展開 (3.7) における a_{-1} を, 有理型微分形式 ω の p における **留数** といい, $\mathrm{Res}_p(\omega)$ と書く.

命題 3.10 の証明　式 (3.7) は, ϵ を十分小さくとれば一様絶対収束する級数なので, 積分と和の交換ができる. したがって, $\int_{C_\epsilon} \omega = \sum_{k=m}^{\infty} \int_{C_\epsilon} a_k z^k dz$ となるが,

$$\int_{C_\epsilon} a_i z^k dz = \begin{cases} 0 & (k \neq -1) \\ 2\pi i a_{-1} & (k = -1) \end{cases}$$

を用いて命題を得る. □

射影直線上の微分形式

正則微分形式の定義ができたところで, 射影直線 $\mathbf{P}^1$ 上の正則微分形式にはどのようなものがあるかを考えよう. $\mathbf{P}^1$ において 0 の近傍の局所座標を z とし, ∞ の近傍の局所座標 ζ が変数変換 $\zeta = 1/z$ で与えられているとする. このとき, $d\zeta = -(1/z^2)dz$ となる. $0, \infty$ のそれぞれの近傍 U_0, U_∞ を $U_0 = \{z \mid |z| < 1 + \epsilon\}, U_\infty = \{\zeta \mid |\zeta| < 1 + \epsilon\}$ によって定めると, $\Omega^1(U_0)$ $(\Omega^1(U_\infty))$ の元 ω_0 (ω_∞) は

$$\omega_0 = \sum_{i \geq 0} a_i z^i dz, \quad \omega_\infty = \sum_{j \geq 0} b_j \zeta^j d\zeta$$

となり，ω_∞ を局所座標 z で表せば，

$$\omega_\infty = \sum_{j \geq 0} b_j \zeta^j d\zeta = -\sum_{j \geq 0} b_j z^{-j-2} dz$$

となる．ω_0 と ω_1 が $U_0 \cap U_1$ で貼り合わされる条件を考えると，ω_0 の表示においては z の 0 以上のべきしか現れず，ω_∞ の表示においては z の -2 以下のべきしか現れない．$U_0 \cap U_\infty$ においてべき級数に表す仕方が一意的であることを考えれば，任意の $i, j \geq 0$ に対して，$a_i = 0, b_j = 0$ となる．したがって，$\mathbf{P}^1$ 上の正則微分形式は 0 のみであることがわかる．

3.6 正則微分形式の例（超楕円曲線の場合）

　上の節では，$\mathbf{P}^1$ 上の正則微分形式の空間が 0 のみからなることをみた．ここでは種数 g の超楕円曲線の正則微分形式について考えてみよう．方針として，まず有理型関数を外微分することにより，有理型微分形式を作り，さらにそれに有理型関数を掛けることにより正則微分形式を作ることを考える．$a_1, \ldots, a_{2g+2}$ を相異なる複素数として，X を

$$w^2 = (z - a_1) \cdots (z - a_{2g+2})$$

で定まるコンパクト・リーマン面とする．z は X 上の有理関数なので，dz は X 上の有理型微分形式である．したがって，φ を X 上の有理型関数とすると，φdz は有理型微分形式となるので，このような形の X の正則微分形式を求めてみよう．まず，$\zeta \in \mathbf{C} - \{a_1, \ldots, a_{2g+2}\}$ に対しては z が X の局所座標になっているので，$\mathrm{ord}_\zeta(dz) = 0$ である．$\zeta = a_i$ のときは w を局所座標としてとることができる．$2w dw = (df(z)/dz) dz$ であり，a_i においては $df(z)/dz$ は 0 ではないので，$\mathrm{ord}_{a_i}(dx) = 1$ となる．また，∞_0, ∞_1 のまわりでは局所座標として $\zeta = 1/z$ をとることができ，$dz = -(1/\zeta^2) d\zeta$ なので $\mathrm{ord}_{\infty_0}(dz) = \mathrm{ord}_{\infty_1}(dz) = -2$ となる．ここで，

$$\mathrm{ord}_p(w) = \begin{cases} 0 & (p \in \mathbf{C} - \{a_1, \ldots, a_{2g+2}\}) \\ 1 & (p \in \{a_1, \ldots, a_{2g+2}\}) \\ -g-1 & (p = \infty_0, \infty_1) \end{cases}$$

であることを考え，z に関する多項式 $f(z)$ を考えると

$$\mathrm{ord}_p\left(\frac{f(z)dz}{w}\right) = \begin{cases} \geq 0 & (p \in X) \\ -\deg(f(z)) + g - 1 & (p = \infty_0, \infty_1) \end{cases}$$

となる．したがって，$\deg(f(z)) \leq g - 1$ であれば，$f(z)dz/w$ は X 上の正則微分形式を定めていることがわかる．このようにして，g 個の $\mathbf{C}$ 上独立な X 上の正則微分形式

$$\omega_1 = \frac{dz}{w}, \quad \ldots, \quad \omega_g = \frac{z^{g-1}dz}{w}$$

が得られる．実は，正則微分形式の空間は g 次元で，上の $\omega_1, \ldots, \omega_g$ がその基底となっていることがいえるのだが，その証明は 7.1 節に回すことにしよう．

3.7　正則微分形式の例（平面曲線の場合）とポアンカレ留数

3.2 節における条件 (3.5) を満たすような d 次斉次多項式 $F(X_0, X_1, X_2)$ を考えると，射影平面 $\mathbf{P}^2 = \{(X_0 : X_1 : X_2)\}$ 内の平面曲線 $C = \{F(X_0, X_1, X_2) = 0\}$ は，リーマン面となる．ここでは，ポアンカレ留数を用いて C 上の微分形式を求めてみよう．

U を $(x, y) \in \mathbf{C}^2$ のある開集合として，U において分母が 0 にならない 2 変数有理関数 $f(x, y)$ を考える．さらに，$f(x, y) = 0$ で定まる U の部分集合 C の点 (x_0, y_0) において，$\partial f(x_0, y_0)/\partial x \neq 0$ となっているとする．このとき，3.2 節で考察したように，$p_2 : C \to \mathbf{C} : (x, y) \mapsto y$ は (x_0, y_0) のまわりで局所微分同相となっている．U 上で有限の値が定まる有理関数 $g(x, y)$ を使って，

$$\omega = \frac{g(x, y)}{f(x, y)} dx \wedge dy = \frac{g}{f} dx \wedge dy$$

の形の 2 次の微分形式を考える．これは $U - C$ 上の 2 次の微分形式となっている．等式

$$df \wedge dy = \frac{\partial f}{\partial x} dx \wedge dy$$

を考えると，U の (x_0, y_0) における局所座標として (f, y) がとれることがわかる．この式を用いて ω を書き換えると，

$$\omega = \frac{g}{f} dx \wedge dy = g \left(\frac{\partial f}{\partial x}\right)^{-1} \frac{df}{f} \wedge dy$$

となる．C は $f = 0$ によって定義された部分多様体で，その複素座標として y をとることができる．

定義 3.9（ポアンカレ留数）　上の状況において，1 次微分形式 $g(\partial f/\partial x)^{-1}dy$ の $C = \{f = 0\}$ への制限 $g(\partial f/\partial x)^{-1}dy\big|_{f=0}$ を**ポアンカレ留数**といい，$\mathrm{Res}_{f,y}(\omega)$ と書く．ポアンカレ留数は正則微分形式となる．

　ポアンカレ留数の定義は，C の定義方程式 $f(x,y) = 0$ を定める関数 $f(x,y)$ によっている．(x_0, y_0) の近傍において 0 にならない x, y の有理関数 $h(x,y)$ を用いて $\varphi(x,y) = h(x,y)f(x,y)$ と定義すると，$f(x,y)$ のかわりに $\varphi(x,y)$ を用いて定まる集合 $\{(x,y) \mid \varphi(x,y) = 0\}$ もまた C となっている．このような取り替えをしても，φ に関するポアンカレ留数 $\mathrm{Res}_{hf,y}(\omega)$ は，f に関するポアンカレ級数 $\mathrm{Res}_f(\omega)$ と同じであることをみてみよう．$h(x,y), f(x,y)$ は x, y に関する正則関数なので，

$$d\varphi \wedge dy = \left(\frac{\partial h}{\partial x}f + \frac{\partial f}{\partial x}h\right) dx \wedge dy$$

となる．そこで，ω を

$$\omega = \frac{hg}{\varphi}dx \wedge dy = \frac{hg}{\dfrac{\partial h}{\partial x}f + \dfrac{\partial f}{\partial x}h}\frac{d\varphi}{\varphi} \wedge dy$$

と表せば，

$$\mathrm{Res}_{\varphi,y}(\omega) = hg\left(\frac{\partial h}{\partial x}f + \frac{\partial f}{\partial x}h\right)^{-1} dy\bigg|_{f=0} = g\left(\frac{\partial f}{\partial x}\right)^{-1} dy\bigg|_{f=0} = \mathrm{Res}_{f,y}(\omega)$$

となり，f に関するポアンカレ留数と φ に関するポアンカレ留数は一致する．したがって，ポアンカレ留数は C によって定まることがわかるので，これを $\mathrm{Res}_{C,y}(\omega)$ と書くことにする．いま，y を局所複素座標となるようにして $\mathrm{Res}_{C,y}(\omega)$ を定めたが，$\partial h/\partial y \neq 0$ のときは (f, x) を局所座標としてとることができる．そこで，

$$\omega = \frac{g}{f}dx \wedge dy = -g\left(\frac{\partial f}{\partial y}\right)^{-1}\frac{df}{f} \wedge dx$$

と変形することにより，同様にして定まる C 上の微分形式 $\mathrm{Res}_{C,x}(\omega) = -g(\partial f/\partial y)^{-1}dx\big|_{f=0}$ は $\mathrm{Res}_{C,y}(f)$ と同じ微分形式を与えることをみてみよう．C 上で $f(x,y) = 0$ なので，

$$\frac{\partial f}{\partial x}dx + \frac{\partial f}{\partial y}dy = 0$$

であって，考えている点の近傍で $\partial f/\partial x$ も $\partial f/\partial y$ も 0 ではないので，

$$\mathrm{Res}_{C,y}(\omega) = g\left(\frac{\partial f}{\partial x}\right)^{-1} dy\bigg|_{f=0} = -g\left(\frac{\partial f}{\partial y}\right)^{-1} dx\bigg|_{f=0} = \mathrm{Res}_{C,x}(\omega)$$

となる．したがって，この共通の微分形式を $\mathrm{Res}_C(f)$ と書く．

それでは，ポアンカレ留数を用いて，条件 (3.5) を満たす d 次斉次多項式 $F(X_0, X_1, X_2)$ で定義されるリーマン面 C 上の微分形式を構成しよう．まず，U_0 上の点 $(1 : x_1 : x_2)$ を $\mathbf{C}^2$ 上の点 (x_1, x_2) と同一視すると，$C \cap U_0$ は $f(x_1, x_2) = F(1, x_1, x_2) = 0$ で定義されるリーマン面である．いま，

$$\omega = \frac{g(x_1, x_2)}{f(x_1, x_2)} dx_1 \wedge dx_2$$

とおくと，$g(x, y)$ が多項式であれば，$C \cap U_0$ 上では条件 (3.5) から $\partial f / \partial x$ かあるいは $\partial f / \partial y$ のいずれかが 0 ではないので，$C \cap U_0$ 上の正則微分形式が得られる．

そこで，ω が，$X_1 \neq 0$ で定義される開集合 U_1 でも，U_0 の上で書かれたのと同様の形に書ける条件を考えてみよう．U_1 の元 $(\xi_0 : 1 : \xi_2)$ を $\mathbf{C}^2$ 上の点 (ξ_0, ξ_2) に対応させて得られる同一視を用いれば，$x_1 = 1/\xi_0, x_2 = \xi_2/\xi_0$ となるので，$F(X_0, X_1, X_2)$ が斉次式であることから $F(1, x_1, x_2) = \xi_0^{-d} F(\xi_0, 1, \xi_2)$ となる．このことと $x_1 \wedge x_2 = (d\xi_2 \wedge d\xi_0)/\xi_0^3$ より，

$$\frac{g(x_1, x_2)}{F(1, x_1, x_2)} x_1 \wedge x_2 = \frac{\xi_0^d g\left(\dfrac{1}{\xi_0}, \dfrac{\xi_2}{\xi_0}\right)}{F(\xi_0, 1, \xi_2)} \frac{d\xi_2 \wedge d\xi_0}{\xi_0^3} = \frac{\xi_0^{d-3} g\left(\dfrac{1}{\xi_0}, \dfrac{\xi_2}{\xi_0}\right)}{F(\xi_0, 1, \xi_2)} d\xi_2 \wedge d\xi_0$$

となる．$g(x_1, x_2)$ が x_1, x_2 の多項式であって，$\xi_0^{d-3} g(1/\xi_0, \xi_2/\xi_0)$ も ξ_0, ξ_2 の多項式であるためには，$g(x_1, x_2)$ の x_1, x_2 に関する全次数が $d - 3$ 次以下であることが必要十分である．$X_2 \neq 0$ に対する条件も同じなので，$g - 3$ 次多項式 $g(x_1, x_2)$ に対して，微分形式が定まる．このようにして，線型写像

$$r : \mathbf{C}[x, y]_{\leq d-3} \to \Omega^1(C) : g(x_1, x_2) \mapsto g(x, y) \left(\frac{\partial f}{\partial x}\right)^{-1} dy \Bigg|_{f=0} \tag{3.8}$$

が定まる．ここで，$\mathbf{C}[x, y]_{\leq d-3}$ は，x, y に関して次数が $d - 3$ 次以下の多項式のなすベクトル空間である．写像 r は同型であることがあとで示される．これを認めれば，

$$\dim \Omega^1(C) = \dim \mathbf{C}[x, y]_{\leq d-3} = {}_{d-1}C_2 = \frac{(d-1)(d-2)}{2}$$

がわかる．

3.8 位相空間のホモロジー

次節のリーマン面上のコーシーの積分定理について述べる前に，位相空間 X の特異ホモロジー群を定義しておく．X が C^∞ 多様体のときには，滑らかな鎖に対するホモロジー群が同様に定義される．i を 0 以上の整数とするとき，Δ_i を $\mathbf{R}^i$ 内の標準単体，すなわち

$$\Delta_i = \{(x_1, \cdots, x_i) \in \mathbf{R}^i \mid x_j \geq 0 \ (1 \leq j \leq i), x_1 + \cdots + x_i \leq 1\}$$

とする．Δ_i は $x_0 = 1 - x_1 - \cdots - x_i$ とおくことにより，$\mathbf{R}_{\geq 0}^{i+1}$ の中の $x_0 + \cdots + x_i = 1$ で定義される集合の部分集合とみることができる．X を位相空間として，Δ_i から X への連続写像 $\sigma : \Delta_i \to X$ を i 単体という．i 単体の集合を $S_i(X)$ とおく．$S_i(X)$ の整係数の形式的な有限和の全体を

$$C_i(X) = \left\{ \sum_k a_k \sigma_k \,\middle|\, a_k \in \mathbf{Z}, \sigma_k \in S_i(X) \right\}$$

と書き，$C_i(X)$ の元を i 鎖という．$j = 0, \ldots, i$ に対して，Δ_{i-1} から Δ_i への写像 δ_j を

$$\delta_j : \Delta_{i-1} \to \Delta_i : (x_0, \ldots, x_{i-1}) \mapsto (x_0, \ldots, x_{j-1}, 0, x_j, \ldots, x_{i-1})$$

と定義する．σ を $S_i(X)$ の元とするとき，$C_{i-1}(X)$ の元 $\partial(\sigma)$ を

$$\partial(\sigma) = \sum_{j=0}^{i} (-1)^j \sigma \circ \delta_j$$

と定義する．$C_i(X)$ の基底上で定義されている ∂ を，加群の準同型となるように $C_i(X) \to C_{i-1}(X)$ と延長する．このようにして得られた加群の準同型 $\partial : C_i(X) \to C_{i-1}(X)$ を境界準同型という．このとき，加群の準同型の列

$$\cdots \to C_3(X) \xrightarrow{\partial} C_2(X) \xrightarrow{\partial} C_1(X) \xrightarrow{\partial} C_0(X) \to 0$$

が得られるが，これは $\partial \circ \partial = 0$ を満たす．したがって，$C_i(X)$ を i 次の加群として，上の準同型の列は鎖複体となる．このようにして得られる鎖複体を**特異鎖複体**という．

定義 3.10 鎖複体 $C_\bullet(X) = (\{C_i\}_i, \partial)(X)$ の i 次ホモロジー群を X の**特異ホモロジー群**といい，$H_i(X)$ と書く．ホモロジー群に関しては付録 C を参照のこと．

さらに X が可微分多様体のときには，同様にして，滑らかな鎖に対するホモロジー群を定義することができる．Δ_i の $\mathbf{R}^n$ における，ある近傍からの C^∞ 写像 $\sigma : \Delta_i \to X$ を滑らかな i 単体という．滑らかな i 単体の集合を $S_i^{\mathrm{sm}}(X)$ とおき，$S_i^{\mathrm{sm}}(X)$ の整係数の形式的な有限和の全体を $C_i^{\mathrm{sm}}(X)$ とおく．$C_i(X)$ のときと同様に，境界作用素 ∂ を定義すると，$C_\bullet^{\mathrm{sm}}(X) = (\{C_i^{\mathrm{sm}}\}_i, \partial)$ は鎖複体となる．この鎖複体を X の滑らかな鎖複体という．滑らかな鎖複体 $C_\bullet^{\mathrm{sm}}(X)$ のホモロジーを $H_i^{\mathrm{sm}}(X)$ と書く．

よい位相空間のホモロジーに関して成り立つ**マイヤー－ビートリスの完全列**という完全列を用いて，超楕円曲線のホモロジーを求めてみよう．X をリーマン面とする．

X_0, X_1 を X の閉集合とし，X が X_0 と X_1 をその境界 $X_0 \cap X_1$ で貼り合わせてできるものとする．このとき，

$$
\begin{array}{ccccc}
 & H_2(X_0) \oplus H_2(X_1) & \xrightarrow{\beta_2} & H_2(X) & \xrightarrow{\delta_2} \\
H_1(X_0 \cap X_1) \xrightarrow{\alpha_1} & H_1(X_0) \oplus H_1(X_1) & \xrightarrow{\beta_1} & H_1(X) & \xrightarrow{\delta_1} \\
H_0(X_0 \cap X_1) \xrightarrow{\alpha_0} & H_0(X_0) \oplus H_0(X_1) & \xrightarrow{\beta_0} & H_0(X) & \to \quad 0
\end{array}
$$

という完全列が存在する．ここで，超楕円曲線は図 3.3 のように，二つの曲面 X_0 と X_1 をそれぞれの境界で貼り合わせて作られたことを思い出す．X_0, X_1 は，$\mathbf{P}^1$ に $g+1$ 個のスリットを入れてできる位相空間である．したがって，貼り合わせる境界 $X_0 \cap X_1$ は，$g+1$ 個の S^1（円周）のコピー $S_0, \ldots, S_g$ の非交和 $S_0 \coprod \cdots \coprod S_g$ と同相である．X_0, X_1 は g 個の S^1 を 1 点で貼り合わせたものとホモトピー同値なので，

$$
H_i(X_0 \cap X_1) = \begin{cases}
\oplus_{j=0}^{g} \mathbf{Z}\gamma_j & (i=1) \\
\oplus_{j=0}^{g} \mathbf{Z}p_j & (i=0) \\
0 & (i \neq 0,1)
\end{cases}
$$

となり，さらに γ_i を X_k 内で考えたものを γ_{ki} と書くと，$k=0,1$ に対して，

$$
H_i(X_k) = \begin{cases}
\oplus_{j=1}^{g} \mathbf{Z}\gamma_{kj} & (i=1) \\
\mathbf{Z}q_k & (i=0) \\
0 & (i \neq 0,1)
\end{cases}
$$

となる．ここで，γ_i は S_i の，p_i は S_i 上の 1 点の，q_k は X_k 上の 1 点が定めるホモロジー群の元である．さらに，

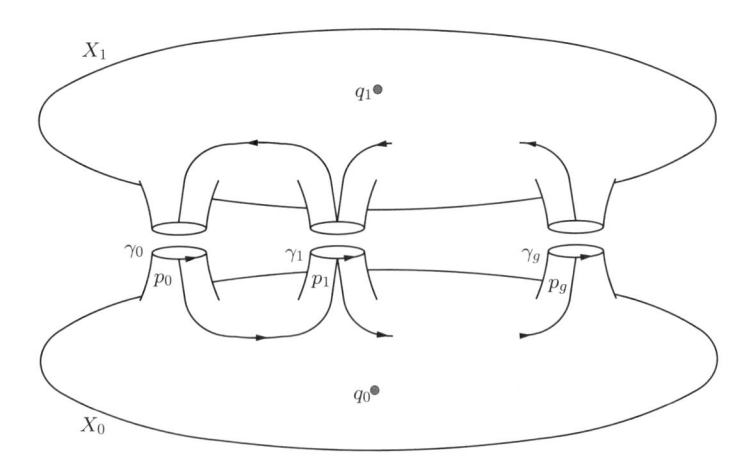

図 3.3 貼り合わせとホモロジー

$$\delta_2([X]) = \gamma_0 + \gamma_1 + \cdots + \gamma_g$$

$$\alpha_1(\gamma_i) = \gamma_{0i} - \gamma_{1i}$$

$$\alpha_0(p_i) = q_0 - q_1$$

$$\beta_0(q_i) = p$$

となる．したがって，$H_1(X)$ は，$\gamma_1 = \beta_1(\gamma_{01}), \ldots, \gamma_g = \beta_1(\gamma_{0g})$ および，$H_1(X)$ の元で $\epsilon_1 = \delta_1(\rho_1) = p_0 - p_1, \ldots, \epsilon_g = \delta_1(\rho_g) = p_{g-1} - p_g$ となる $\rho_1, \ldots, \rho_g$ で生成される自由アーベル群であることがわかる．

3.9 微分形式とコーシーの積分定理

複素領域における線積分を 2.2 節で定義したが，これはリーマン面上の微分形式に対しても一般化される．X 内の区分的に滑らかな，向き付けられた曲線に沿った線積分の一般化として，可微分鎖複体とその鎖に沿った C^∞ 微分形式の積分について述べよう．ここでは X はリーマン面とし，鎖複体上の積分とストークスの定理を用いて，コーシーの積分定理について述べる．

滑らかな i 鎖 $\alpha = \sum_j a_j \sigma_j$ と i 次微分形式 ω が与えられたとき，ω の α 上の積分を

$$\int_\alpha \omega = \sum_j a_j \int_{\Delta_i} \sigma_j^* \omega$$

によって定義する．ここで，$\sigma^* \omega$ は，微分形式 ω を C^∞ 写像 $\sigma : \Delta_i \to X$ によって Δ_i に引き戻したものである．このとき，次のストークスの定理（下の $i = 1$ の場合はグリーンの公式）が成り立つ．

命題 3.11 $i = 0, 1$ とする．$\omega \in \mathcal{A}^i(X)$ を i 次微分形式，γ を滑らかな $i + 1$ 鎖とすると，

$$\int_\gamma d\omega = \int_{\partial\gamma} \omega$$

となる．

リーマン面において，コーシーの積分定理は次のように一般化される．

定理 3.12（コーシーの積分定理） $\omega \in \Omega^1(X)$ をリーマン面 X 上の正則微分形式，D を $C_2^{\mathrm{sm}}(X)$ の元とすると，

$$\int_{\partial D} \omega = 0$$

となる．特に，γ を滑らかなサイクルとしたとき，$\int_{\gamma} \omega$ は γ の $H_1^{\mathrm{sm}}(X)$ におけるホモロジー類のみによる．

証明 証明は複素平面上のコーシーの積分定理とほぼ同じであるが，グリーンの定理のかわりに，多様体の鎖複体上の微分形式の積分に関するストークスの定理（命題 3.11）を用いる．$D \in C_2(X)$ とすると，ストークスの定理より

$$\int_{\partial D} \omega = \int_D d\omega$$

となるが，ω は正則微分形式だったので，命題 3.8 により $d\omega = 0$ となる．したがって，上式は 0 となる． $\square$

　コーシーの積分定理を用いると，次の留数定理が成り立つ．

定理 3.13（留数定理） X を連結なコンパクト・リーマン面とする．ω を X 上の有理型微分形式として，Σ を ω が正則でない集合とする．このとき Σ は有限集合であり，

$$\sum_{x \in \Sigma} \mathrm{Res}_x(\omega) = 0$$

が成り立つ．

証明 ω は有理型微分形式なので，離散集合 Σ 以外では正則関数となっている．X はコンパクトと仮定しているので，Σ は有限集合である．$\Sigma = \{p_1, \ldots, p_k\}$ とおくと，各点 p_k における局所複素座標 z_k で p_k において 0 となるものをとって，さらに十分小さい r をとることにより，$\overline{U_k} = \{z_i \mid |z_i| \le r\}$ が互いに交わらないようにできる．そこで，$D = X - \cup_k U_k$ として，これにリーマン面から来る向きを入れて考えると，適当に三角形分割をすることにより，$C_2^{\mathrm{sm}}(X)$ の元が定められる．これを同じ記号を用いて D と書くと，ω は D 上で正則なので，コーシーの積分定理より，

$$\int_{\partial D} \omega = 0$$

となる．ところが，$C_1^{\mathrm{sm}}(X)$ の元として $\partial D = -\sum_{i=1}^k \partial \overline{U_k}$ となるので，

$$\int_{\partial D} \omega = -\sum_{i=1}^k \int_{\partial \overline{U_k}} \omega$$

となる．ここで，各項の積分を局所座標を用いて表すと，複素平面におけるコーシーの積分公式から

$$\int_{\partial \overline{U_k}} \omega = 2\pi i \, \mathrm{Res}_{p_k}(\omega)$$

となり，定理を得る． $\square$

章末問題

3.1　n を 2 以上の整数とする.

$$F(X_0, X_1, X_2) = X_0^n + X_1^n + X_2^n$$

とするとき, $\mathbf{P}^2$ の部分集合 $F(X_0, X_1, X_2) = 0$ は条件 (3.5) を満たすことを示して, リーマン面となることを示せ. $F(X_0, X_1, X_2) = 0$ によって定まるリーマン面はフェルマー曲線とよばれる.

3.2　問題 3.1 のフェルマー曲線の正則微分形式の基底を非斉次座標で表して求めよ.

3.3　二つの楕円曲線

$$E : y^2 = (x - 1)(x + 1)(x - \lambda x)(x + \lambda x)$$
$$F : \eta^2 = \xi(\xi - 1)(\xi - \lambda^2)$$

を考える. このとき,

$$f(x, y) = (\xi, \eta) = (x^2, xy)$$

はリーマン面の間の写像 $f : E \to F$ となることを証明せよ. また, 点 (x, y) のこの写像による逆元の個数はいくつか？

第4章

層とそのコホモロジー

この章では，位相空間上の層とそのコホモロジー理論の基礎について述べる．X を位相空間とする．たとえば，位相空間 X 上の実数値関数 f が連続であるという条件は，局所的な条件である．すなわち，X の開被覆 $X = \cup_i U_i$ が与えられたとき，f が連続関数であることをいうには，各開集合 U_i 上において f が連続であることをみればよい．局所的に性質が規定されているものの大域的な性質をみるには，貼り合わせに関する考察が必要である．たとえば，局所的に定義されている正則微分形式が大域的にはどれくらいあるか，という問題はその一例である．層のコホモロジー理論は，そのような大域的な量を測るための有効な方法である．

4.1 正則関数の環，収束べき級数の環，イデアルの例

本章では，環と加群の言葉を用いる．その基本的事項は付録 A を参照してほしい．よく用いる環として，正則関数のなす環がある．その典型的な例が，$D_r = \{ z \in \mathbf{C} \mid |z| < r \}$ 上の正則関数のなす環である．これは，原点において収束半径が r 以上の収束べき級数全体のなす環といってもよい．これを $\mathcal{O}(D_r)$ と書くと，

$$\mathcal{O}(D_r) = \left\{ \sum_{i=0}^{\infty} a_i z^i \,\middle|\, \text{任意の } 0 < r_0 < r \text{ に対して } \lim_{i \to \infty} |a_i r_0^i| \to 0 \text{ となる，べき級数} \right\}$$

となり，加法と乗法について閉じている．$0 < r' < r$ であれば，収束半径が r 以上であれば r' 以上でもあるので，$\mathcal{O}(D_r) \to \mathcal{O}(D_{r'})$ なる写像ができる．これは，開集合の包含関係 $D_{r'} \subset D_r$ に対する制限写像とよばれる．これは加法と乗法を保つ写像なので，環準同型となっている．もちろん D_r のようなきれいな形でなくても開集合であればよいので，開集合の包含関係に対しても制限写像を定義することができて，これは環準同型になっている．

いまの場合，$\mathcal{O}(D_r) \to \mathcal{O}(D_{r'})$ は単射であって，原点におけるテーラー展開を考えることにより，形式的べき級数環の部分環とみなすことができる．r が正の実数を動くときの合併集合

$$\mathcal{O}_0 = \bigcup_r \mathcal{O}(D_r) = \left\{ \sum_{i=0}^{\infty} a_i z^i \,\middle|\, \text{ある } 0 < r_0 \text{ が存在して } \lim_{i \to \infty} |a_i r_0^i| \to 0 \text{ となる,} \right.$$
$$\left. \text{形式的べき級数} \right\}$$

は環となる. これを収束べき級数の環という. $\mathcal{O}_0$ の元は 0 のまわりの十分小さい開集合では正則関数となっている. 正則関数として定義される開集合は, $\mathcal{O}_0$ の各元ごとに異なっている. また, $\mathcal{O}_0[z^{-1}] = \bigcup_{m \geq 0} \{ z^{-m} f(z) \mid f(z) \in \mathcal{O}_0 \}$ は収束ローラン級数の集合といわれ, $\mathcal{O}_0$ の分数体となっている.

いま, $z_0 \in D_r$ として

$$I(z_0) = \left\{ f(z) = \sum_{i=0}^{\infty} a_i z^i \in \mathcal{O}(D_r) \,\middle|\, f(z_0) = 0 \right\}$$

とおくと, $I(z_0)$ は D_r のイデアルとなっている. $I(z - z_0)$ の元は z_0 におけるテーラー展開を考えれば, D_r の元 $g(z)$ を用いて $(z - z_0)g(z)$ と書かれることがわかる. このような一つの元で生成されているイデアルを**単項イデアル**という.

収束べき級数の環 $\mathcal{O}_0$ において, $z\mathcal{O}_0$ はただ一つの極大イデアルである. ただ一つの極大イデアルをもつ環を**局所環**という.

4.2 前層と層

この節では, 位相空間 X 上の層の定義と, その重要な例について述べる.

定義 4.1 X を位相空間とする.

 (1) X の開集合 U に対して集合 $\mathcal{F}(U)$ を対応させる対応 $\mathcal{F}$

 (2) 包含関係 $U \subset V$ がある二つの開集合 U, V に対して, 制限写像とよばれる写像 $\rho_{U,V} : \mathcal{F}(V) \to \mathcal{F}(U)$

の組 $(\mathcal{F}, \{\rho_{U,V}\}_{U \subset V})$ を考える. この組 $(\mathcal{F}, \rho)$ が X の上の (集合の) **前層**であるとは, 次の条件が満たされることである.

 (1) 任意の開集合 U に対して, $\rho_{U,U}$ は $\mathcal{F}(U)$ の恒等写像である.

 (2) X の開集合 U, V, W の包含関係 $U \subset V \subset W$ に対して, 制限写像

$$\mathcal{F}(W) \xrightarrow{\rho_{V,W}} \mathcal{F}(V) \xrightarrow{\rho_{U,V}} \mathcal{F}(U)$$

の合成は $\rho_{U,W}$ に等しい.

前層 $(\mathcal{F}, \rho)$ を単に $\mathcal{F}$ と書くこともある．また，二つの開集合 $U \subset V$ と $s \in \mathcal{F}(V)$ に対して，s の U への制限 $\rho_{U,V}(s)$ を $s\,|_U$ と略記することもある．

定義 4.2（前層の射）　$(\mathcal{F}, \rho), (\mathcal{G}, \psi)$ を X 上の前層とする．X の開集合 U それぞれに対して写像 $\varphi_U : \mathcal{F}(U) \to \mathcal{G}(U)$ が与えられて，開集合の包含 $U \subset V$ に対して図式

$$
\begin{array}{ccc}
\mathcal{F}(V) & \xrightarrow{\ \rho_{U,V}\ } & \mathcal{F}(U) \\
\varphi_V \downarrow & & \downarrow \varphi_U \\
\mathcal{G}(V) & \xrightarrow{\ \psi_{U,V}\ } & \mathcal{G}(U)
\end{array}
$$

が可換となるとき，φ を**前層の射**という．

　前層では制限写像 ρ が定められているが，次の貼り合わせの条件を満たすとき，$\mathcal{F}$ は層であるという．

定義 4.3（層）　X を位相空間，$\mathcal{F} = (\mathcal{F}, \rho)$ を X 上の前層とする．$\mathcal{F}$ が層であるとは，次の条件が満たされることである．この二つの条件は，層の貼り合わせ条件といわれる．

(1) U を X の開集合，s, t を $\mathcal{F}(U)$ の元，$U = \cup_i V_i$ を U の開被覆とする．さらに，すべての i について s, t の V_i への制限が等しい，すなわち $s\,|_{V_i} = t\,|_{V_i}$ であったとすると，s, t は等しい．

(2) U を X の開集合，$U = \cup_i V_i$ を U の開被覆とする．各 i について $\mathcal{F}(U_i)$ の元 s_i が与えられていて，すべての i, j に対して $s_i\,|_{U_i \cap U_j} = s_j\,|_{U_i \cap U_j}$ であったとする．このとき $s \in \mathcal{F}(U)$ が存在して，$s\,|_{U_i} = s_i$ となる．

定義 4.4（加群の層，環の層）　(1) R を環とする．定義 4.1 において $\mathcal{F}(U)$ のところを R 加群に，$\rho_{U,V}$ のところを R 加群の準同型に置き換えたものを，**R 加群の前層**という．さらにそれが層であるときには，**R 加群の層**であるという．R が $\mathbf{C}$ のような体の場合は $\mathbf{C}$ ベクトル空間の前層，あるいは層という．R が $\mathbf{Z}$ のときは，R 加群の前層（層）は単に加群の前層（層）という．

(2) $\mathcal{A}$ を X 上の前層（層）とする．X の開集合 U に対して $\mathcal{A}(U)$ が可換環の構造をもっており，さらに $U \subset V$ なる開集合 U, V に対する制限写像

$$
\rho_{U,V} : \mathcal{A}(V) \to \mathcal{A}(U)
$$

が環の準同型となっているとき，$\mathcal{A}$ を**環の前層（層）**であるという．

(3) $\mathcal{F}, \mathcal{G}$ を R 加群の前層（層）とし，$f : \mathcal{F} \to \mathcal{G}$ を前層（層）の射とする．U に

対して，$f_U : \mathcal{F}(U) \to \mathcal{G}(U)$ が R 加群の準同型であるとき，f は R 加群の前層（層）の準同型であるという．$\mathcal{F}$ から $\mathcal{G}$ への前層（層）の準同型の全体を $Hom_{PS_X}(\mathcal{F}, \mathcal{G})$（$Hom_{S_X}(\mathcal{F}, \mathcal{G})$）と書く．値に対する加法と R の乗法により，$Hom_{PS_X}(\mathcal{F}, \mathcal{G})$ は R 加群となる．

■**例 4.1**　X を位相空間とする．

(1) X の開集合 U に対して，U 上の複素数値連続関数全体の集合 $C_X^0(U)$ を対応させる対応を C_X^0 とおく．また，$U \subset V$ なる開集合の包含関係があるとき，V 上の連続関数 $f \in C_X^0(V)$ を U に制限することによって得られる U 上の連続関数を $\rho_{U,V}(f)$ と書くことにすると，複素ベクトル空間の準同型 $\rho_{U,V} : \mathcal{F}(V) \to \mathcal{F}(U)$ が得られ，組 (C_X^0, ρ) は複素ベクトル空間の前層になる．このようにして，制限写像が文脈から明らかな場合には，制限写像が何であるかを省略することが多い．また，U の開被覆と U_i 上の連続関数 f_i が与えられたとき，f_i と f_j が $U_i \cap U_j$ で一致していれば，U 上の関数が得られていて，さらにそれは連続関数であることがわかる．なぜなら，こうして得られた関数の連続性をいうには，各 U_i 上での連続性を考えれば十分であるからである．したがって，C_X^0 は X 上の層になる．この層を**連続関数の層**という．

(2) A を加群とする．X の空でない開集合 U に対して A を対応させ，空集合には 0 加群を対応させる対応を考える．さらに，空でない開集合どうしの制限写像としては恒等写像を考えることによって，加群の前層 $\mathcal{P}_A$ が得られる．これは一般には層にならない．たとえば，開集合 U が二つの連結成分をもつとし，それを U_1, U_2 とおく．このとき，$\mathcal{P}_A(U_1)$ の元 a_1 と $\mathcal{P}(U_2)$ の元 a_2 が与えられると，貼り合わせ条件は $\mathcal{P}_A(\emptyset) = 0$ であることから，この二つの元は無条件に貼り合わされる．ところが前層の定義により，$\mathcal{P}_A(U) = A$ なので，制限写像 $\mathcal{P}_A(U) \to \mathcal{P}_A(U_1) \times \mathcal{P}_A(U_2)$ は一般に同型にはならない．　■

■**例 4.2**　この例は第 5 章以降で出てくる重要な例である．X をリーマン面とする．

(1) X の開集合 U に対して U 上の正則関数全体の集合 $\mathcal{O}_X(U)$ を対応させる対応は，通常の制限写像に関して層になる．これは，X の開被覆 $\{U_i\}$ と U_i 上の正則関数 f_i が与えられていて f_i と f_j が $U_i \cap U_j$ で一致していれば，X 上の正則関数が定まるからである．こうして得られる正則関数のなす層を $\mathcal{O}_X$ と書く．U 上の正則関数には加法と乗法が定まり環となり，制限写像は環の準同型となるので，$\mathcal{O}_X$ は環の層となる．$\mathcal{O}_X$ を**正則関数の層**という．

X の開集合 U に対して U 上の複素数値 C^∞ 関数全体の集合 $\mathcal{A}_X(U)$ を対応さ

せる対応に通常の制限写像を考えることによっても，層が得られる．この層を $\mathcal{A}_X$ と書く．$\mathcal{A}_X$ も上と同様にして環の層となる．$\mathcal{A}_X$ を C^∞ **関数の層**という．$\mathcal{A}_X$ は $\mathcal{A}_X^0$，あるいは $\mathcal{A}_X^{00}$ とも書かれる．

(2) X の開集合 U に対して U 上の $(1,0)$ 形式（あるいは $(0,1)$ 形式，正則微分形式）の全体のなす **C** ベクトル空間 $\mathcal{A}_X^{10}(U)$（$\mathcal{A}_X^{01}(U)$, $\Omega_X^1(U)$）を対応させると，これは通常の制限で層になる．この層を (10) **形式の層**（(01) **形式の層**，**正則微分形式の層**）といい，$\mathcal{A}_X^{10}$（$\mathcal{A}_X^{01}$, Ω_X^1）と書く．　■

定義 4.5　X を位相空間，$\mathcal{R}$ を環の前層，$\mathcal{M}$ を加群の前層とする．さらに，X の任意の開集合 U に対して $\mathcal{M}(U)$ に $\mathcal{R}(U)$ 加群の構造が付与されており，その作用が制限写像と協調的である，すなわち

$$
\begin{array}{ccc}
\mathcal{R}(U) \times \mathcal{M}(U) & \to & \mathcal{M}(U) \\
\rho_{V,U} \times \psi_{V,U} \downarrow & & \downarrow \psi_{V,U} \\
\mathcal{R}(V) \times \mathcal{M}(V) & \to & \mathcal{M}(V)
\end{array}
$$

が可換図式となるとき，$\mathcal{M}$ を $\mathcal{R}$ **加群の前層**，あるいは単に $\mathcal{R}$ **加群**であるという．さらに $\mathcal{R}$, $\mathcal{M}$ が層であるとき，$\mathcal{M}$ は $\mathcal{R}$ **加群の層**であるという．

■**例 4.3**　X をリーマン面とする．

(1) $\mathcal{A}_X$ を X 上の C^∞ 関数の層，$\mathcal{A}_X^{10}$ を $(1,0)$ 形式のなす加群の層とする．U を X の開集合とするとき，$(1,0)$ 形式 $\mathcal{A}_X^{10}(U)$ の元に C^∞ 関数 $\mathcal{A}_X(U)$ の元を掛けることで，$(1,0)$ 形式 $\mathcal{A}_X^{10}(U)$ が得られる．これは制限写像と協調的であるので，$\mathcal{A}_X^{10}$ は $\mathcal{A}_X$ 加群の層となっている．同様にして，$\mathcal{A}_X^{01}$ は $\mathcal{A}_X$ 加群の層となっている．

(2) 正則微分形式については同様に，正則微分形式と正則関数の積がふたたび正則微分形式となることから，Ω_X^1 は $\mathcal{O}_X$ 加群の層となっている．　■

4.3　帰納極限

次節で前層の層化について述べるが，その前に帰納極限に関する準備をする．まず有向集合を定義する．I を空でない半順序集合とする．$x, y \in I$ が与えられたときに $x < z, y < z$ なる $z \in I$ が存在するとき，I は**有向集合**という．I によって添字付けられた集合の族 $\{S_i\}_{i \in I}$ と，$i < j$ なる I の元のペアによって添字付けられた写像 $\rho_{j,i}: S_i \to S_j$ の族 $\{\rho_{j,i}\}_{i<j}$ で，次の条件を満たすものを**帰納系**という．

$i < j < k$ なる I の元に対して，写像の合成 $\rho_{k,j} \circ \rho_{j,i} : S_i \to S_j \to S_k$ は $\rho_{k,i} : S_i \to S_k$ と一致する.

$\{\rho_{j,i}\}$ は**推移写像**という．推移写像が文脈から明らかなときには，上の帰納系を $S = \{S_i\}_{i \in I}$ と書く．

たとえば，X をリーマン面，p を X の点とするとき，p を含む開集合の族

$$\mathcal{U}_p = \{U \mid U \text{ は } X \text{ の開集合}, \ p \in U\}$$

は，$U \subset V$ のときに $V < U$ と定義することにより有向集合となる．ここで，$\mathcal{O}_X$ を正則関数のなす層とする．また，$\mathcal{U}_p$ の元 U に対して U 上の正則関数の集合 $\mathcal{O}_X(U)$ を考え，$U \subset V$ に対して V 上の正則関数を U に制限する写像 $\rho_{U,V} : \mathcal{O}_X(V) \to \mathcal{O}_X(U)$ を考えれば，$\mathcal{U}_p$ と $\{\rho_{U,V}\}_{V < U}$ は帰納系となる．

I によって添字付けられた帰納系 $\{S_i\}_{i \in I}$ に対して，その**帰納極限**を次のように定義する.

$$\varinjlim_I S_i = \coprod_{i \in I} S_i / \sim$$

ここで，S_i の元 x_i，S_j の元 x_j に対して $x_i \sim x_j$ とは，ある $i < k, j < k$ が存在して $\rho_{k,i}(x_i) = \rho_{k,j}(x_j) \in S_k$ となることである．実際にこの関係 $\sim$ が同値関係であることは，I が有向集合であることからわかる．有向集合 I の空でない部分集合 J が条件

$$i \in I \text{ ならばある } j \in J \text{ が存在して } i < j \text{ となる.}$$

を満たすとき，J は**共終**であるという．共終な部分集合 J は I の順序で有向集合である．さらに集合族 $S = \{S_i\}_{i \in I}$ が I 上の帰納系であるとき，その部分集合族 $\{S_j\}_{j \in J}$ は S の推移写像によって帰納系になる．このとき容易に，自然な埋め込みにより定まる写像

$$\varinjlim_J S_j \to \varinjlim_I S_i$$

は全単射となる．

たとえば，リーマン面 X 上の点 p の近傍のなす有向集合 $\mathcal{U}_p$ を考える．このとき，p の局所複素座標 z で $z(p) = 0$ となるものをとることにより，$\mathcal{U}_p$ の部分集合族 $\{D_p(0,r)\}_{r \in \mathbf{R}_+}$ は $\mathcal{U}_p$ の共終な部分集合になる（ただし，$\mathbf{R}_+$ の順序と開集合族 $\{D(0,r)\}$ の順序は逆になる）．上の共終な部分集合に関する全単射性を用いれば，有向集合 $\mathcal{U}_p$ 上の帰納系 $\{\mathcal{O}_X(U)\}_{U \in \mathcal{U}_p}$ の帰納極限について，

$$\mathcal{O}_{X,p} = \varinjlim_r \mathcal{O}_X(D(0,r)) \to \varinjlim_{\mathcal{U}_p} \mathcal{O}_X(U)$$

という全単射が得られる．

帰納系と極限については，さまざまな構造を付加して考えることができる．たとえば I を有向集合としたとき，加群の族 $\{M_i\}$ と推移的な準同型の族 $\rho_{j,i} : M_i \to M_j$ が与えられたとし，これについて（集合の写像とみて）帰納極限 $\varinjlim_I M_i$ を考えると，これには自然に加群の構造が定まる．p の近傍のなす有向集合 $\mathcal{U}_p$ 上の正則関数のなす帰納系 $\{\mathcal{O}_X(U)\}$ は，推移写像が $\mathbf{C}$ 代数の準同型なので，その帰納極限 $\mathcal{O}_0$ は $\mathbf{C}$ 代数となる．

帰納極限については次の定理が成り立つ．

命題 4.1 $\{F_i\}_{i \in I}, \{G_i\}_{i \in I}, \{H_i\}_{i \in I}$ を有向集合 I 上の加群の帰納系，$\varphi = \{\varphi_i : F_i \to G_i\}, \psi = \{\psi_i : G_i \to H_i\}$ を帰納系の準同型とする．さらに，任意の i について，$F_i \to G_i \to H_i$ が完全列であるとする．このとき，

$$\varinjlim_I F_i \xrightarrow{\lim \varphi} \varinjlim_I G_i \xrightarrow{\lim \psi} \varinjlim_I H_i$$

は完全列である．

証明 $\psi_i \circ \varphi_i = 0$ なので，その極限 $(\lim \psi) \circ (\lim \varphi)$ が 0 になることは明らかである．g を $\mathrm{Ker}\left(\varinjlim_I G_i \xrightarrow{\lim \psi} \varinjlim_I H_i\right)$ の元，すなわち $\lim \psi(g) = 0$ とする．g が g_i で代表されるとして，$\psi_i(g_i)$ の $\varinjlim_I H_i$ における像は 0 なので，ある $j > i$ が存在して $\rho_{j,i} \circ \psi_i(g_i) = 0$ となる．ψ は帰納系の写像なので $\psi_j \circ \rho_{j,i}(g_i) = 0$ となり，$\rho_{j,i}(g_i) \in \mathrm{Ker}(\psi_j)$ となる．ここで，$F_j \to G_j \to H_j$ の完全性を用いれば，$\varphi_j(f_j) = \rho_{j,i}(g_i)$ となる f_i がある．そこで，f_i の定める $\varinjlim_I F_i$ の元を f とすれば，$\lim \varphi(f) = g$ となる． $\square$

4.4 層の茎と層化

層は貼り合わせ条件を忘れることにより，前層となる．ここでは，前層 $\mathcal{F}$ が与えられたとき，層の中で $\mathcal{F}$ に "一番近いもの" である $\mathcal{F}$ の層化 $\widetilde{\mathcal{F}}$ を定義する．一般に，層を前層とみてテンソル積や余核などの代数的操作をしたときは前層にはなるが，層にはならないことが往々にしてある．このとき層化をとる操作を用いることにより，多くの代数的操作が層に対しても適用可能となり，層の理論がより使いやすくなるのである．ここでは，一般の前層に対して帰納極限の構成法を利用して層を構成する，「層化」の操作について述べる．

X を位相空間，p を X の点とし，$p \in U$ となる開集合族を $\mathcal{U}_p = \{U \mid p \in U\}$

とすると，前節の例でもあげたように有向集合となる．$\mathcal{F}$ を X 上の前層とすると，$\{\mathcal{F}(U)\}_{U \in \mathcal{U}_p}$ は制限写像を推移写像として，$\mathcal{U}$ 上の帰納系となる．$\mathcal{F}$ の p での**茎** $\mathcal{F}_p$ を，帰納極限を用いて

$$\mathcal{F}_p = \varinjlim_{\mathcal{U}_p} \mathcal{F}(U)$$

と定義する．$p \in U, s \in \mathcal{F}(U)$ に対して，$\mathcal{F}_p$ における s の像を $s|_p$ と書く．

命題 4.2（茎の保守性 (conservativity)） (1) $\mathcal{F}, \mathcal{G}$ を位相空間 X 上の加群の層とし，$f : \mathcal{F} \to \mathcal{G}$ を準同型とする．その茎に誘導される準同型 $f_x : \mathcal{F}_x \to \mathcal{G}_x$ が同型あるいは 0 写像であれば，f は同型あるいは 0 写像である．

(2) $\mathcal{F} = 0$ となる必要十分条件は，X の任意の開集合 U と $\mathcal{F}(U)$ の元 s と U 上の点 x に対して，ある x の近傍 W_x が存在して $s|_{W_x} = 0$ となることである．

証明 (1) 同型について示そう．まず，$\mathcal{F}(U) \to \mathcal{G}(U)$ が単射であることを示そう．$s \in \mathcal{F}(U)$ が $f_U(s) = 0$ を満たしているとする．このとき，任意の x について $f_x(s|_x) = f_U(s)|_x = 0$ なので，f_x の単射性を用いて $s|_x = 0$ がいえる．したがって，x の開近傍 V_x が存在して，$s|_{V_x} = 0$ となる．したがって，定義 4.3 の貼り合わせ条件 (1) を用いて $s = 0$ となる．次に，$\mathcal{F}(U) \to \mathcal{G}(U)$ が単射であることを用いて，$\mathcal{F}(U) \to \mathcal{G}(U)$ が全射となることを示そう．$s \in \mathcal{G}(U)$ とすると，f_x が全射なので x の U 内の開近傍 V_x と $\mathcal{F}(V_x)$ の元 t_x が存在して，$f_{V_x}(t_x) = s|_{V_x}$ となる．次に，U の開被覆 $U = \cup_x V_x$ を考えて，t_x が $\mathcal{F}(U)$ の元 t の V_x への制限で得られていることを示す．$\mathcal{F}(V_x \cap V_y)$ の元 $t_x|_{V_x \cap V_y}$ と $t_y|_{V_x \cap V_y}$ は $f_{V_x \cap V_y}$ によりともに $s|_{V_x \cap V_y}$ に写像されるので，先に示した単射性より，$t_x|_{V_x \cap V_y} = t_y|_{V_x \cap V_y}$ が得られる．したがって，V_x の $\mathcal{F}$ の切断 t_x は，$t \in \mathcal{F}(U)$ に貼り合わされる．$f_U(t)$ を V_x に制限したものは $s|_{V_x}$ となるので，$\mathcal{G}$ の層の貼り合わせ条件 (1) より $f_U(t) = s$ となる．(1) の 0 写像に関する命題も同様にできる．

(2) (1) より $\mathcal{F}$ が 0 層になることをいうには，すべての x について $\mathcal{F}_x = 0$ を示せばよい．このことから (2) の命題がいえる． $\square$

U を X の開集合とする．$p \in U$ なる p に関する層の茎 $\mathcal{F}_p$ の直積集合の部分集合 $\widetilde{\mathcal{F}}(U)$ を次のように定義する．

$$\widetilde{\mathcal{F}}(U) = \left\{ (s_p)_p \in \prod_{p \in U} \mathcal{F}_p \,\middle|\, \text{ある } U \text{ の開被覆 } U = \bigcup_k U_k \text{ と各 } k \text{ に関して} \right.$$
$$\mathcal{F}(U_k) \text{ の元 } \sigma_k \text{ が存在して，任意の } k \text{ と } p \in U_k$$
$$\left. \text{に対して } s_p = \sigma_k|_p \text{ となる} \right\}$$

右辺の $s = (s_p)_p$ に関する条件は，各点 p においてばらばらにデータとして与えられて
いる s の局所的な "連続性" を保証するものである．このとき $U \subset V$ であれば，制限
写像 $\widetilde{\mathcal{F}}(V) \to \widetilde{\mathcal{F}}(U)$ が直積成分の射影によって誘導される．これによって前層 $\widetilde{\mathcal{F}}$ が得
られる．これを $\mathcal{F}$ の**層化**という．これが実際に層であることは次の命題で示される．
$\mathcal{F}, \mathcal{G}$ を X 上の前層，$\varphi : \mathcal{F} \to \mathcal{G}$ を前層の射とすると，層化の射 $\widetilde{\mathcal{F}} \to \widetilde{\mathcal{G}}$ がその構成法
から，自然に誘導される．

次に，$s \in \mathcal{F}(U)$ とする．$p \in U$ に対して自然な写像 $\mathcal{F}(U) \to \mathcal{F}_p$ の像を s の定
める**芽**といい，s_p と書く．$s \in \mathcal{F}(U)$ に対して，s_p を直積成分とする直積集合の元
$s = (s_p)_{p \in U}$ が定まる．これは $\widetilde{\mathcal{F}}(U)$ の元となるので，$\varphi_U : \mathcal{F}(U) \to \widetilde{\mathcal{F}}(U)$ なる写像
が定まる．U についての族を考えて，$\varphi = \{\varphi_U\}_U$ は前層の射になる．次の性質は層
化の普遍性といわれる．

命題 4.3（層化の普遍性） (1) $\widetilde{\mathcal{F}}$ は層になる．

(2) $\mathcal{F}$ を前層とする．自然な準同型 $\varphi : \mathcal{F} \to \widetilde{\mathcal{F}}$ より誘導される茎の上の写像
$\varphi_x : \mathcal{F}_x \to \widetilde{\mathcal{F}}_x$ は同型である．$\mathcal{F}$ が層のときは，自然な写像 $\mathcal{F} \to \widetilde{\mathcal{F}}$ は同型で
ある．

(3) $\mathcal{F}$ を前層，$\mathcal{G}$ を層とする．前層の射 $\varphi : \mathcal{F} \to \mathcal{G}$ が与えられると，層の射 $\widetilde{\varphi} : \widetilde{\mathcal{F}} \to \mathcal{G}$
が定まり，これによって定まる準同型

$$Hom_{PS_X}(\mathcal{F}, \mathcal{G}) = Hom_{S_X}(\widetilde{\mathcal{F}}, \mathcal{G})$$

は全単射となる．

証明 (1) 制限写像は直積に関する射影として定めたので，$\widetilde{\mathcal{F}}$ が前層になることは明らかであ
る．U を X の開集合，$\mathcal{U} = \{U_i\}$ を U の開被覆とする．まず，定義 4.3 の条件 (1) を確かめ
る．$f = (f_p)_{p \in U} \in \widetilde{\mathcal{F}}(U)$ として，任意の i について $f_{U_i} = 0$ とする．このとき，U_i の点 p に
ついて $f_p = 0$ であり，$\mathcal{U}$ は U の開被覆であったので，U 上の任意の点 p について $f_p = 0$ がい
える．次に，条件 (2) を確かめよう．有向集合 I の元 i について，$f^{(i)} = (f_p^{(i)})_{p \in U_i} \in \widetilde{\mathcal{F}}(U_i)$
が与えられて $f^{(i)}|_{U_i \cap U_j} = f^{(j)}|_{U_i \cap U_j}$ となったとする．これから $f_p^{(i)} = f_p^{(j)}$ となること
がわかるので，この共通の値を $f_p \in \mathcal{F}_p$ とおくと，$\prod_{p \in U} \mathcal{F}_p$ の元 $(f_p)_{p \in U}$ が定まる．こ
れが実際に $\widetilde{\mathcal{F}}$ の元を定めることをみてみよう．$p \in X$ に対して $p \in U_i$ となる U_i をとれば
$f_p^{(i)} = f_p$ なので，ある p の U_i に含まれる開近傍 V_p と $\mathcal{F}(V_p)$ の元 t が存在して，$q \in V_p$
に対して $t|_q = f_q^{(i)} = f_q$ となる．したがって，f は $\widetilde{\mathcal{F}}(U)$ の元となり，条件 (2) が確かめら
れた．

(2) $p \in X$ として，$f \in \widetilde{\mathcal{F}}_p$ が p の近傍 V_p の切断 $\widetilde{\mathcal{F}}(V_p)$ の元 $(f_q)_{q \in V_p}$ の像となっていると
する．この元に対して f_p を対応させる写像を考えると，これは代表元のとり方によらず，$\widetilde{\mathcal{F}}_p$
での像のみによることがわかる．したがって，$\widetilde{\mathcal{F}}_p$ から $\mathcal{F}_p$ の写像 $\psi_p : \widetilde{\mathcal{F}}_p \to \mathcal{F}_p$ が定まる．

$\psi_p \circ \varphi_p = \mathrm{id}$ は定義に戻れば明らかである. $f \in \widetilde{\mathcal{F}}_p$ が $\hat{f} = (f_q)_{q \in V_p} \in \widetilde{\mathcal{F}}(V_p)$ の像であるとして, $\varphi_p \circ \psi_p(f)$ が $\hat{f}$ の $\widetilde{\mathcal{F}}_p$ における像と一致することを証明しよう. $\varphi_p \circ \psi_p(f) = \varphi_p(f_p)$ であるが, p の近傍 W_p と $\widetilde{f} \in \mathcal{F}(W_p)$ が存在して $f_p = \widetilde{f}|_p$ となっているので, $\varphi_p(f_p)$ は $(\widetilde{f}|_p)_{p \in W_p} \in \widetilde{\mathcal{F}}(W_p)$ の $\widetilde{\mathcal{F}}_p$ における像と等しくなる. 層化の定義により, $p \in W_p'$ と $\overline{f} \in \mathcal{F}(W_p')$ が存在して $q \in W_p'$ であれば, $f_q = \overline{f}|_q$ となる. ところが, $\widetilde{f}$ と $\overline{f}$ は p で同じ芽 f_p を定めているので, $W_p \cap W_p'$ に含まれるある開集合 W_p'' 上で一致する. したがって, $\varphi_p \circ \psi_p(f) = f$ が示された. 後半は命題 4.2(1) よりわかる.

(3) $\mathcal{F}$ を前層, $\mathcal{G}$ を層とするとき, 準同型 $Hom_{PS_X}(\mathcal{F}, \mathcal{G}) \to Hom_{S_X}(\widetilde{\mathcal{F}}, \mathcal{G})$ は次のようにして定義される. $\mathcal{F} \to \mathcal{G}$ を前層の準同型とすると, 双方の層化をとり $\widetilde{\mathcal{F}} \to \widetilde{\mathcal{G}}$ が得られるが, 自然な写像 $\mathcal{G} \to \widetilde{\mathcal{G}}$ は同型なので, $\widetilde{\mathcal{F}} \to \mathcal{G}$ が得られる. 準同型 $Hom_{S_X}(\widetilde{\mathcal{F}}, \mathcal{G}) \to Hom_{PS_X}(\mathcal{F}, \mathcal{G})$ は, 自然な前層の写像 $\mathcal{F} \to \widetilde{\mathcal{F}}$ を与えられた $\widetilde{\mathcal{F}} \to \mathcal{G}$ と合成することによって得られる. これらの二つの準同型が互いに逆写像となっていることは, 各点の茎をみることによりわかる. □

■**例 4.4** 例 4.1 (2) における前層 $\mathcal{P}_A$ を層化したものは A_X と書かれる. これを加群 A を係数とする定数層という. このとき, X の開集合 U に対して, $A_X(U)$ は U 上の A に値をもつ局所定数関数の全体と一致する. ■

4.5 加群の層の準同型の核, 余核

この節では, 層の準同型に対して核, 余核を定義し, 層の完全列について述べる.

定義 4.6（前層の準同型の核, 余核, 像, 単射性, 全射性） $\mathcal{F}, \mathcal{G}$ を加群の層とする. $f : \mathcal{F} \to \mathcal{G}$ を層の準同型とする. U 上の切断の準同型を $f_U : \mathcal{F}(U) \to \mathcal{G}(U)$ と書く.

(1) 開集合 U に対して $K(U) = \mathrm{Ker}(f_U)$ を対応させ, $U \subset V$ に対しては $\mathcal{F}, \mathcal{G}$ の制限写像から誘導される写像 $K(V) \to K(U)$ を制限写像として定義することにより, X 上の前層が得られる. これは層となる. これを**層の準同型 f の核**といい, $\mathrm{Ker}(f)$ と書く. このとき, 自然な射 $k(f) : \mathrm{Ker}(f) \to \mathcal{F}$ が得られる.

(2) 開集合 U に対して $\mathrm{Coker}^p(f)(U) = \mathrm{Coker}(f_U)$, あるいは $\mathrm{Im}^p(f)(U) = \mathrm{Im}(f_U)$ を対応させ, $U \subset V$ に対しては $\mathcal{F}, \mathcal{G}$ の制限写像から誘導される写像 $\mathrm{Coker}^p(f)(V) \to \mathrm{Coker}^p(f)(U)$, あるいは $\mathrm{Im}^p(f)(V) \to \mathrm{Im}^p(f)(U)$ を制限写像として定義することにより得られる X 上の前層を, **余核**あるいは**像**といい, $\mathrm{Coker}^p(f)$ あるいは $\mathrm{Im}^p(f)$ と書く. これらは一般に層になるとは限らないので, 層の準同型 f の**余核** $\mathrm{Coker}(f)$, あるいは**像** $\mathrm{Im}(f)$ をその層化 $\widetilde{\mathrm{Coker}^p}(f)$, あるいは $\widetilde{\mathrm{Im}^p(f)}$ によって定義する. このとき, 自然な射 $c(f) : \mathcal{G} \to \mathrm{Coker}(f)$ が得られる.

(3) 層あるいは前層の準同型に関して $\mathrm{Ker}(f) = 0$ となるとき f は**単射**といい，$\mathrm{Coker}(f) = 0$ あるいは $\mathrm{Coker}^p(f) = 0$ となるとき**全射**という．

上の定義より，前層の準同型 $f : \mathcal{F} \to \mathcal{G}$ が単射あるいは全射であることは，すべての U に対して $f_U : \mathcal{F}(U) \to \mathcal{G}(U)$ が単射あるいは全射であることと同値である．次の命題は，命題 4.2 と単射，全射の定義によりただちにわかる．

命題 4.4 層の準同型 $f : \mathcal{F} \to \mathcal{G}$ が単射，あるいは全射であることと，任意の $x \in X$ に対して $f_x : \mathcal{F}_x \to \mathcal{G}_x$ が単射，あるいは全射であることは同値である．したがって，f が全射であるとは，任意の開集合 U，$s \in \mathcal{G}(U)$ および $x \in U$ に対してある x の近傍 W_x と $t \in \mathcal{F}(W_x)$ が存在して，$s \mid_{W_x} = f_{W_x}(t)$ となることである，と言い換えられる．

証明 層 $\mathrm{Ker}(f)$，$\mathrm{Coker}(f)$ の p における茎を $\mathrm{Ker}(f)_p$，$\mathrm{Coker}(f)_p$ と書く．命題 4.2 と単射，全射の定義により，任意の $x \in X$ に対して $\mathrm{Ker}(f)_x = 0$，あるいは $\mathrm{Coker}(f)_x = 0$ であることと，f が単射，あるいは全射であることは同値である．帰納極限で完全性が保たれていることから，$\mathrm{Ker}(f)_x = \mathrm{Ker}(f_x)$，$\mathrm{Coker}(f)_x = \mathrm{Coker}(f_x)$ となるので前半がいえる．後半は前半の言い換えである． $\square$

次の命題は，$\mathrm{Ker}(f)$，$\mathrm{Coker}(f)$ の普遍性といわれる．

命題 4.5 $\mathcal{F}, \mathcal{G}$ を加群の層とし $f : \mathcal{F} \to \mathcal{G}$ を加群の層の準同型とする．
(1) 層の準同型 $\varphi : \mathcal{K} \to \mathcal{F}$ で $f \circ \varphi = 0$ となるものが与えられると，$\varphi = k(f) \circ \psi$ となる層の準同型 $\psi : \mathcal{K} \to \mathrm{Ker}(\mathcal{F})$ がただ一つ定まる．
(2) 層の準同型 $\varphi : \mathcal{G} \to \mathcal{C}$ で $\varphi \circ f = 0$ となるものが与えられると，$\varphi = \psi \circ c(f)$ となる層の準同型 $\psi : \mathrm{Coker}(f) \to \mathcal{C}$ がただ一つ定まる．

証明 (1) $f \circ \varphi$ は前層の写像としても 0 写像となるので，加群の準同型における核の普遍性より，$\psi_U : \mathcal{K}(U) \to \mathrm{Ker}(\mathcal{F}(U) \to \mathcal{G}(U)) = \mathrm{Ker}(f)$ なる写像を誘導する．したがって，前層の準同型 $\psi : \mathcal{K} \to \mathrm{Ker}(f)$ が誘導される．条件 $\varphi = k(f) \circ \psi$ が満たされるのは ψ_U の普遍性からわかる．
(2) 前層の写像として $\psi \circ f = 0$ となるので，前層の準同型 $\psi^p : \mathrm{Coker}^p(f) \to \mathcal{C}$ が得られ，層化の普遍性より $\psi : \mathrm{Coker}(f) \to \mathcal{C}$ が得られる． $\square$

定義 4.7 加群の層あるいは前層の準同型の列

$$\cdots \to \mathcal{F}^{i-1} \xrightarrow{d_{i-1}} \mathcal{F}^i \xrightarrow{d_i} \mathcal{F}^{i+1} \to \cdots$$

を考える．$d_{i+1} \circ d_i$ が 0 であるとき，つまり，すべての切断に対して値が 0 になっているとき，この列は**層あるいは前層の複体**であるという．このとき，命題 4.5 により，$\mathcal{F}^{i-1} \to \mathrm{Ker}(d_{i+1})$ なる層あるいは前層の準同型が得られる．さらに $\mathcal{F}^{i-1} \to \mathrm{Ker}(d_{i+1})$ が全射であるとき，$\mathcal{F}^i$ においてこの列は**完全**であるという．層の場合は，この条件を命題 4.4 を用いて言い換えれば，任意の開集合 U と $s \in \mathrm{Ker}(d_{i,U}; \mathcal{F}^i(U) \to \mathcal{F}^{i+1}(U))$ および $x \in U$ に対して，ある x の近傍 W_x と $t \in \mathcal{F}^{i-1}(U)$ が存在して，$d_{i-1,W_x}(t) = s \mid_{W_x}$ である，と言い換えられる．前層の場合は，$\mathcal{F}^{i-1}(U) \to \mathrm{Ker}^p(d_{i+1})(U)$ が全射であると言い換えられる．層の場合も前層の場合も，すべての i について完全であるとき，列 $(\mathcal{F}^i, d_i)$ は**完全列**であるという．

命題 4.6 (1) 加群の層の準同型の列 $\mathcal{F} \xrightarrow{f} \mathcal{G} \xrightarrow{g} \mathcal{H}$ が $\mathcal{G}$ において完全であることは，すべての $x \in X$ に対して $\mathcal{F}_x \xrightarrow{f_x} \mathcal{G}_x \xrightarrow{g_x} \mathcal{H}_x$ が完全であることと同値である．

(2) 加群の前層の準同型の列

$$\mathcal{F} \to \mathcal{G} \to \mathcal{H} \tag{4.1}$$

が完全であれば，層の列

$$\widetilde{\mathcal{F}} \to \widetilde{\mathcal{G}} \to \widetilde{\mathcal{H}} \tag{4.2}$$

も完全である．

証明 (1) 命題 4.2 より，$g \circ f$ が 0 写像となるためには，すべての $x \in X$ に対して $g_x \circ f_x = 0$ となることが必要十分である．その仮定のもとで誘導される準同型 $\mathcal{F} \to \mathrm{Ker}(g)$ が全射であるためには，命題 4.4 により，$\mathcal{F}_x \to \mathrm{Ker}(g)_x$ が全射であることが必要十分である．

(2) 前層の列 (4.1) が完全であるとは，任意の U に対して

$$\mathcal{F}(U) \to \mathcal{G}(U) \to \mathcal{H}(U)$$

が完全列であるということなので，$x \in U$ に関する帰納極限をとって

$$\mathcal{F}_x \to \mathcal{G}_x \to \mathcal{H}_x$$

がすべての $x \in X$ に対して完全となる．言い換えれば，$g_x \circ f_x = 0$ であり，$\mathcal{F}_x \to \mathrm{Ker}(f_x)$ が全射なので，(1) を用いて，列 (4.2) が層の完全列であることがわかる． □

命題 4.7 $\mathcal{F}, \mathcal{G}$ を加群の層とする．$f : \mathcal{F} \to \mathcal{G}$ を層の準同型とする．このとき，下の二つは完全列である．

$$0 \to \mathrm{Ker}(f) \to \mathcal{F} \to \mathrm{Im}(f) \to 0$$

$$0 \to \mathrm{Im}(f) \to \mathcal{G} \to \mathrm{Coker}(f) \to 0$$

証明 U を開集合とする．このとき，下の二つの短完全列が得られる．

$$0 \to \mathrm{Ker}(f_U) \to \mathcal{F}(U) \to \mathrm{Im}(f_U) \to 0$$

$$0 \to \mathrm{Im}(f_U) \to \mathcal{G}(U) \to \mathrm{Coker}(f_U) \to 0$$

$U \subset V$ を X の開集合としたとき，上の完全列は，そこに現れるすべての加群に関する制限写像（たとえば $\mathrm{Ker}(f_V) \to \mathrm{Ker}(f_U)$ など）と協調的である．したがって，命題 4.6 を上の二つの前層としての完全列に適用して，この命題を得る． $\square$

▶ **注意 4.1** 層の理論ができてから，大域的な問題と局所的な問題を明確化して，貼り合わせから出てくる問題が扱いやすくなった．局所的な問題についていえば，芽の加群の問題に帰着できる．「層の余核」のところで気を付けなくてはならないのは，「層の余核」は局所的な意味での「余核」でしかないので，前層としての余核とは異なるということである．これらを大域的な性質に結び付けるためには，次節にあげるコホモロジーの理論が必要である．

4.6　層のコホモロジーと長完全列

この節では層のコホモロジーについて考察する．ホモロジー代数については付録 C を参照してほしい．

X を位相空間，$\mathcal{U} = \{U_i\}_{i \in I}$ を集合 I で添字付けされる X の開被覆，すなわち $X = \cup_{i \in I} U_i$ とする．$\mathcal{F}$ を加群の前層とする．I の $n+1$ 個の直積集合 I^{n+1} の元 $(i_0, \ldots, i_k)$ に対して $U_{i_0 i_1 \cdots i_n} = U_{i_0} \cap \cdots \cap U_{i_n}$ とおき，$\mathcal{F}_{i_0 i_1 \cdots i_n} = \mathcal{F}(U_{i_0 i_1 \cdots i_n})$ とおく．ただし，$U_{i_0 i_1 \cdots i_n} = \emptyset$ のときは $\mathcal{F}_{i_0 i_1 \cdots i_n}$ は 0 加群であると考える．被覆 $\mathcal{U}$ に関する n 次の**チェック複体** $\check{C}^n(\mathcal{F}, \mathcal{U})$ を

$$\check{C}^n(\mathcal{F}, \mathcal{U}) = \prod_{(i_0 \cdots i_n) \in I^{n+1}} \mathcal{F}_{(i_0 \cdots i_n)}$$

とおく．$s = (s_{i_0 \cdots i_n}) \in \check{C}^n(\mathcal{F}, \mathcal{U})$ に対して，$d_n : \check{C}^n(\mathcal{F}, \mathcal{U}) \to \check{C}^{n+1}(\mathcal{F}, \mathcal{U})$ を

$$(d_n s)_{i_0 i_1 \cdots i_{n+1}} = \sum_{k=0}^{n+1} (-1)^k s_{i_0 \cdots \widehat{i_k} \cdots i_{n+1}} |_{U_{i_0 \cdots i_{n+1}}}$$

によって定義する．このとき，加群の準同型の列

$$\cdots \to \check{C}^{n-1}(\mathcal{F}, \mathcal{U}) \xrightarrow{d_{n-1}} \check{C}^n(\mathcal{F}, \mathcal{U}) \xrightarrow{d_n} \check{C}^{n+1}(\mathcal{F}, \mathcal{U}) \xrightarrow{d_{n+1}} \cdots$$

ができるが，これは余鎖複体になる．この複体をチェック複体という．リーマン面に

おいて重要なのは $n = 0, 1, 2$ のように小さい場合なので，$n = 1$ のところで，実際に複体になることを確かめよう．$\check{C}^0(\mathcal{F}, \mathcal{U}) \to \check{C}^1(\mathcal{F}, \mathcal{U}) \to \check{C}^2(\mathcal{F}, \mathcal{U})$ は

$$
\begin{array}{ccccc}
\prod_i \mathcal{F}_i & \xrightarrow{d_0} & \prod_{i,j} \mathcal{F}_{ij} & \xrightarrow{d_1} & \prod_{i,j,k} \mathcal{F}_{ijk} \\
(s_i)_i & \mapsto & (s_j - s_i)_{ij} & & \\
& & (s_{ij})_{ij} & \mapsto & (s_{jk} - s_{ik} + s_{ij})_{ijk}
\end{array}
$$

という形になるので，$(s_i)_i$ の $d_1 \circ d_0$ による像の (i, j, k) 成分を考えると，

$$
(ds)_{jk} - (ds)_{ik} + (ds)_{ij} = (s_k - s_j) - (s_k - s_i) + (s_j - s_i) = 0
$$

となり，すべての成分が 0 となっていることがわかる．一般の n についても，定義に基づき注意深く計算することにより，複体となることが証明できる．

> **定義 4.8** 複体 $\check{C}^\bullet(\mathcal{F}, \mathcal{U})$ の n 次コホモロジー（定義 C.1 参照）
>
> $$
> \check{H}^n(\mathcal{F}, \mathcal{U}) = H^n(\check{C}^\bullet(\mathcal{F}, \mathcal{U}))
> $$
>
> を，被覆 $\mathcal{U}$ に関する n **次のチェック・コホモロジー**という．

次に，細分について考察しよう．$\mathcal{U} = \{U_i\}_{i \in I}$，$\mathcal{V} = \{V_j\}_{j \in J}$ を X の開被覆とする．任意の j に対して V_j がある U_i に含まれるとき，$\mathcal{V}$ を $\mathcal{U}$ の細分という．被覆全体のなす集合は，細分に関して有向集合となる．$\mathcal{V} = \{V_j\}_{j \in J}$ を $\mathcal{U} = \{U_i\}_{i \in I}$ の細分とする．このとき，$\tau : J \to I$ なる写像 τ で $V_j \subset U_{\tau(j)}$ となるものを細分写像という．細分写像が与えられたとき，準同型 $\tau_* : \check{C}^n(\mathcal{F}, \mathcal{U}) \to \check{C}^n(\mathcal{F}, \mathcal{V})$ を次のようにして定める．$s = (s_{i_0 i_1 \cdots i_n}) \in \check{C}^n(\mathcal{F}, \mathcal{U})$ としよう．包含関係 $V_{j_0 j_1 \cdots j_n} \subset U_{\tau(j_0)\tau(j_1)\cdots\tau(j_n)}$ を用いて

$$
(\tau_*(s))_{j_0 \cdots j_n} = s_{\tau(j_0)\tau(j_1)\cdots\tau(j_n)}|_{V_{j_0 \cdots j_n}}
$$

と定義する．これも細分写像という．細分写像はチェック複体の微分と交換することがわかるので，複体の写像となる．したがって，細分写像 τ_* は，コホモロジーの上の準同型

$$
\tau_* : \check{H}^n(\mathcal{F}, \mathcal{U}) \to \check{H}^n(\mathcal{F}, \mathcal{V})
$$

を引き起こす．ここで，次のことがいえる．

> **補題 4.8** 準同型 τ_* は細分 $\mathcal{U}, \mathcal{V}$ のみにより，細分写像 τ のとり方によらない．

証明 二つの細分写像をそれぞれ τ, σ としよう．$\theta : \check{C}^n(\mathcal{F}, \mathcal{U}) \to \check{C}^{n-1}(\mathcal{F}, \mathcal{V})$ を

$$
\theta(s)_{j_0 j_1 \cdots j_{n-1}} = \sum_{k=0}^n (-1)^k s_{\tau(j_0)\cdots\tau(j_k)\sigma(j_k)\cdots\sigma(j_{n-1})}|_{V_{j_0 \cdots j_n}}
$$

と定める. ここで, $s = (s_{i_0 i_1 \cdots i_n})$ とした. このとき, $d\theta(s) + \theta d(s) = \sigma_*(s) - \tau_*(s)$ となることが計算される. したがって, $ds = 0$ であれば,

$$\sigma_*(s) - \tau_*(s) = d\theta(s) + \theta d(s) = d\theta(s)$$

となるので, θ が $\tau_*(s)$ と $\sigma_*(s)$ のホモトピーを与えることがわかる. したがって, コホモロジー上で τ_* と σ_* は同じ写像を誘導する. □

そこで, 被覆全体のなす有向集合に関する帰納極限により,

$$H^n(X, \mathcal{F}) = \varinjlim_{\mathcal{C}} \check{H}^n(\mathcal{F}, \mathcal{U})$$

と定義する. これを X の前層 $\mathcal{F}$ を係数とする**チェック・コホモロジー**あるいは単に**コホモロジー**という. 多様体においては, これからさまざまな不変量が作られる. リーマン面においても, 多くの問題にかかわる量をチェック・コホモロジーで解釈することにより見通しがよくなり, さまざまな問題解決の手がかりとなる.

定理 4.9 (1) X を位相空間, $\mathcal{F}$ を X 上の層とするとき, $H^0(X, \mathcal{F}) = \Gamma(X, \mathcal{F})$ である. ここで, $\Gamma(X, \mathcal{F}) = X(\mathcal{F})$ で定義する.

(2) X をパラコンパクトな位相空間として,

$$0 \to \mathcal{F} \to \mathcal{G} \to \mathcal{H} \to 0$$

を X 上の層の短完全列とする. このとき, 次の長完全列が得られる.

$$0 \to H^0(X, \mathcal{F}) \to H^0(X, \mathcal{G}) \to H^0(X, \mathcal{H})$$
$$\to H^1(X, \mathcal{F}) \to H^1(X, \mathcal{G}) \to H^1(X, \mathcal{H}) \to \cdots$$

補題 4.10 $\mathcal{C}$ を前層として $\tilde{\mathcal{C}} = 0$ であるとする. このとき, $i \geq 0$ に対して $H^i(X, \mathcal{C}) = 0$ となる.

証明 s を X の被覆 $\mathcal{U} = \{U_i\}_{i \in I}$ に関するチェック複体 $\check{C}^n(\mathcal{U}, \mathcal{C})$ の元とする. このとき, $\mathcal{U}$ の細分 $\mathcal{V} = \{V_j\}_{j \in J}$ と細分写像 $\tau : J \to I$ が存在して, τ の誘導する写像

$$\check{C}^n(\mathcal{U}, \mathcal{C}) \xrightarrow{\tau} \check{C}^n(\mathcal{V}, \mathcal{C})$$

により s の像が 0 となることを示そう. パラコンパクト性を用いて $\mathcal{U}$ をその細分で取り替えることにより, $\mathcal{U}$ は局所有限であるとしてよい. さらにパラコンパクト性を用いて, I を添字とする開被覆 $\mathcal{W} = \{W_i\}_{i \in I}$ で $\overline{W_i} \subset U_i$ が成り立つようなものがとれる.

さらに X の点 p に対して, p の近傍 K_p で次の性質をもつものがとれることを示す.

(1) $p \in W_i$ ならば $K_p \subset W_i$

(2) $K_p \cap W_i \neq \emptyset$ ならば $K_p \subset U_i$

(3) $K_p \cap W_{i_0 i_1 \cdots i_n} \neq \emptyset$ ならば $K_p \subset U_{i_0 i_1 \cdots i_n}$ となるが, さらに $s_{i_0 i_1 \cdots i_n}|_{K_p} = 0$ となる

(1) について考えると, $p \in W_i$ となる i も有限個なので K_p を取り替えて, そのような i については $K_p \subset W_i$ となるようにすればよい. (2) を満たすように取り替えられることをみてみよう. まず, $\{W_i\}$ の局所有限性を用いて, $W_i \cap K_p \neq \emptyset$ なる i が有限個であるように K_p を取り替える. そのような i について, (a) $p \in \overline{W_i}$ のときは $\overline{W_i} \subset U_i$ なので $K_p \subset U_i$ となるように取り替え, (b) $p \notin \overline{W_i}$ のときは K_p を p の小さい近傍に取り替えて $W_i \cap K_p = \emptyset$ となるようにする. こうすると, (2) の条件は満たされるようになる. 最後の (3) の条件は, $K_p \cap W_{i_0 i_1 \cdots i_0} \neq \emptyset$ を満たす $(i_0, i_1, \ldots, i_n)$ の組が有限個であることを用いて, $\widetilde{c} = 0$ となる条件を用いて K_p に制限をしたとき, $s_{i_0 i_1 \cdots i_n}$ が同時に 0 になるように K_p がとれることからわかる. これで, (1)〜(3) の性質をもつ K_p の存在が示された.

さて, $\cup_{i \in I} W_i$ は X の被覆なので, $\tau : X \to I$ を $p \in W_{\tau(p)}$ となるように選ぶと, $\mathcal{K} = \{K_x\}_{x \in X}$ は X の開被覆で $\tau : X \to I$ は細分写像となる. このとき, $\tau_* s = 0$ を示す. $K_{p_0 p_1 \cdots p_n} = K_{p_0} \cap \cdots \cap K_{p_n} \neq \emptyset$ とする. このとき, $K_{p_0 p_1 \cdots p_n} \subset W_{\tau(p_0) \cdots \tau(p_n)}$ なので $K_{p_0} \cap W_{\tau(p_0) \tau(p_1) \cdots \tau(p_n)} \neq \emptyset$ となるから, 性質 (2) より $K_{p_0} \subset U_{\tau(p_0) \tau(p_1) \cdots \tau(p_n)}$ となるが, $s_{\tau(p_0) \cdots \tau(p_n)}$ の K_{p_0} への制限の像は性質 (3) により 0 になる. したがって, 写像

$$\mathcal{F}(U_{\tau(p_0) \tau(p_1) \cdots \tau(p_n)}) \to \mathcal{F}(K_{p_0 p_1 \cdots p_n})$$

によって, $s_{\tau(p_0) \cdots \tau(p_n)}$ は 0 に写像される. $K_{p_0 p_1 \cdots p_n} = \emptyset$ のときは, 制限写像は 0 である. □

定理 4.9 の証明 (1) これは層の定義の言い換えである.

(2) U を開集合とすると, $0 \to \mathcal{F}(U) \xrightarrow{f_U} \mathcal{G}(U) \xrightarrow{g_U} \mathcal{H}(U)$ は完全列となっている. そこで, U に対して $\mathcal{I}(U) = \mathrm{Coker}(g_U)$ を対応させる前層を $\mathcal{I}$, $\mathcal{K}(U) = \mathrm{Im}(g_U)$ を対応させる前層を $\mathcal{K}$ とおくと,

$$0 \to \mathcal{F}(U) \xrightarrow{f_U} \mathcal{G}(U) \xrightarrow{g_U} \mathcal{K}(U) \to 0$$

$$0 \to \mathcal{K}(U) \to \mathcal{H}(U) \xrightarrow{h_U} \mathcal{I}(U) \to 0$$

なる二つの完全列が得られる. 被覆 $\mathcal{U} = \{U_i\}$ を考えて $U_{i_0 i_1 \cdots i_n}$ における値の直積を考えることにより,

$$0 \to \check{C}^n(\mathcal{F}, \mathcal{U}) \xrightarrow{f_U} \check{C}^n(\mathcal{G}, \mathcal{U}) \xrightarrow{g_U} \check{C}^n(\mathcal{K}, \mathcal{U}) \to 0$$

$$0 \to \check{C}^n(\mathcal{K}, \mathcal{U}) \to \check{C}^n(\mathcal{H}, \mathcal{U}) \xrightarrow{h_U} \check{C}^n(\mathcal{I}, \mathcal{U}) \to 0$$

という完全列ができる. また, これはチェック・コホモロジーの微分と協調的である. したがって, 複体の短完全列に関する下の長完全列を得る.

$$\cdots \to H^n(\mathcal{F}, \mathcal{U}) \xrightarrow{f_U} H^n(\mathcal{G}, \mathcal{U}) \xrightarrow{g_U} H^n(\mathcal{K}, \mathcal{U}) \to H^{n+1}(\mathcal{F}, \mathcal{U}) \to \cdots$$

$$\cdots \to H^n(\mathcal{K}, \mathcal{U}) \to H^n(\mathcal{H}, \mathcal{U}) \xrightarrow{h_U} H^n(\mathcal{I}, \mathcal{U}) \to H^{n+1}(\mathcal{K}, \mathcal{U}) \to \cdots$$

ここで，$\mathcal{I}$ の層化は 0 層なので，補題 4.10 より $H^i(\mathcal{I}) = 0$ となる．$H^n(\mathcal{K}, \mathcal{U}) \cong H^n(\mathcal{H}, \mathcal{U})$ となり，定理の完全列が得られる． $\square$

4.7　層のテンソル積，順像と逆像

　代数的な操作を層の場合に拡張しておくと便利なことが多い．

　X を位相空間として，$\mathcal{A}$ を X 上の（可換）環の層とする．$\mathcal{M}, \mathcal{N}$ を $\mathcal{A}$ 加群の層とする．このとき，開集合 U に対して $T(U) = \mathcal{M}(U) \otimes_{\mathcal{A}(U)} \mathcal{N}(U)$ を対応させる対応 T を考える．開集合の包含 $V \subset U$ に対して，$\mathcal{M}, \mathcal{A}, \mathcal{N}$ のそれぞれにおいて定まっている制限写像により $T(U) \to T(V)$ という写像が得られるが，この写像により対応 T は前層になる．加群の層のテンソル積 $\mathcal{M} \otimes_{\mathcal{A}} \mathcal{N}$ を，前層 T の層化として定義する．

　次に，X, Y を位相空間，$f : X \to Y$ を連続写像とする．$\mathcal{F}$ を X 上の層，$\mathcal{G}$ を Y 上の層とする．Y の開集合 V に対して $\mathcal{F}(f^{-1}(V))$ を対応させる写像は Y 上の前層であるが，これは Y 上の層になる．この層を f による順像といい，$f_* \mathcal{F}$ と書く．また，X の開集合 U に対して，

$$\varinjlim_{\substack{V \supset f(U) \\ V: 開集合}} \mathcal{G}(V)$$

を対応させる写像は前層となる．この前層の層化を $f^{-1}\mathcal{G}$ と書き，f による逆像という．6.5 節でこれによく似た層 $f^*\mathcal{G}$ を定義するが，これらは異なるものであるので，注意が必要である．

章末問題

4.1　(1)　X をリーマン面とする．X 上の正則関数のなす層を $\mathcal{O}_X$ とし，X 上で 0 にならない正則関数のなす加群の層を $\mathcal{O}_X^\times$ とする．整数の $2\pi i$ 倍を自然に正則関数とみなすことによって得られる層の写像を α とおく．また，開集合 U 上の正則関数 f に対して $\exp(f)$ を対応させることによって得られる写像を β とする．このとき，次の層の準同型の列は完全列であることを証明せよ．

$$0 \to 2\pi i \mathbf{Z} \xrightarrow{\alpha} \mathcal{O}_X \xrightarrow{\beta} \mathcal{O}_X^\times \to 0$$

　(2)　$X = \mathbf{C} - \{0\}$ とするとき，X 上の正則関数 z は $\Gamma(\beta) : \Gamma(\mathcal{O}_X) \to \Gamma(\mathcal{O}_X^\times)$ の像にはならないことを示せ．

第5章

正則ベクトル束とリーマン面上の有理関数

この章では,前章で定義された層とそのコホモロジーの基本的性質を用いて,コンパクト・リーマン面のコホモロジーの有限次元性に関する定理を証明する.そのために必要である関数解析の理論,特に楕円型作用素のフレドホルム性の証明については,付録 D を参照してほしい.コホモロジーの有限次元性定理がわかれば,リーマン–ロッホの定理(定理 5.17)は直接導かれる.この定理の応用として,コンパクト・リーマン面の上の定数でない有理型関数の存在定理(定理 5.21),リーマン面上の有理型関数のなす体が複素数体上の 1 変数代数関数体となるという定理(定理 5.27)など,著しい結果が次々に示されるのである.

5.1 正則ベクトル束と局所自由 $\mathcal{O}_X$ 加群

X をリーマン面,$\mathcal{O}_X$ を X 上の正則関数のなす環の層とする.この節では,正則ベクトル束と局所自由 $\mathcal{O}_X$ 加群の対応について述べる.

定義 5.1(正則ベクトル束および C^∞ ベクトル束) (1) L を位相空間,$\pi : L \to X$ を連続写像とする.X の開被覆 $\{U_i\}$ を考える.$\pi^{-1}(U_i)$ と $\mathbf{C}^r \times U_i$ の U_i 上の同相 τ_i(下図式を可換にする同相)

$$\pi^{-1}(U_i) \xrightarrow{\ \tau_i\ } \mathbf{C}^r \times U_i$$
$$\searrow \qquad \downarrow$$
$$U_i$$

が定まっていて次の条件を満たすとき,$\pi : L \to X$ と同相の集合 $\{\tau_i\}$ の組,あるいは単に L を**正則ベクトル束**(C^∞ **ベクトル束**)といい,r をその階数という.

$U_i \cap U_j \neq \emptyset$ のとき,同相写像

$$\mathbf{C}^r \times (U_i \cap U_j) \xleftarrow{\ \tau_j\ } \pi^{-1}(U_i \cap U_j) \xrightarrow{\ \tau_i\ } \mathbf{C}^r \times (U_i \cap U_j)$$

は $(l, z) \mapsto (g(z)l, z)$ $(l \in \mathbf{C}^r, z \in U_i \cap U_j)$ の形で与えられる.ここで,

$g(z)$ は一般線形群 $GL(r, \mathcal{O}_X(U_i \cap U_j))$ の元 $(GL(r, \mathcal{A}_X(U_i \cap U_j))$ の元) である.

ここに現れるデータ $\{\tau_i\}$ は，正則ベクトル束 L の**正則構造** $(C^\infty$ ベクトル束 L の C^∞ **構造**) という.

(2) $\pi: L \to X, \pi': L' \to X$ を正則ベクトル束 $(C^\infty$ ベクトル束) とし，両方とも X の開被覆 $\{U_i\}$ 上で正則構造 $(C^\infty$ 構造) が $\{\tau_i\}_i, \{\tau'_i\}_i$ で与えられているとする．この正則構造 $(C^\infty$ 構造) が**同値**であるとは，X 上の同相写像 $\varphi: L \to L'$ が存在してそれが引き起こす U_i 上の同相写像を $\varphi_{U_i}: \pi^{-1}(U_i) \to \pi'^{-1}(U_i)$ としたとき，合成写像

$$\mathbf{C}^r \times U_i \xrightarrow{\tau_i^{-1}} \pi^{-1}(U_i) \xrightarrow{\varphi_{U_i}} \pi'^{-1}(U_i) \xrightarrow{\tau'_i} \mathbf{C}^r \times U_i$$

が $(l, z) \mapsto (g_i(z)l, z)$ という形で与えられることである．ここで，$g_i(z)$ は $GL(r, \mathcal{O}_X(U_i))$ $(GL(r, \mathcal{A}_X(U_i)))$ の元である.

(3) X の開被覆 $\mathcal{U} = \{U_i\}$ に関して L の正則構造 $(C^\infty$ 構造) が与えられると，これから自然に，$\mathcal{U}$ の細分に $\mathcal{V}$ に対する正則構造 $(C^\infty$ 構造) が定まる.

(4) $\pi: L \to X, \pi': L' \to X$ を正則ベクトル束 $(C^\infty$ ベクトル束) とする．L と L' が**同型**であるとは，$L \to L'$ という X 上の同相が存在して，L の正則構造 $(C^\infty$ 構造) を定める $\{\tau_i\}$ と $\{\tau'_j\}$ に対して共通の細分が存在して，その細分上で同値な正則構造 $(C^\infty$ 構造) が定まることである．正則ベクトル束，あるいは C^∞ ベクトル束 L に対して正則構造，あるいは C^∞ 構造を与える $\{\tau_i\}$ を L の**局所自明化**という.

L を正則ベクトル束 $(C^\infty$ ベクトル束) とする．X の開集合 U に対して L に値をもつ U 上の**正則切断** $(C^\infty$ **切断**) を，$s: U \to \pi^{-1}(U)$ なる連続写像であって，以下を満たすものとする.

(1) 合成 $\pi \circ s$ は U の恒等写像である.

(2) s を $U \cap U_i$ に制限したものを

$$U \cap U_i \xrightarrow{s} \pi^{-1}(U \cap U_i) \underset{\cong}{\xrightarrow{\tau_i}} \mathbf{C}^r \times (U \cap U_i): z \mapsto (l(z), z) \tag{5.1}$$

と表したとき，$l(z)$ は正則関数 $(C^\infty$ 関数) を成分とするベクトル，つまり，各成分が z の正則関数 $(C^\infty$ 関数) となる.

L に値をもつ U 上の正則切断 $(C^\infty$ 切断) の集合を $\mathcal{O}_X(L)(U)$ $(\mathcal{A}_X(L))$ とおく.

命題 5.1　s が正則切断であるかどうかは，L の同値な自明化のとり方によらない．ま

た，U に対して $\mathcal{O}_X(L)(U)$ を対応させる対応は，X 上の層になる．さらに，U 上の正則関数 $f \in \mathcal{O}_X(U)$ と $s \in \mathcal{O}_X(L)(U)$ に対して，f と s との積 fs を次のようにして定める．

　$U \cap U_i$ から $\pi^{-1}(U \cap U_i)$ への写像 $(fs)_{U \cap U_i}$ を，$\tau_i((fs)_{U \cap U_i})(z) = (fl(z), z)$ となるように定める．ただし，$l(z)$ は，s を $U \cap U_i$ に制限したものに自明化 τ_i を合成して式 (5.1) の形に表すときの $\mathbf{C}^r$ 成分である．これは $\mathcal{O}_X(L)(U \cap U_i)$ の元を定め，自明化のとり方によらないので，L に値をもつ U 上の切断に貼り合わされる．このようにして得られたものを fs と定義する．この積により，$\mathcal{O}_X(L)$ は $\mathcal{O}_X$ 加群の層となる．

　同様に，X の開集合 U に対して $\mathcal{A}_X(U)$ を対応させる対応は，X 上の層となる．

証明　s を $U \cap U_i$ に制限したものに，自明化 τ_i を合成して得られる写像が $z \mapsto (l(z), z)$ となっているとする．$\{\tau_i\}_i$ と同値な自明化 $\{\tau_i'\}_i$ に関する正則性の条件を考えてみると，自明化 τ_j' を合成して得られる写像は，ある $g_i \in GL(r, \mathcal{O}_X(U_i))$ を用いて $z \mapsto (g_i l(z), z)$ と書ける．したがって，$\{\tau_i'\}$ を用いて定めた正則性の条件と $\{\tau_i\}$ を用いて定めた正則性の条件は同値となり，命題のはじめの部分が示された．$l(z)$ の成分が正則関数になるという性質は局所自明化のとり方によらず，局所的な性質なので，U に対して $\mathcal{O}_X(L)(U)$ を対応させる対応は層になる．

　また，自明化 $\{\tau_i\}$ を用いて $s|_{U \cap U_i}$ が $z \mapsto (fl(z), z)$ で表される写像を自明化 $\{\tau_i'\}$ を用いて表すと，上の g_i を用いて $z \mapsto (g_i fl(z), z)$ と表される．正則関数を成分とするベクトルとして $g_i fl(z) = f g_i l(z)$ であるので，自明化 $\{\tau_i\}$ を用いて定義した f との積は自明化 $\{\tau_i'\}$ を用いて定義したものと等しくなり，f 倍をする操作は自明化のとり方によらないことがわかる．U_i における自明化 τ_i と U_j における自明化 τ_j は，$U_i \cap U_j$ に制限すると同値な自明化となっているので，$U \cap U_i$ 上の関数 $(fs)_{U \cap U_i}$ は貼り合わされて，$\mathcal{O}_X(L)(U)$ の元が得られる． $\square$

定義 5.2（局所自由加群の層）　X を位相空間とし，$\mathcal{A}$ を X 上の環の層とする．$\mathcal{M}$ を X 上の $\mathcal{A}$ 加群の層とする．

(1) $\mathcal{M}$ が階数 r の**自由 $\mathcal{A}$ 加群**であるとは，$\mathcal{M}(X)$ の元 $e_1, \ldots, e_r$ が存在して，任意の $U \subset X$ に対して

$$\mathcal{A}(U)^{\oplus r} \to \mathcal{M}(U) : (a_1, \ldots, a_r) \mapsto a_1 e_1 + \cdots + a_r e_r$$

が $\mathcal{A}(U)$ 加群の同型写像となることである．

(2) X の開被覆 $\mathcal{U} = \{U_i\}_{i \in I}$ が存在して，任意の i について $\mathcal{M}|_{U_i}$ が階数 r の自由 $\mathcal{A}|_{U_i}$ 加群となるとき，$\mathcal{M}$ は階数 r の**局所自由 $\mathcal{A}$ 加群**という．

▶ **注意 5.1**　$\mathcal{A}$ 加群の層 $\mathcal{M}$, $\mathcal{N}$ が与えられたとき，そのテンソル積は，U に対して $\mathcal{M}(U) \otimes_{\mathcal{A}(U)} \mathcal{N}(U)$ を対応させる前層の層化として定義されたが，$\mathcal{M}$ が自由 $\mathcal{A}$ 加群のときには上の前層はそのまま層になり，層化の操作は不要である．実際，$\mathcal{M} \simeq \mathcal{A}^r$ であれば，

$$\mathcal{M}(U) \otimes_{\mathcal{A}(U)} \mathcal{N}(U) \simeq \mathcal{A}(U)^r \otimes_{\mathcal{A}(U)} \mathcal{N}(U) \simeq \mathcal{N}(U)^r$$

となり，U に対して $\mathcal{N}(U)^r$ を対応させる対応は層になるからである．

　以降，この節では位相空間 X としてリーマン面を考え，環の層として X 上の正則関数の環の層 $\mathcal{O}_X$，あるいは C^∞ 関数の環の層 $\mathcal{A}_X$ を考える．正則ベクトル束は位相空間として幾何学的に考えたもので，局所自由 $\mathcal{O}_X$ 加群の層は環論的に考えたものであるが，この二つは本質的に同じものであることを示すのが下の命題である．

命題 5.2　L を階数 r の正則ベクトル束とする．このとき，$\mathcal{O}_X(L)$ は階数 r の局所自由 $\mathcal{O}_X$ 加群となる．また，階数 r の局所自由 $\mathcal{O}_X$ 加群 $\mathcal{L}$ に対して，階数 r の正則ベクトル束 L が存在して，L に値をもつ正則切断のなす層が $\mathcal{L}$ と同型になる．この対応で，正則ベクトル束 L と局所自由 $\mathcal{O}_X$ 加群 $\mathcal{L}$ は 1 対 1 に対応する．

証明　まず，$\pi : L \to X$ を正則ベクトル束としたとき，L に値をもつ正則切断のなす層が局所自由 $\mathcal{O}_X$ 加群の層となることがわかる．実際，X の開集合 U_i 上で π の自明化 $\pi^{-1}(U_i) \xrightarrow{\tau_i} \mathbf{C}^r \times U_i$ が与えられると，$\pi^{-1}(U_i) \to U_i$ の $V \subset U_i$ 上の正則切断の集合は，τ_i を合成することにより，V 上の正則関数を成分とするベクトル $(s_1, \ldots, s_r)$ $(s_i \in \mathcal{O}_X(V))$ と同一視され，V 上の正則関数 f との積は $(fs_1, \ldots, fs_r)$ で与えられる．したがって，V に対して $\mathcal{O}_X(L)(V)$ を対応させる層は，$\mathcal{O}_X|_U$ 加群として $(\mathcal{O}_X|_U)^r$ と同型である．

　階数が r の局所自由 $\mathcal{O}_X$ 加群 $\mathcal{L}$ が与えられたとして，正則ベクトル束 L を構成しよう．$\mathcal{L}$ は局所自由 $\mathcal{O}_X$ 加群なので X の開被覆 $\mathcal{U} = \{U_i\}_i$ が存在して，U_i 上では $\mathcal{O}_X|_{U_i}$ 加群としての同型

$$\sigma_i : \mathcal{L}|_{U_i} \xrightarrow{\cong} (\mathcal{O}_X|_{U_i})^r$$

が与えられている．これを用いて $g_{ji} \in GL(r, \mathcal{O}_X(U_i \cap U_j))$ を

$$(\sigma_j|_{U_i \cap U_j}) \circ (\sigma_i|_{U_i \cap U_j})^{-1} : (\mathcal{O}_X|_{U_i \cap U_j})^r \xrightarrow{\cong} (\mathcal{O}_X|_{U_j \cap U_i})^r$$

で定義する．この行列 g_{ji} の族を使って正則ベクトル束 L を構成する．まず，位相空間 $\mathbf{C}^r \times U_i$ と，その U_i への射影 $\pi_i : \mathbf{C}^r \times U_i \to U_i$ を考える．これらの非交和 $\coprod_{i \in I}(\mathbf{C}^r \times U_i)$ を考え，$\mathbf{C}^r \times U_i$ の部分集合 $\mathbf{C}^r \times (U_i \cap U_j)$ の元 (l_i, z) と $\mathbf{C}^r \times U_j$ の部分集合 $\mathbf{C}^r \times (U_j \cap U_i)$ の元 (l_j, z) を $(l_j, z) = (g_{ji}(z)l_i, z)$ と同一視することで得られる商空間を考える．これを L とおく．このとき射影 π_i は $L \to X$ を引き起こすので，これを π とおく．$U_i \cap U_j \cap U_k$ における同一視に関する協調性から，自然な埋め込み $\mathbf{C}^r \times U_i \to L$ は $\pi : L \to X$ の局所自明化 $\pi^{-1}(U_i) \xrightarrow{\tau_i} \mathbf{C}^r \times U_i$ を引き起こすことがわかり，これにより $L \to X$ は正則ベクトル束

となることがわかる.　　　　　　　　　　　　　　　　　　　　　□

　C^∞ ベクトル束に関しても，まったく同様に次の命題が成り立つ.

命題 5.3　L を階数 r の C^∞ ベクトル束とする. このとき, $\mathcal{A}_X(L)$ は階数 r の局所自由 $\mathcal{A}_X$ 加群となる. 階数 r の局所自由 $\mathcal{A}_X$ 加群 $\mathcal{L}$ に対して, 階数 r の C^∞ ベクトル束 L が存在して, L に値をもつ C^∞ 切断のなす層が $\mathcal{L}$ と同型になる. この対応で, C^∞ ベクトル束 L と局所自由 $\mathcal{A}_X$ 加群 $\mathcal{L}$ は 1 対 1 に対応する.

　命題 5.2 における 1 対 1 対応を, 単に正則ベクトル束と局所自由 $\mathcal{O}_X$ 加群の層の対応とよぶ.

定義 5.3（正則直線束, 可逆層）　階数が 1 の正則ベクトル束を**正則直線束**という. 階数が 1 の局所自由 $\mathcal{O}_X$ 加群を X 上の**可逆層**という.

■例 5.1　正則微分形式の層は十分小さい局所近傍 U をとると, 一意化元 z を用いて, $\mathcal{O}_X(U)$ 上 dz で生成される階数 1 の $\mathcal{O}_X(U)$ 加群になっている. したがって, Ω_X^1 は可逆層である.　　　　　　　　　　　　　■

　上の対応によって, 正則直線束の同型類の集合と X 上の可逆層の同型類の集合は 1 対 1 に対応する. 先ほどは正則ベクトル束の正則切断を定義したが, 自明化をしたときのベクトルの成分が有理型関数となるものも定義できる.

定義 5.4　L をリーマン面 X 上の正則ベクトル束として, U を X の開集合とする. s が L に値をもつ U 上の**有理型切断**であるとは, 次の性質をもつ U の離散集合 Σ が存在することである.
　(1)　s は $U - \Sigma$ 上の L に値をもつ正則切断である.
　(2)　Σ の各点 a に対して a の近傍 U_a および, $U_a - \Sigma$ では U_a 上の L に値をもつ正則切断 t と a 以外では 0 にならない正則関数 h が存在して, $s = t/h$ と書ける.

5.2　ドルボーの補題

　この節では, 正則ベクトル束 L の正則切断のなす層 $\mathcal{O}_X(L)$ と, L の C^∞ 切断のなす層 $\mathcal{O}_X(L) \otimes_{\mathcal{O}_X} \mathcal{A}_X$ の関係を与えるドルボーの補題について述べる.

命題・定義 5.4（$\overline{\partial}$ 作用素）　X をリーマン面として, $\mathcal{L}$ を X 上の局所自由 $\mathcal{O}_X$ 加群

とする. X の開被覆 $\{U_i\}$ と, U_i 上での $\mathcal{O}_{U_i}$ 加群としての自明化 $\tau_i : \mathcal{L}\,|_{U_i} \to \mathcal{O}^r_{U_i}$ が与えられているとする. このとき, 加群の準同型の図式

$$
\begin{array}{ccccc}
\mathcal{L}(U_i) & \xrightarrow{i} & \mathcal{L}(U_i) \otimes_{\mathcal{O}_X(U_i)} \mathcal{A}^{00}(U_i) & \xrightarrow{\overline{\partial}} & \mathcal{L}(U_i) \otimes_{\mathcal{O}_X(U_i)} \mathcal{A}^{01}(U_i) \\
\downarrow & & \downarrow & & \downarrow \\
\mathcal{O}^r_{U_i}(U_i) & & \mathcal{O}^r_{U_i}(U_i) \otimes_{\mathcal{O}_{U_i}(U_i)} \mathcal{A}^{00}_{U_i}(U_i) & & \mathcal{O}^r_{U_i}(U_i) \otimes_{\mathcal{O}_{U_i}(U_i)} \mathcal{A}^{01}_{U_i}(U_i) \\
\| & & \| & & \| \\
\mathcal{O}^r_{U_i}(U_i) & \xrightarrow{i} & \mathcal{A}^{00}_{U_i}(U_i)^r & \xrightarrow{\overline{\partial}} & \mathcal{A}^{01}_{U_i}(U_i)^r \\
& & {}^t(f_1, \ldots, f_r) & \mapsto & {}^t\left(\dfrac{\partial f_1}{\partial \overline{z}} d\overline{z}, \ldots, \dfrac{\partial f_r}{\partial \overline{z}} d\overline{z}\right)
\end{array}
$$

$$(5.2)$$

により, 層の準同型の列

$$
\mathcal{L} \xrightarrow{i} \mathcal{L} \otimes_{\mathcal{O}_X} \mathcal{A}^{00} \xrightarrow{\overline{\partial}} \mathcal{L} \otimes_{\mathcal{O}_X} \mathcal{A}^{01}
$$

が引き起こされる. ここで, i は自然な単射である. また, $\overline{\partial}$ は局所複素座標のとり方によらない. $\overline{\partial}$ を $\overline{\partial}$ **作用素**という

証明 i が自然な単射であることは, $\mathcal{O}_X \to \mathcal{A}_X$ から誘導される写像なので明らかである. $\overline{\partial}$ のほうを確かめる. まず, $\overline{\partial}$ が局所座標のとり方によらずに定まることをみよう. いま, 局所複素座標変換が, w に関する正則関数 φ を用いて $z = \varphi(w)$ で与えられているとする. そのとき, z を局所座標として選んで計算したものを $\overline{\partial}_z f = \overline{\partial}_z(f_1, \ldots, f_r)$ と書くと, これは $\partial f d\overline{z}/\partial \overline{z}$ で定義されていた. この微分形式を w を座標として変換すると,

$$
\left(\frac{\partial f}{\partial \overline{z}} \circ \varphi\right)\left(\frac{\partial \overline{\varphi}}{\partial w} dw + \frac{\partial \overline{\varphi}}{\partial \overline{w}} d\overline{w}\right) = \left(\frac{\partial f}{\partial \overline{z}} \circ \varphi\right) \frac{\partial \overline{\varphi}}{\partial \overline{w}} d\overline{w}
$$

となる. 他方, w を局所座標として計算した $\overline{\partial}_w(f)$ は

$$
\frac{\overline{\partial f \circ \varphi}}{\partial \overline{w}} d\overline{w} = \left\{\left(\frac{\partial f}{\partial z} \circ \varphi\right) \frac{\partial \varphi}{\partial \overline{w}} + \left(\frac{\partial f}{\partial \overline{z}} \circ \varphi\right) \frac{\partial \overline{\varphi}}{\partial \overline{w}}\right\} d\overline{w} = \left(\frac{\partial f}{\partial \overline{z}} \circ \varphi\right) \frac{\partial \overline{\varphi}}{\partial \overline{w}} d\overline{w}
$$

となり, 一致する. 次に, U_i 上の同値な自明化 τ_i, τ'_i のいずれを用いても, $\overline{\partial}$ は同じ写像となっていることを示そう. τ_i と τ'_i は同値な正則構造を与えているので, $\tau'_i \circ \tau_i^{-1} : \mathcal{O}_X(U_i)^r \to \mathcal{O}_X(U_i)^r$ は $g_i \in GL(r, \mathcal{O}_X(U_i))$ を使って $f \mapsto g_i f$ と書かれる. また, 自明化 τ_i を使って, $\overline{\partial} f = \partial f d\overline{z}/\partial \overline{z}$ となる. この元を τ'_i の自明化でみたときは,

$$
\tau'_i \circ \tau_i^{-1}\left(\frac{\partial f}{\partial \overline{z}} d\overline{z}\right) = g_i \frac{\partial f}{\partial \overline{z}} d\overline{z}
$$

となる. 他方, τ_i による自明化により f に写される切断は, τ'_i でみると $\tau'_i \circ \tau_i^{-1}(f) = g_i f$ なので, この自明化を用いて $\overline{\partial}$ を計算すると

$$
\overline{\partial}(g_i f) = \frac{\partial(g_i f)}{\partial \overline{z}} d\overline{z} = g_i \frac{\partial f}{\partial \overline{z}} d\overline{z}
$$

となる．これは自明化 τ_i を用いて計算したものと一致する．U_i 上で自明化 τ_i を用いて定義したものと U_j 上で自明化 τ_j を用いて定義したものが一致することは，同値な正則構造であれば $\overline{\partial}$ の定義が一致することからわかり，これにより，$\overline{\partial}$ は X 上で切断の間の準同型に貼り合わされることがわかる． □

定理 5.5（ドルボー（Dolbeault）の補題） L を正則なベクトル束として，その正則な切断のなす層を $\mathcal{L} = \mathcal{O}_X(L)$ と書く．このとき，次の列は層の完全列である．

$$0 \to \mathcal{L} \to \mathcal{L} \otimes_{\mathcal{O}_X} \mathcal{A}_X^{00} \xrightarrow{\overline{\partial}} \mathcal{L} \otimes_{\mathcal{O}_X} \mathcal{A}_X^{01} \to 0$$

上の層の複体が完全列であることを示すには，X の開被覆 $\mathcal{U}_i$ であって U_i 上 $\mathcal{L}$ が自明になるようなものをとり，自明化を考えることにより，U が複素領域であって $\mathcal{L} = \mathcal{O}_U^r$ の場合に示せばよい．このとき，図式 (5.2) における 2 行目の準同型の核が $\mathcal{O}_U^r$ となることは，正則関数の定義にほかならない．これを用いて $\overline{\partial}$ を書くと

$$
\begin{array}{ccc}
\mathcal{O}_U^r(U) \otimes_{\mathcal{O}_U(U)} \mathcal{A}_U^{00}(U) & \xrightarrow{\overline{\partial}} & \mathcal{O}_U^r(U) \otimes_{\mathcal{O}_U(U)} \mathcal{A}_U^{01}(U) \\
\| & & \| \\
\mathcal{A}_U^{00}(U)^r & \xrightarrow{\overline{\partial}} & \mathcal{A}_U^{01}(U)^r
\end{array}
\tag{5.3}
$$

となるので，各成分ごとに考えて，次の定理を示せばよい．

定理 5.6 X をリーマン面とすると，層の射 $\mathcal{A}_X^{00} \xrightarrow{\overline{\partial}} \mathcal{A}_X^{01}$ は全射である．

まず，次の補題を証明する．

補題 5.7（一般化されたコーシーの積分公式） $f(z)$ を $D_r = \overline{D(0,r)}$ の近傍で定義された C^∞ 関数とする．このとき下の左辺の広義積分は収束して，次の公式が成り立つ．

$$\int_{D_r} \frac{\partial f(z)}{\partial \overline{z}} \frac{dz \wedge d\overline{z}}{z} = -\int_{C_r} \frac{f(z)dz}{z} + 2\pi i f(0)$$

ここで，C_r は原点を中心とした半径 r の円上を反時計回りに回る閉曲線とする．

証明 十分小さい ϵ に対して $D_{r,\epsilon} = D_r - D_\epsilon$ とする．

$$-d\left(f(z)\frac{dz}{z}\right) = \frac{\partial f(z)}{\partial \overline{z}} \frac{dz \wedge d\overline{z}}{z}$$

であることを用いれば，

$$\int_{D_{r,\epsilon}} \frac{\partial f(z)}{\partial \overline{z}} \frac{dz \wedge d\overline{z}}{z} = \int_{D_{r,\epsilon}} -d\left(f(z)\frac{dz}{z}\right) = -\int_{\partial D_{r,\epsilon}} f(z)\frac{dz}{z}$$

$$= -\int_{C_r} f(z)\frac{dz}{z} + \int_{C_\epsilon} f(z)\frac{dz}{z}$$

となる．ここで，二つ目の積分を $z = \epsilon e^{i\theta}$ と変数変換すると，

$$\int_{C_\epsilon} f(z)\frac{dz}{z} = \int_0^{2\pi} if(\epsilon e^{i\theta})d\theta \xrightarrow{\epsilon \to 0} 2\pi i f(0)$$

となり，補題を得る． $\qquad\qquad\square$

定理 5.5（ドルボーの補題）の証明 層の全射を示すので，$p \in X$ としたときに p の近傍における C^∞ 関数の芽について考えて，$\mathcal{A}^{00}_{X\,p} \to \mathcal{A}^{01}_{X\,p}$ の全射を示せばよい．したがって，p の局所座標をとることにより，r, r' を $0 < r < r'$ なる実数として $\mathcal{A}^{00}(D_{r'}) \to \mathcal{A}^{01}(D_r)$ が全射であることを示せばよい．$F(z)$ を $D_{r'}$ 上で定義された C^∞ 関数とする．下のように D_{4r} 上で定義されて，$|z| < r$ では $F(z)$ と一致している C^∞ 関数 $f(z)$ を考える．

$$f(z) = \begin{cases} F(z) & (|z| < r) \\ 0 & (|z| \geq 2r) \end{cases}$$

ξ を $|\xi| < r$ なる複素数とする．このとき，$|z| < 3r$ ならば $|z + \xi| < 4r$ なので，

$$h(\xi) = \int_{D_{3r}} f(z + \xi)\frac{dz \wedge d\overline{z}}{z}$$

と定義する．このとき，補題 5.7 より

$$\frac{\partial h(\xi)}{\partial \overline{\xi}} = \int_{D_{3r}} \frac{\partial f(z+\xi)}{\partial \overline{\xi}}\frac{dz \wedge d\overline{z}}{z} = \int_{D_{3r}} \frac{\partial f(z+\xi)}{\partial \overline{z}}\frac{dz \wedge d\overline{z}}{z}$$

$$= -\int_{C_{3r}} \frac{f(z+\xi)dz}{z} + 2\pi i f(\xi)$$

となるが，$|z| = 3r, |\xi| < r$ であれば $|z + \xi| \geq 2r$ なので，$-\displaystyle\int_{C_{3r}} \frac{f(z+\xi)dz}{z} = 0$ となる．したがって，変数を置き換え，$|z| < r$ なる z に対しては

$$\frac{\partial}{\partial \overline{z}}\frac{h(z)}{2\pi i} = f(z)$$

となる．このことから $\mathcal{A}^{00}(D_{r'}) \to \mathcal{A}^{01}(D_r)$ の全射性が証明された．$\qquad\square$

定義 5.5 層の複体

$$\mathcal{L} \otimes_{\mathcal{O}_X} \mathcal{A}^{0\bullet}_X : \mathcal{L} \otimes_{\mathcal{O}_X} \mathcal{A}^{00}_X \xrightarrow{\overline{\partial}} \mathcal{L} \otimes_{\mathcal{O}_X} \mathcal{A}^{01}_X$$

を**ドルボー複体**という．

5.3 1の分解とチェック・コホモロジー

C^∞ 関数に関しては，開被覆に付随した 1 の分解というもの（定理 5.8 の証明を参

照）がとれる．これを用いて次の定理が証明される．

定理 5.8 X をパラコンパクトな C^∞ 多様体とする．$\mathcal{A}_X$ を C^∞ 関数のなす環の層として，$\mathcal{M}$ を $\mathcal{A}_X$ 加群の層とする．このとき，

$$H^i(X, \mathcal{M}) = \begin{cases} \mathcal{M}(X) & (i = 0) \\ 0 & (i > 0) \end{cases}$$

となる．

証明 X がパラコンパクトな C^∞ 多様体で，$\mathcal{U} = \{U_i\}$ を局所有限な開被覆とするとき，X 上の C^∞ 関数の組 $\{\varphi_i\}$ と U_i に含まれる開集合 W_i の組で次のようなものがとれる．

(1) $\overline{W_i} \subset U_i$ である．

(2) φ_i は $X - \overline{W_i}$ 上で 0 である．

(3) $\mathcal{U}$ は局所有限であることと (1) の性質から，$\sum_p \varphi_p$ は任意の $x \in X$ に対して有限和になり，C^∞ 関数になるが，これが定数関数 1 と等しい．

このような性質をもつ C^∞ 関数の組 $\{\varphi_i\}$ を，$\mathcal{U}$ に付随する 1 の分解という．さて，$i \geq 1$ に対して，$\theta : \check{C}^i(\mathcal{U}, \mathcal{M}) \to \check{C}^{i-1}(\mathcal{U}, \mathcal{M})$ を次のように定義する．$\alpha = (\alpha_{p_0 p_1 \cdots p_i})_{p_0 p_1 \cdots p_i} \in \check{C}^i(\mathcal{U}, \mathcal{M})$ としたとき，

$$\theta(\alpha)_{p_0 p_1 \cdots p_{i-1}} = \sum_p \varphi_p \alpha_{p p_0 p_1 \cdots p_{i-1}}$$

として $\theta(\alpha) \in \check{C}^{i-1}(\mathcal{U}, \mathcal{M})$ を定義する．実際，$\theta(\alpha)_{p_0 p_1 \cdots p_{i-1}}$ が $\mathcal{M}$ の $U_{p_0 p_1 \cdots p_{i-1}}$ 上の切断を与えることは，$\mathcal{U}$ が局所有限であることと，φ_p が $X - \overline{W_p}$ 上で 0 となることから，層の貼り合わせ条件によりわかる．このように θ を定義すると，$d\theta + \theta d = \mathrm{id}$ が成り立っている．実際，$\alpha = (\alpha_{p_0 p_1 \cdots p_i})_{p_0 p_1 \cdots p_i}$ として，

$$\begin{aligned}
(d\theta + \theta d)(\alpha)_{p_0 p_1 \cdots p_i} &= \sum_{j=0}^{i} (-1)^j \theta(\alpha)_{p_0 p_1 \cdots \widehat{p_j} \cdots p_i} + \sum_p \varphi_p (d\alpha)_{p p_0 p_1 \cdots p_i} \\
&= \sum_{j=0}^{i} (-1)^j \sum_p \varphi_p \alpha_{p p_0 p_1 \cdots \widehat{p_j} \cdots p_i} \\
&\quad + \sum_p \varphi_p \alpha_{p_0 p_1 \cdots p_i} + \sum_p \sum_{j=0}^{i} (-1)^{j+1} \varphi_p \alpha_{p p_0 p_1 \cdots \widehat{p_j} \cdots p_i} \\
&= \sum_p \varphi_p \alpha_{p_0 p_1 \cdots p_i} = \alpha_{p_0 p_1 \cdots p_i}
\end{aligned}$$

となるからである．よって，$i \geq 1$ で $\alpha \in \check{C}^i(\mathcal{U}, \mathcal{M})$ として $d\alpha = 0$ であれば，$\alpha = d\theta\alpha + \theta d\alpha = d\theta\alpha$ となり，d の像になっている．したがって，$\check{H}^i(\mathcal{U}, \mathcal{M}) = 0$ となる局所有限な被覆は共終なので，$H^i(X, \mathcal{M}) = 0$ となる．

$i = 0$ のときは，層の貼り合わせ条件からわかる． $\square$

定理 5.9 L を正則ベクトル束として，その正則切断のなす層を $\mathcal{L} = \mathcal{O}_X(L)$ とする．$\mathcal{L}$ のドルボー複体の大域切断をとって得られた写像を

$$\Gamma(\overline{\partial}) : \Gamma(X, \mathcal{L} \otimes_{\mathcal{O}_X} \mathcal{A}_X^{00}) \to \Gamma(X, \mathcal{L} \otimes_{\mathcal{O}_X} \mathcal{A}_X^{01}) \tag{5.4}$$

とする．このとき，

$$H^i(X, \mathcal{L}) = \begin{cases} \mathrm{Ker}(\Gamma(\overline{\partial})) & (i = 0) \\ \mathrm{Coker}(\Gamma(\overline{\partial})) & (i = 1) \\ 0 & (i \neq 0, 1) \end{cases}$$

となる．

定義 5.6 写像 (5.4) を長さが 2 の複体とみたとき，この複体を**大域的ドルボー複体**という．文脈から明らかなときは，単にドルボー複体という．

定理 5.9 の証明 定理 5.5 における層の短完全列に対して，下のコホモロジー長完全列を考える．

$$
\begin{array}{ccccccc}
0 & \to & H^0(X, \mathcal{L}) & \to & H^0(X, \mathcal{L} \otimes_{\mathcal{O}_X} \mathcal{A}_X^{00}) & \to & H^0(X, \mathcal{L} \otimes_{\mathcal{O}_X} \mathcal{A}_X^{01}) \\
& \to & H^1(X, \mathcal{L}) & \to & H^1(X, \mathcal{L} \otimes_{\mathcal{O}_X} \mathcal{A}_X^{00}) & \to & \cdots \\
& & & & \underset{0}{\|} & & \\
& & & & \cdots & \to & H^i(X, \mathcal{L} \otimes_{\mathcal{O}_X} \mathcal{A}_X^{01}) \\
& & & & & & \underset{0}{\|} \\
& \to & H^{i+1}(X, \mathcal{L}) & \to & H^{i+1}(X, \mathcal{L} \otimes_{\mathcal{O}_X} \mathcal{A}_X^{00}) & \to & \cdots \\
& & & & \underset{0}{\|} & &
\end{array}
$$

上の図式により定理を得る． $\square$

定義 5.7 ドルボー複体 (5.4) のコホモロジーを**ドルボー・コホモロジー**という．定理 5.9 により，正則ベクトル束のコホモロジーはドルボー・コホモロジーで計算できることになる．

ドルボー・コホモロジーは，局所自由 $\mathcal{O}_X$ 加群のコホモロジーを計算するのに有用である．連結準同型によってできる同型写像の逆写像

$$H^1(X, \mathcal{F}) \to \mathrm{Coker}\left(\Gamma(X, \mathcal{L} \otimes_{\mathcal{O}_X} \mathcal{A}_X^{00}) \xrightarrow{\overline{\partial}} \Gamma(X, \mathcal{L} \otimes_{\mathcal{O}_X} \mathcal{A}_X^{01})\right)$$

は次のように与えられる．$\mathcal{U} = \{U_i\}_{i \in I}$ を局所有限な開被覆として，φ_i を 1 の分解とする．$(f_{ij})_{i,j \in I}$ を $\check{C}^2(\mathcal{U}, \mathcal{L})$ の $\delta f = 0$ となる元とする．f に対して $\mathcal{L} \otimes \mathcal{A}_X^{00}(U_i)$ の元 $\widetilde{f_i}$ を

$$\widetilde{f_i} = \sum_p \varphi_p f_{pi}$$

と定める．このとき，$U_i \cap U_j$ 上で

$$\widetilde{f_j} - \widetilde{f_i} = \sum_p \varphi_p f_{pj} - \sum_p \varphi_p f_{pi} = \sum_p \varphi_p f_{ij} = f_{ij}$$

となる．ここで，関係式 $(\delta f)_{pij} = f_{ij} - f_{pj} + f_{pi} = 0$ を用いた．したがって，$\overline{\partial} f_{ij} = 0$ を用いれば，$\mathcal{L} \otimes \mathcal{A}_X^{01}(U_i)$ と $\mathcal{L} \otimes \mathcal{A}_X^{01}(U_j)$ の元 $\overline{\partial} \widetilde{f_i}$ と $\overline{\partial} \widetilde{f_j}$ は，$U_i \cap U_j$ 上で一致して $\mathcal{L} \otimes \mathcal{A}_X^{01}(X)$ の元 η を定める．

命題 5.10 上のようにして定まる η のドルボー・コホモロジーでの類 $[\eta]$ は連結準同型で，$f \in H^1(X, \mathcal{L})$ と対応する元である．

5.4　ドルボー・コホモロジーの有限次元性

　この節では楕円型偏微分作用素のフレドホルム性を用いて，コンパクト・リーマン面の正則ベクトル束のコホモロジーの有限次元性を証明しよう．

　写像 (5.4) に現れる X 上の層 $\mathcal{L} \otimes_{\mathcal{O}_X} \mathcal{A}_X^{0i}$ は局所自由 $\mathcal{A}_X$ 加群なので，ある C^∞ ベクトル束 L^i の C^∞ 切断となる．一般に，コンパクト・リーマン面 X 上の C^∞ ベクトル束 M に対して，U 上の C^∞ 切断の全体のなすベクトル空間を $\mathcal{A}_X(M)(U)$ と書く．これは M が 0 でない限り，無限次元複素ベクトル空間である．

　ドルボー・コホモロジーの有限次元性について述べる準備として，まず X はコンパクトな C^∞ 多様体として，X 上の楕円型偏微分作用素のフレドホルム性について述べよう．5.1 節では複素数値 C^∞ 関数のなす環の層を $\mathcal{A}_X(X)$ と表したが，この節では実数値 C^∞ 関数を扱う．X 上の実数値 C^∞ 関数全体のなす環の層を $\mathcal{A}_{X,\mathbf{R}} = \mathcal{A}_\mathbf{R}$ と書く．このとき，実 C^∞ ベクトル束が同様に定義される．命題 5.2 における議論と同様にして，局所自由 $\mathcal{A}_\mathbf{R}$ 加群 $\mathcal{L}$ と実 C^∞ ベクトル束 L は 1 対 1 に対応する．L の実 C^∞ 切断のなす層を $\mathcal{A}_\mathbf{R}(L)$ と書く．

定義 5.8（楕円型線型偏微分作用素） L^0, L^1 を n 次元 C^∞ 多様体 X 上の実 C^∞ ベクトル束とする．m を自然数とする．

(1) U を $\mathbf{R}^n$ 内の開集合，$x = (x_1, \ldots, x_n)$ を U における局所座標とする．実線型写像

$$P : \mathcal{A}_\mathbf{R}(U)^r \to \mathcal{A}_\mathbf{R}(U)^s$$

が m 階の**偏微分作用素**であるとは，$\varphi = (\varphi_i(x))_i \in \mathcal{A}_{\mathbf{R}}(U)^r$（各成分 $\varphi_i(x)$ は X 上の C^∞ 関数）に対して，$P(\varphi)$ の各成分 $P(\varphi)_i$ が $\sum_i P_{ij}\varphi_j(x)$ という形で与えられることである．ここで，P_{ij} は m 階の偏微分作用素，つまり $P_{ij}\varphi(x)$ は，次の形で定まる C^∞ 関数である．

$$P_{ij}\varphi(x) = \sum_{p_1+\cdots+p_n \leq m} a_{ij}^{p_1,\ldots,p_n}(x) \frac{\partial^{p_1}}{\partial x_1^{p_1}} \cdots \frac{\partial^{p_n}}{\partial x_n^{p_n}} \varphi(x)$$

ここで，$a_{ij}^{p_1,\ldots,p_n}(x)$ は，x に関する実 C^∞ 関数である．

(2) 実ベクトル空間の線型写像

$$P : \mathcal{A}_{\mathbf{R}}(L^0)(X) \to \mathcal{A}_{\mathbf{R}}(L^1)(X)$$

が m 階の偏微分作用素であるとは，X の任意の局所座標 $U \subset \mathbf{R}^n$ と任意の自明化 $L^0 \mid_U \simeq U \times \mathbf{R}^r,\, L^1 \mid_U \simeq U \times \mathbf{R}^s$ に対して，m 階の偏微分作用素 $P_U : \mathcal{A}_{\mathbf{R}}(U)^r \to \mathcal{A}_{\mathbf{R}}(U)^s$ が存在して，制限写像と自明化によって定まる図式

$$\begin{array}{ccc} \mathcal{A}_{\mathbf{R}}(L^0)(X) & \overset{P}{\longrightarrow} & \mathcal{A}_{\mathbf{R}}(L^1)(X) \\ \downarrow & & \downarrow \\ \mathcal{A}_{\mathbf{R}}(U)^r & \overset{P_U}{\longrightarrow} & \mathcal{A}_{\mathbf{R}}(U)^s \end{array}$$

が可換になることである．P_U を，この局所座標と自明化に関する偏微分作用素という．

(3) （**偏微分作用素のシンボル**）P を $\mathcal{A}_{\mathbf{R}}(L^0)(X)$ から $\mathcal{A}_{\mathbf{R}}(L^1)(X)$ への偏微分作用素とする．X の開集合 U とその局所座標 $(x_1,\ldots,x_n)$ が与えられ，L^0, L^1 の U 上の自明化 $L^0 \mid_U \simeq U \times \mathbf{R}^r, L^1 \mid_U \simeq U \times \mathbf{R}^s$ が与えられたとする．さらに，

$$P_U = (P_{ij}), \quad P_{ij} = \sum_{p_1+\cdots+p_n \leq m} a_{ij}^{p_1,\ldots,p_n}(x_i) \frac{\partial^{p_1}}{\partial x_1^{p_1}} \cdots \frac{\partial^{p_n}}{\partial x_n^{p_n}}$$

を，この局所座標と自明化に関する偏微分作用素とする．このとき，$C^\infty(U)$ 係数の $\xi_1,\ldots,\xi_n$ に関する m 次斉次多項式を要素とする行列

$$\sigma_m(P_U) = (\sigma_m(P_{ij})), \quad \sigma_m(P_{ij}) = \sum_{p_1+\cdots+p_n = m} a_{ij}^{p_1,\ldots,p_n}(x_q) \xi_1^{p_1} \cdots \xi_n^{p_n}$$

を，この局所座標と自明化に関するシンボルという．

(4) （**楕円型偏微分作用素**）P を X 上の m 階の偏微分作用素として，$r = s$ とする．(3) のような X の開集合 U とその局所座標，および L^0, L^1 の U 上の自明

化が与えられたとする．$\sigma_m(P_U)$ をこの局所座標と自明化に関するシンボルとする．任意の $\xi = (\xi_1, \ldots, \xi_n) \neq 0$ に対して $\sigma_m(P_U)$ が可逆な行列となるとき，この局所座標と自明化に関して，P は楕円型偏微分作用素であるという．任意の開集合とその局所座標，およびその上の自明化に対して P が楕円型偏微分作用素であるとき，P は単に楕円型偏微分作用素であるという．

次の補題は，偏微分の合成法則とライプニッツ則から容易にわかる．

補題 5.11　$\mathcal{U} = \{U_i\}_i$ を X の開被覆として，L^0, L^1 の各 U_i 上での自明化が与えられ，U_i 上で局所座標 $(x_1, \ldots, x_n)$ が与えられたとする．m を自然数とする．このとき，すべての i について，与えられた自明化と局所座標に関して P が m 階偏微分作用素であれば，P は（すべての局所座標とすべての自明化を考えても）m 階の偏微分作用素となる．また，この自明化と局所座標に関して，各 i について楕円型偏微分作用素であれば，（すべての局所座標とすべての自明化を考えても）楕円型偏微分作用素である．

定理 5.12（楕円型偏微分作用素のフレドホルム性）　E, F を向き付け可能なコンパクト C^∞ 多様体 X 上の C^∞ 実ベクトル束として，

$$P : C^\infty(X, E) \to C^\infty(X, F)$$

を楕円型偏微分作用素であるとすると，P の像は部分空間であり，$\mathrm{Ker}(P), \mathrm{Coker}(P)$ は有限次元実ベクトル空間である．この性質をもつ線型作用素をフレドホルム作用素という（実は，P の像は L^2 ノルムについて閉部分空間になっている．くわしくは付録 D をみよ）．

この定理は，X が向き付け可能なコンパクト・リーマン多様体である場合に成立する．証明には，偏微分方程式論に対する解析が必要になる．これについては付録 D に証明の概略を述べる．リーマン面については，上の定理から次の定理が得られる．

定理 5.13　L をコンパクト・リーマン面 X 上の正則ベクトル束，$\mathcal{L} = \mathcal{O}_X(L)$ とすると，$\overline{\partial}$ 作用素

$$\Gamma(\overline{\partial}) : \Gamma(X, \mathcal{L} \otimes_{\mathcal{O}_X} \mathcal{A}_X^{00}) \to \Gamma(X, \mathcal{L} \otimes_{\mathcal{O}_X} \mathcal{A}_X^{01})$$

はフレドホルム作用素である．特に，$H^i(X, \mathcal{L})$ は有限次元である．

証明　定理 5.9 を用いるために，$\Gamma(\overline{\partial})$ が C^∞ 実ベクトル束上の楕円型作用素とみなせるこ

とを示す．楕円型になることをみるには，正則ベクトル束 L が $\mathbf{C}^r \times U$ と自明化される開集合 U 上で，$\Gamma(\overline{\partial})$ が楕円型偏微分作用素であることをみればよい．さらに，U は複素平面内の開集合であるとしてよい．$z = x + iy$ とおいて (x, y) を座標として考える．このとき，$\mathbf{C}^r = \mathbf{R}^r \oplus i\mathbf{R}^r$ として $\mathbf{C}^r$ を実ベクトル空間とみなせば，$\Gamma(\overline{\partial})$ は 1 階の線型偏微分作用素で

$$\Gamma(\overline{\partial}) : C^\infty(U, \mathbf{R}^r \oplus i\mathbf{R}^r) \to C^\infty(U, \mathbf{R}^r \oplus i\mathbf{R}^r)d\overline{z}$$

$$\varphi(z) + i\psi(z) \mapsto \left[\frac{1}{2}\left(\frac{\partial\varphi}{\partial x} - \frac{\partial\psi}{\partial y}\right) + \frac{i}{2}\left(\frac{\partial\varphi}{\partial y} + \frac{\partial\psi}{\partial x}\right)\right]d\overline{z}$$

と書かれるので，そのシンボルは

$$\sigma_1(\Gamma(\overline{\partial})) = \frac{1}{2}\begin{pmatrix} \xi I_r & -\eta I_r \\ \eta I_r & \xi I_r \end{pmatrix}$$

という形になり，$(\xi, \eta) \neq 0$ であれば，シンボル $\sigma_1(\Gamma(\overline{\partial}))$ は可逆である．したがって，$\Gamma(\overline{\partial})$ は楕円型作用素となる．X はコンパクトであるので，定理 5.12 より，これはフレドホルム作用素となる．すなわち，$\mathrm{Ker}(\Gamma(\overline{\partial})), \mathrm{Coker}(\Gamma(\overline{\partial}))$ は $\mathbf{R}$ 上有限次元ベクトル空間となる．したがって，$\mathbf{C}$ 上でも有限次元ベクトル空間となる． $\square$

5.5 正則直線束と因子群，因子類群

この節では，正則直線束とリーマン面上の因子の関係について述べる．

定義 5.9 X をリーマン面とする．

(1) X の有限個の点の整係数の形式的一次結合，つまり $D = \sum_{i=1}^n a_n[p_n]$ $(p_1, \ldots, p_n \in X, a_1, \ldots, a_n \in \mathbf{Z})$ の形のものを**因子**という．因子 $\sum_{i=1}^n a_n[p_n]$ であってすべての i について $a_i \geq 0$ となるものを，**効果的な因子**という．D_1, D_2 を因子とすると，係数の和をとることにより，因子の和 $D_1 + D_2$ を考えることができる．これにより，X の因子の集合は可換群になる．その群を**因子群**といい，$\mathrm{Div}(X)$ と書く．

(2) $D = \sum_{i=1}^n a_i[p_i]$ $(p_1, \ldots, p_n$ は相異なる X の点$)$ を X の因子とする．U を X の開集合とするとき，

$$\mathcal{O}_X(D)(U) = \{f \mid f \text{ は } U \text{ 上の有理型関数で，任意の } p \in U \text{ に対して}$$
$$\mathrm{ord}_p(f) + a_p \geq 0\}$$

と定義する．$U \mapsto \mathcal{O}_X(D)(U)$ は通常の制限写像で X 上の層となる．もう少し一般に，$\mathcal{F}$ を局所自由 $\mathcal{O}_X$ 加群とするとき，

$$\mathcal{F}(D)(U) = \{s \mid s \text{ は } U \text{ 上の } F \text{ に値をもつ有理型切断であって,}$$

$$\text{任意の } p \in U \text{ に対して } sz_p^{a_p} \text{ は正則切断となる }\} \quad (5.5)$$

と定める．ここで，F は $\mathcal{F}$ に対応する正則ベクトル束，z_p は p における一意
化元である．このとき，$\mathcal{F}(D)$ は X 上の層となる．

(3) X の因子 $D = \sum_{i=1}^{n} a_i[p_i]$ に対して，係数の和 $\sum_{i=1}^{m} a_i$ を D の**次数**といい，$\deg(D)$ と表す．

命題 5.14 $\mathcal{O}_X(D)$ は可逆な $\mathcal{O}_X$ 加群である．特に，ある正則直線束 $L(D)$ があって $\mathcal{O}_X(L(D)) = \mathcal{O}_X(D)$ と書かれる（実はあとで示されるように，X がコンパクト・リーマン面のときは任意の直線束 L に対して，ある因子 D を用いて $\mathcal{O}_X(D) = \mathcal{O}_X(L)$ と書ける）．また一般に，$\mathcal{F}$ を局所自由 $\mathcal{O}_X$ 加群の層として，層 $\mathcal{F}(D)$ を式 (5.5) のように定めると，これは局所自由 $\mathcal{O}_X$ 加群となる．

定義 5.10（主因子，因子類群） X をコンパクト・リーマン面，f をその上の有理関数とする．f から決まる**主因子** (f) を

$$(f) = \sum_{x \in X} \mathrm{ord}_x(f)[x]$$

によって定める．$\mathrm{Div}(X)$ の中で主因子のなす部分群を $R(X)$ と書き，商群 $\mathrm{Div}(X)/R(X)$ を**因子類群**といい，$\mathrm{Cl}(X)$ と書く．

定理 5.15 主因子の次数は 0 である．したがって，次数をとる写像 $\deg : \mathrm{Div}(X) \to \mathbf{Z}$ は，因子類群からの写像 $\deg : \mathrm{Cl}(X) \to \mathbf{Z}$ を経由する．

証明 z を x の一意化元とする．$\mathrm{ord}_x(f) = e$ とすると，可逆な正則関数 $g(z)$ を用いて $f(z) = z^e g(z)$ と書ける．したがって，

$$\frac{df}{f} = e\frac{dz}{z} + \frac{dg}{g}$$

となる．右辺の第 2 項目は x のまわりで正則な微分なので，

$$\mathrm{Res}_x\left(\frac{df}{f}\right) = e\,\mathrm{Res}_x\left(\frac{dz}{z}\right) + \mathrm{Res}_x\left(\frac{dg}{g}\right) = e = \mathrm{ord}_x(f)$$

が成り立つ．したがって，df/f に対して留数定理（定理 3.13）を用いて定理を得る． $\square$

■例 5.2（$\mathbf{P}^1$ の因子類群） $p_1, \ldots, p_k$ を射影直線 $\mathbf{P}^1$ 上の異なる点として，$D = \sum_{i=1}^{k} a_k[p_k]$ を次数が 0 の因子，すなわち $\sum_{i=1}^{k} a_k = 0$ とする．$\mathbf{P}^1 = \{(X_0 : X_1)\}$ の座標を $X_1/X_0 = x$ とおき，$p_1, \ldots, p_n$ の座標を $x = x_1, \ldots, x_n$ とする．簡単のた

め，すべての i について $x_i \neq \infty$ とする．有理関数 f を

$$f = \prod_{i=1}^{k} (x - x_i)^{a_i}$$

と定めると，$\deg(D) = 0$ なので，∞ では f は正則関数で，$\mathrm{ord}_{x_i}(f) = a_i$ となる．したがって，D は主因子となる．a_i のうちに ∞ がある場合も同様にして，$\deg(D) = 0$ であれば主因子であることがわかる．したがって，因子類は次数のみで決まり，$\mathrm{Cl}(\mathbf{P}^1) \simeq \mathbf{Z}$ であって，同型は次数写像によって与えられることがわかる． ∎

5.6　リーマン–ロッホの定理と有理型関数の存在

定理 5.12 から，$\mathcal{O}_X$ 可逆層 $\mathcal{L}$ のコホモロジーの有限次元性定理（定理 5.13）を証明した．この定理によれば，$H^0(X, \mathcal{L})$, $H^1(X, \mathcal{L})$ は有限次元複素ベクトル空間である．

定義 5.11（算術種数，幾何種数） リーマン面 X の**算術種数** $p_a(X)$，**幾何種数** p_g を $p_a(X) = \dim H^1(X, \mathcal{O}_X)$, $p_g = \dim H^0(X, \Omega^1_X)$ によって定義する．$p_a(X), p_g(X)$ は 0 以上の整数となる．

▶ **注意 5.2** 算術種数と幾何種数は一致することが第 6 章で示される．

射影直線の場合は，算術種数が容易に計算できる．

命題 5.16 射影直線 $\mathbf{P}^1$ の算術種数 $p_a = \dim H^1(\mathbf{P}^1, \mathcal{O}_{\mathbf{P}^1})$ は，0 である．

証明 $H^1(\mathbf{P}^1, \mathcal{O}_{\mathbf{P}^1})$ はドルボー・コホモロジーで計算できるので，

$$\mathcal{A}^{00}(\mathbf{P}^1) \xrightarrow{\overline{\partial}} \mathcal{A}^{01}(\mathbf{P}^1)$$

が全射であることを示せばよい．$\eta \in \mathcal{A}^{01}(\mathbf{P}^1)$ として $\overline{\partial} f = \eta$ となる C^∞ 関数 f を構成する．まず，$\epsilon > 0$ を十分小さくとり，

$$D_1 = \{z \mid |z| < 1 + \epsilon\}, \quad D_2 = \{z \mid |z| > 1 - \epsilon\}$$

とする．このとき，ドルボーの補題（定理 5.5）の証明の 3 行目でみたように，D_1, D_2 上の関数 f_1, f_2 は $\overline{\partial} f_1 = \eta$, $\overline{\partial} f_2 = \eta$ が成り立つようにとれる．したがって，$D_1 \cap D_2$ 上で $\overline{\partial}(f_1 - f_2) = 0$ となり，$f_1 - f_2$ が正則関数となることがわかる．$f_1 - f_2$ を環状領域 $D_1 \cap D_2$ でローラン展開すると，

$$f_1 - f_2 = \sum_{i=0}^{\infty} a_i z^i - \sum_{i=1}^{\infty} a_{-i} z^{-i}$$

と書ける．したがって，

$$g = f_1 - \sum_{i=0}^{\infty} a_i z^i = f_2 - \sum_{i=1}^{\infty} a_{-i} z^{-i}$$

とおくと, g は $\mathbf{P}^1$ 全体で定義された C^∞ 関数で, D_1, D_2 上では

$$\overline{\partial} g(z)|_{D_1} = \overline{\partial} \left(f_1 - \sum_{i=0}^{\infty} a_i z^i \right) = \overline{\partial}(f_1) = \eta$$

$$\overline{\partial} g(z)|_{D_2} = \overline{\partial} \left(f_2 - \sum_{i=1}^{\infty} a_{-i} z^{-i} \right) = \overline{\partial}(f_2) = \eta$$

となる. したがって, 全射性が証明された. □

それでは, リーマン–ロッホの定理を述べることにしよう.

定義 5.12（オイラー標数） 局所自由 $\mathcal{O}_X$ 加群の層 $\mathcal{F}$ に対して, オイラー標数 $\chi(X, \mathcal{F})$ を

$$\chi(X, \mathcal{F}) = \dim H^0(X, \mathcal{F}) - \dim H^1(X, \mathcal{F})$$

で定義する.

定理 5.17（リーマン–ロッホの定理） X をコンパクト・リーマン面として, $\mathcal{F}$ を階数が r の局所自由 $\mathcal{O}_X$ 加群とする. D を X の因子とすると,

$$\chi(X, \mathcal{F}(D)) = \chi(X, \mathcal{F}) + r \deg(D) \tag{5.6}$$

が成り立つ. 特に, $\mathcal{F} = \mathcal{O}_X$ のときは

$$\chi(X, \mathcal{O}_X(D)) = 1 - p_a(X) + \deg(D) \tag{5.7}$$

が成り立つ.

この定理から次の系が得られる.

系 5.18 (1) 定理 5.17 と同じ状況で次の不等式が成り立つ.

$$\dim H^0(X, \mathcal{F}(D)) \geq \chi(X, \mathcal{F}) + r \deg(D)$$

特に, $\mathcal{F} = \mathcal{O}_X$ として, 下の不等式が成り立つ.

$$\dim H^0(X, \mathcal{O}_X(D)) \geq 1 - p_a(X) + \deg(D)$$

(2) コンパクト・リーマン面には, 定数でない有理型関数が存在する.

証明 (1) 定理 5.17 より

$$\dim H^0(X, \mathcal{F}(D)) = \chi(X, \mathcal{F}(D)) + \dim H^1(X, \mathcal{F}(D))$$
$$\geq \chi(X, \mathcal{F}) + r \deg(D)$$

となる.

(2) 因子 D を $\deg D + 1 - p_a \geq 2$ となるようにとれば, (1) より

$$\dim H^0(X, \mathcal{O}_X(D)) \geq 2$$

となるので, $H^0(X, \mathcal{O}_X(D))$ には 0 ではなく, 定数関数でもない有理型関数が少なくとも一つは存在する. □

X をコンパクト・リーマン面とし, D を X の因子, p を X の点とする. X 上の層 $\mathbf{C}_p$ を, X の開集合 U に対して

$$\mathbf{C}_p(U) = \begin{cases} \mathbf{C} & (p \in U \text{ のとき}) \\ 0 & (p \notin U \text{ のとき}) \end{cases}$$

と定める. また, $U \subset V$ に対して制限写像 $\rho_{U,V}$ を, $p \in U$ のときは恒等写像, $p \notin U$ のときは 0 写像として定めたものとする.

次に, $\mathcal{F}$ を階数が r の局所自由 $\mathcal{O}_X$ 加群とする. p における一意化元 z をとり, $p \in U$ に対して, $\pi : \mathcal{F}(D+p)(U) \to \mathbf{C}_p(U)^{\oplus r}$ を定めよう. 因子 D における p の係数を a_p とおく. このとき, $f \in \mathcal{F}(D+p)(U)$ であれば, $\text{ord}_p(f) + (a_p + 1) \geq 0$ なので, z_p を p における一意化元とすると, $f \cdot z_p^{a_p+1}$ は p において正則切断に延長される. そこで, $\pi(f) = (f \cdot z_p^{a_p+1})(p)$ として π を定義する. このとき, 次の補題を証明する.

> **補題 5.19** (1) D を X の因子, $\mathcal{F}$ を X 上の階数が r の局所自由 $\mathcal{O}_X$ 加群, p を X の点とすると, 次の層の完全列が成り立つ.
>
> $$0 \to \mathcal{F}(D) \xrightarrow{i} \mathcal{F}(D+p) \xrightarrow{\pi} \mathbf{C}_p^{\oplus r} \to 0 \tag{5.8}$$
>
> ここで, i は自然な単射である.
>
> (2) X のコホモロジー群について, 次が成り立つ.
>
> $$H^i(X, \mathbf{C}_p) = \begin{cases} \mathbf{C} & (i = 0) \\ 0 & (i > 0) \end{cases}$$

証明 (1) 層の準同型 i と π が定義されていたので, 完全性を示すには, $p \in X$ に関する茎の列

$$0 \to \mathcal{F}(D)_p \xrightarrow{i} \mathcal{F}(D+p)_p \xrightarrow{\pi} (\mathbf{C}_p^{\oplus r})_p \to 0$$

が完全列であることを示せばよい．さらに，p の近傍 U_p で $\mathcal{F} \simeq \mathcal{O}_X^r$ となる同型をとることによって，

$$0 \to (\mathcal{O}_U(D)^r)_p \xrightarrow{i} (\mathcal{O}_U(D+p)^r)_p \xrightarrow{\pi} (\mathbf{C}_p^{\oplus r})_p \to 0$$

が完全列であることを示せば十分である．ここで，有理型関数がローラン展開可能であることを考えれば，$\mathcal{O}_U(D)_p$ は，p において $fz_p^{a_p}$ が収束べき級数となるローラン級数のなす加群なので，収束ローラン級数体 $\mathbf{C}\{\{z_p\}\}[1/z_p]$ の中で $\mathcal{O}_{U,p} \cdot z_p^{-a_p}$ と書ける．したがって，上の完全性は，完全列

$$0 \to \mathcal{O}_{U,p} \cdot z_p^{-a_p} \to \mathcal{O}_{U,p} \cdot z_p^{-(a_p+1)} \to \mathbf{C}z_p^{-(a_p+1)} \to 0$$

からわかる．

(2) 必要であれば X の開被覆 $\mathcal{U} = \{U_i\}_{i \in I}$ をその細分で取り替えることにより，$p \in U_i$ となる i が一つだけであるとしてよく，それを i_0 とおく．このとき，チェック複体は $\check{C}^k(\mathcal{U}, \mathbf{C}_p) = \mathbf{C}(U_{i_0} \cap U_{i_0} \cap \cdots \cap U_{i_0}) \simeq \mathbf{C}$ となる．さらに，微分 $d_k : \check{C}^k(\mathcal{U}, \mathbf{C}_p) \simeq \mathbf{C} \to \check{C}^{k+1}(\mathcal{U}, \mathbf{C}_p) \simeq \mathbf{C}$ は

$$d_k = \begin{cases} \mathrm{id} & (i \text{ が奇数}) \\ 0 & (i \text{ が偶数}) \end{cases}$$

となる．これから (2) を得る．　　　　　　　　　　　　　　　　　　　　　　　　$\square$

定理 5.17（リーマン–ロッホの定理）の証明　層の完全列 (5.8) を考えて，コホモロジー長完全列を考えることにより，次の完全列を得る．

$$0 \to H^0(\mathcal{F}(D)) \xrightarrow{i} H^0(\mathcal{F}(D+p)) \xrightarrow{\pi} H^0(\mathbf{C}_p^{\oplus r})$$
$$\to H^1(\mathcal{F}(D)) \xrightarrow{i} H^1(\mathcal{F}(D+p)) \to 0$$

ここに現れる複素ベクトル空間はすべて有限次元なので，

$$\chi(X, \mathcal{F}(D+p)) = \chi(X, \mathcal{F}(D)) + r$$

なる関係式が得られる．したがって，D に対する等式 (5.6) と $D+p$ に対する等式 (5.6) は同値である．$D = 0$ に関する等式は明らかなので，一般の D に関する等式も成立する．また，二つ目の式 (5.7) は，$\chi(X, \mathcal{O}_X)$ の定義と $p_a(X)$ の定義より明らかである．　　　$\square$

定義 5.13（可逆層の有理型切断の位数）　$\mathcal{L}$ をコンパクト・リーマン面 X 上の可逆層とする．s を $\mathcal{L}$ の 0 でない有理型切断として，x を X の点とする．s の x における位数 $\mathrm{ord}_x(s)$ を，X 上の有理型関数 φ と x における $\mathcal{L}$ の局所基底 e を用いて $s = \varphi e$ と表したときの $\mathrm{ord}_x(\varphi)$ として定義する．さらに，s の因子 (s) を

$$(s) = \sum_{x \in X} \mathrm{ord}_x(s)[x]$$

として定義する.

定義 5.14（ピカール群） X をリーマン面とする. X 上の可逆層の同型類の集合を X の**ピカール群**といい, $\mathrm{Pic}(X)$ と書く. また, 可逆層 $\mathcal{L}$ を含む類を $[\mathcal{L}]$ と書く.

$\mathcal{L}, \mathcal{M}$ を可逆層とするとき, $\mathcal{L} \otimes_{\mathcal{O}_X} \mathcal{M}$ はふたたび可逆層となる.

命題 5.20 この演算 $\otimes$ により, $\mathrm{Pic}(X)$ は群となる.

証明 X の開被覆 $\mathcal{U} = \{U_i\}$ で $\mathcal{L}, \mathcal{M}$ が自明化されるものをとる. それぞれの自明化を τ_i, σ_i とすると, それぞれの貼り合わせは $U_i \cap U_j$ 上で可逆な正則関数 $\tau_j \circ \tau_i^{-1}$ と $\sigma_j \circ \sigma_i^{-1}$ で得られる. このとき, $\mathcal{L} \otimes \mathcal{M}$ の自明化は U_i 上では $\tau_i \otimes \sigma_i$ で与えられるので, 貼り合わせは $(\tau_j \circ \tau_i^{-1})(\sigma_j \circ \sigma_i^{-1})$ で得られる. したがって, U_i 上可逆な正則関数の積による群構造により, 可逆層のテンソル積の群構造が導かれる. $\square$

定理 5.21（有理型切断の存在） X をコンパクト・リーマン面, $\mathcal{L}$ を可逆層とすると, 0 ではない $\mathcal{L}$ の有理型切断が存在する.

証明 $p \in X$ とする. 定理 5.17 により,

$$\dim H^0(X, \mathcal{L}(np)) - \dim H^1(X, \mathcal{L}(np)) = \chi(\mathcal{L}) + n$$

となるので, n を十分大きくとれば $H^0(X, \mathcal{L}(np)) \neq 0$ であることがわかる. したがって, ある $\mathcal{L}(np)$ の切断 s が存在することがわかる. これは, p でのみ高々 n 位の極をもつ, 0 でない有理型関数の存在を意味する. $\square$

定理 5.21 を用いて, 次の命題がいえる.

命題 5.22 (1) $\mathcal{L}$ をコンパクト・リーマン面 X 上の可逆層とし, s をその 0 でない有理型切断とする. このとき, $\mathcal{L} = \mathcal{O}_X((s))$ となる.

(2) 任意の可逆層 $\mathcal{L}$ は適当な因子 D をとることにより, $\mathcal{O}_X(D)$ と同型となる.

(3) ピカール群 $\mathrm{Pic}(X)$ は, 因子類群 $\mathrm{Cl}(X)$ と同型である.

証明 (1) 定理 5.21 により s を $\mathcal{L}$ の 0 でない有理型切断とし, $(s) = \sum_p a_p[p]$ とする. U を X の開集合, f を U 上の有理型関数として, sf が U 上で $\mathcal{L}$ の正則切断となる条件を $p \in U$ において考える. p の十分小さい近傍 U_p において, z_p を p での一意化元, e_p を $\mathcal{L}(U_P)$ の $\mathcal{O}(U_p)$ 上での基底とするとき, $s = e_p z_p^{a_p}$ と書け, $\mathrm{ord}_p(fs) = \mathrm{ord}_p(f) + a_p$ となる. したがって, sf が $\mathcal{L}$ の U 上の正則切断となる条件は $\mathrm{ord}_p(f) + a_p \geq 0$ と言い換えられるので, 定義 5.9 により $\mathcal{L} = \mathcal{O}_X((s))$ となる.

(2) 定理 5.17 により,

$$\dim H^0(X, \mathcal{L}(np)) - \dim H^1(X, \mathcal{L}(np)) = \chi(\mathcal{L}) + n$$

となるので，n を十分大きくとれば $H^0(X, \mathcal{L}(np)) \neq 0$ であることがわかる．したがって，ある $\mathcal{L}(np)$ の切断 s が存在することがわかる．このとき $a_x = \mathrm{ord}_x(s)$ とすると，$\mathcal{L}(np) = \mathcal{O}_X(\sum_x a_x[x])$ となる．したがって，

$$\mathcal{L} = \mathcal{O}_X\left(\sum_x a_x[x] - np\right)$$

となる．

(3) $\mathrm{Div}(X)$ の元 $D = \sum_p a_p[p]$ に対して $\mathcal{O}_X(D)$ を対応させる写像 $\mathrm{Div}(X) \to \mathrm{Pic}(X)$ を考えると，自然な同型 $\mathcal{O}_X(D_1) \otimes \mathcal{O}_X(D_2) \simeq \mathcal{O}_X(D_1 + D_2)$ により加群の準同型となる．また，主因子 $P(X)$ の元 (f) を考えると，$\mathcal{O}_X((f))$ は $\mathcal{O}_X$ と同型である．なぜなら，開集合 U に対して

$$\mathcal{O}_X((f))(U) = \{s \mid s \text{ は } U \text{ 上の有理型関数で，} sf \text{ が } U \text{ 上正則関数となる }\}$$

なので，$\mathcal{O}_X(U)$ 準同型 $\mathcal{O}_X((f))(U) \to \mathcal{O}_X(U) : s \mapsto sf$ は制限写像と可換な同型となるからである．したがって，準同型

$$\alpha : \mathrm{Cl}(X) \to \mathrm{Pic}(X)$$

が得られる．(2) により任意の可逆層 $\mathcal{L}$ に対して有理型切断 s が存在するので，$\mathcal{L} = \mathcal{O}_X((s))$ となり，α は全射である．また，可逆層としての同型 $\mathcal{O}_X \xrightarrow{\beta} \mathcal{O}_X(D)$ があるとすると，$\mathcal{O}_X(X) \to \mathcal{O}_X(D)(X)$ による 1 の像 $f = \beta(1)$ を考えたとき，これは X 上の有理型関数であって $\mathrm{ord}_{\mathcal{O}_X(D)}(f) = 0$ となる．ここで，$\mathrm{ord}_{\mathcal{O}_X(D)}(f)$ は $\mathcal{O}_X(D)$ の基底を基準に測った f の位数である．したがって，$(f) = -D$ となる．よって，D は主因子となり，α は単射である． $\square$

定義 5.15（可逆層の次数とピカール群） (1) $\mathcal{L}$ を可逆層としたとき，命題 5.22 により $\mathcal{L} = \mathcal{O}_X(D)$ と表すことができる．D は主因子の差を除いて一意的に定まるので，定理 5.15 により D の次数はそのとり方によらない．このときの D の次数を $\mathcal{L}$ の**次数**といい，$\deg(\mathcal{L})$ と書く．$\mathcal{L}$ に対して $\deg(\mathcal{L})$ を対応させる写像 $\deg$ は準同型となる．

(2) $\mathrm{Pic}(X)$ の中で次数が 0 となる元全体 $\mathrm{Pic}^0(X)$ は，$\mathrm{Pic}(X)$ の部分群となる．これをピカール群の次数 0 部分群という．すなわち，

$$\mathrm{Pic}^0(X) = \mathrm{Ker}(\mathrm{Pic}(X) \xrightarrow{\deg} \mathbf{Z})$$

である．

■**例 5.3** $\mathbf{P}^1$ の因子類群については，例 5.2 で $\mathrm{Cl}(\mathbf{P}^1) \simeq \mathbf{Z}$ であることをみた．これから，$\mathrm{Pic}(\mathbf{P}^1) \simeq \mathbf{Z}$ で $n \in \mathbf{Z}$ に対応する可逆層は，$\mathcal{O}_{\mathbf{P}^1}(n\infty)$ で与えられる． ■

5.7　リーマン面の正則写像と分岐

この節では，リーマン面の間の正則写像と分岐について述べる．X, Y を連結なリーマン面として，$f : X \to Y$ を定値写像ではない正則写像とする．$x \in X$ として V を $f(x)$ の複素座標近傍，U を $f^{-1}(V)$ に含まれる x の複素座標近傍とする．さらに，U, V における $x, f(x)$ の一意化元 z, w を考える．このとき，$w \circ f$ は，

$$w \circ f = \sum_{i=e}^{\infty} a_i z^i \quad (e \geq 1,\, a_e \neq 0) \tag{5.9}$$

と $z = 0$ のまわりで収束べき級数で表せる．

定義 5.16　上の収束べき級数表示に現れる e を，f の x における**分岐指数** (branching index) といい，$e_x(f)$ と書く．

補題 5.23　(1)　分岐指数は U, V における $x, f(x)$ の一意化元 z, w のとり方によらない．

(2)　k を x における f の分岐指数とし，w を Y の $f(x)$ における一意化元とする．このとき，x の近傍を小さく取り替えることにより，そこでの一意化元 z で

$$z^e = w$$

となるものがとれる．

証明　(1)　z', w' を $x, f(x)$ における一意化元とする．z, z' が x の一意化元で w, w' が $f(x)$ の一意化元なので，必要であれば U, V を小さく取り替えることにより，

$$z = \sum_{j=1} b_j z'^j, \quad w' = \sum_{k=1} c_k w^k \quad (b_1 \neq 0, c_1 \neq 0)$$

と書ける．w が z に関して式 (5.9) の形に表されているとすると，w' は z' の関数として

$$w' = \sum_{k=1} c_k \left(\sum_{i=e}^{\infty} a_i z^i \right)^k = \sum_{k=1} c_k \left\{ \sum_{i=e}^{\infty} a_i \left(\sum_{j=1} b_j z'^j \right)^i \right\}^k \tag{5.10}$$

と書ける．ここで，式 (5.10) を展開したときの 0 でない係数の次数が最小のものを考えると，その次数は e となる．したがって，これは $x, f(x)$ における一意化元のとり方によらないことがわかる．

(2)　z, w を (1) の一意化元として，w が z を用いて式 (5.9) の形に表されたとする．このとき，

$$g(z) = 1 + \sum_{i=1}^{\infty} b_i z^i, \quad b_i = \frac{a_{e+1}}{a_e}$$

とおくと,

$$w = a_e z^e g(z)$$

が成り立つ. g は 1 で始まるべき級数なので, 1 で始まる収束べき級数 h で, $g(z) = h(z)^e$ となるものが存在する. さらに $\alpha^e = a_e$ なる α をとれば, $z' = \alpha z h(z)$ は x における一意化元となり,

$$z'^e = \alpha^e z^e h(z)^e = a_e z^e g(z) = w$$

となる. □

命題 5.24 (1) X, Y をリーマン面として, X は連結であるとする. $f : X \to Y$ を定値写像ではない正則写像とする. このとき, f は開写像である. すなわち, X の開集合 U の像は Y の開集合になる.

(2) X, Y が連結なコンパクト・リーマン面で, $f : X \to Y$ を定値写像ではない正則写像とする. このとき, f は全射である.

(3) X, Y が連結なコンパクト・リーマン面で, f が定値写像ではないとすると, $y \in Y$ に対して $f^{-1}(y)$ は離散集合である. また, 集合 $R_f = \{x \in X \mid e_x(f) > 1\}$ は離散集合である. 特に, $f^{-1}(y), R_f$ は有限集合である.

証明 (1) f は定値写像ではないとする. $x \in X$ として V を $f(x)$ の複素座標近傍, U を $f^{-1}(V)$ に含まれる x の複素座標近傍とする. さらに必要であれば U を小さくとることにより, U, V における $x, f(x)$ の一意化元 z, w を $w = z^e$ となるようにとる. $\{z \in \mathbf{C} \mid |z| < r\}$ が U に含まれるとすると, U の f による像は $\{w \in \mathbf{C} \mid |w| < r^e\}$ を含む. したがって, f は開写像である.

(2) X が連結で f が定値写像ではないので, f は開写像である. X はコンパクトなので, $f(X)$ はコンパクトな開集合となる. Y は連結なので, $f(X) = Y$ となる.

(3) $x \in X, y \in Y$ として $y = f(x)$ とする. x, y における座標近傍 U, V と, 一意化元 z, w を $w = z^e$ となるようにとる. このとき, $U \cap f^{-1}(y) = \{x\}$ となる. したがって, $f^{-1}(y)$ は離散集合となる. U において $z_0 \neq 0$ なる z_0 に対応する点を x' とする. $x', f(x')$ の一意化元 $z' = z - z_0, w' = w - z_0^e$ をとれば,

$$w' = (z' + z_0)^e - z_0^e = e z_0^{e-1} z' + \sum_{k=2}^{e} \binom{e}{k} z_0^{e-k} z'^k$$

となり, $e z_0^{e-1} \neq 0$ なので, x' における f の分岐指数は 1 となる. したがって, R_f は離散集合になる. □

定義 5.17 X, Y をリーマン面, $f : X \to Y$ を定値関数でない正則写像とする. $R_f = \{x \in X \mid e_x(f)\}$ を f の**分岐点** (branching point) という. また, R_f の f に

よる像 $B_f = f(R_f)$ を**分岐跡**（branch locus）という．X, Y が連結なコンパクト・リーマン面であれば，R_f, B_f ともに有限集合である．

命題 5.25　X, Y を連結なコンパクト・リーマン面として，$f : X \to Y$ を定値写像でない正則写像とする．

(1) $y \in Y$ とすると，y の近傍 V で次の性質を満たすものが存在する．$f^{-1}(V)$ の各連結成分を V_j ($j = 1, \ldots, m$) とする．

　(a) V_j と $f^{-1}(y)$ の交わりは 1 点 $\{x_j\}$ である．

　(b) V における y の一意化元 w と V_j における x_j の一意化元 z_j が存在して，$w = z_j^{e_j}$ と書ける．

(2) $y \notin B_f$ であれば，$f^{-1}(y)$ の個数は y のとり方によらない．この個数を被覆次数といい，$\deg(f)$ と書く．

(3)（分岐公式）　任意の $y \in Y$ に対して，

$$\deg(f) = \sum_{x \in y} e_x(f)$$

が成り立つ．

証明　(1) U を y の近傍とし，w を y の一意化元とする．$f^{-1}(y) = \{x_1, \ldots, x_m\}$ とし，$x_1, \ldots, x_m$ においては $e_{x_i}(f) = e_i$ とすると，$x_1, \ldots, x_m$ の共通部分のない開近傍 $U_1, \ldots, U_m$ とその上の一意化元 $z_1, \ldots, z_m$ がとれて，U_i 上で $w = z_i^{e_i}$ となるようにできる．また，$X - U_1 \cup \cdots \cup U_m$ はコンパクト集合なので，$K = f(X - U_1 \cup \cdots \cup U_m)$ も Y のコンパクト集合であり，したがって閉集合となる．$Y - K$ は y を含む開集合なので，$Y - K$ に含まれる y の開集合 V で $\{w \mid |w| < \epsilon\}$ という形のものをとれば，$f^{-1}(V) = \cup_i (f^{-1}(V) \cap U_i)$ となり，$V_i = f^{-1}(V) \cap U_i$ は $f^{-1}(V)$ の連結成分である．

(2) $f^{-1}(y)$ の個数が $Y - B_f$ 上の関数として，局所的に定数であることを示す．$y \in Y - B_f$ として (1) の条件を満たす y の近傍 V をとれば，分岐指数 e_i はすべて 1 となる．したがって，V_j と V は f の制限により同相写像を与える．よって，$y \in V$ において $f^{-1}(y)$ の個数は n で一定となる．$f^{-1}(y)$ の個数は Y 上の局所定数関数であって，$Y - B_f$ は連結なので，定数関数となる．

(3) $y \in Y$ に対して，$f^{-1}(y) = \{x_1, \ldots, x_m\}$ として (1) の近傍 V をとる．近傍 V 上では，y 以外の点 y' では $f^{-1}(y')$ の個数は各連結成分上で数えることにより，$e_1 + \cdots + e_m$ 個となる．$y'' \in V - B_f$ であれば，$f^{-1}(y'')$ の元の個数は $\deg(f)$ 個になるので，

$$\deg(f) = e_1 + \cdots + e_m$$

となる．　　　　　　　　　　　　　　　　　　　　　　　　　　　　　　□

系 5.18 で，コンパクト・リーマン面 X には定数でない有理型関数が存在すること
を示したが，次の命題のように，定数でない有理型関数を用いて X から射影直線 $\mathbf{P}^1$
への正則写像を定めることができる．この命題により，コンパクト・リーマン面に関
する多くの性質を $\mathbf{P}^1$ の性質に帰着することができる．

> **命題 5.26** X をリーマン面として，f をその上の有理型関数とする．さらに，Σ を
> f の極の集合とする．このとき，$f : X - \Sigma \to \mathbf{C}$ なる写像は，リーマン面の正則写
> 像 $\varphi : X \to \mathbf{P}^1$ に拡張される．

証明 $X - \Sigma$ においては $\mathbf{C}$ への写像が定まっているので，f が Σ の点 x のまわりで φ に
拡張されることをいえばよい．x の十分小さい近傍では，x の一意化元 z の正則関数 g, h
を使って $f(z) = h(z)/g(z)$ という形に書かれている．ここで，$f(z)$ は x を極にもつので
$\mathrm{ord}_x(g) > \mathrm{ord}_x(h)$ となる．したがって，$k = \mathrm{ord}_x(h)$ とすると，$g(z)z^{-k}$ は正則関数で
あり，$h(z)z^{-k}$ は x において 0 でない正則関数となる．よって，φ を z に対して $\mathbf{P}^1$ の点
$(x_0 : x_1) = (g(z) : h(z))$ を対応させる写像とすることにより，x のまわりにも f が拡張される．
この操作を Σ のすべての点に対して行えば，f は $\varphi : X \to \mathbf{P}^1$ なる正則写像に拡張される．□

5.8 コンパクト・リーマン面の有理型関数

この節では，コンパクト・リーマン面の全体と複素数体上の 1 変数関数体の全体に
は，1 対 1 の対応が自然に存在することを示す．

> **定義 5.18**（1 変数代数関数体） k を体とする．K を k の拡大体とする．次のような
> K の元 t が存在するとき，K は k 上の **1 変数代数関数体**であるという．
> (1) t は k 上超越的である．
> (2) K は K の部分体 $k(t)$ 上有限次代数的である．

X を連結なリーマン面とすると，命題 2.17 により，X 上の有理型関数の全体は $\mathbf{C}$
の拡大体となる．また，命題 3.5 によれば，射影直線 $\mathbf{P}^1$ の有理型関数の全体のなす体
$\mathcal{M}(\mathbf{P}^1)$ は，1 変数有理関数体 $\mathbf{C}(t)$ と同型である．

> **定理 5.27** 連結なコンパクト・リーマン面 X 上の有理型関数の全体のなす体 $\mathcal{M}(X)$
> は，$\mathbf{C}$ 上の 1 変数代数関数体である．

証明 まず，X の定数ではない有理型関数 f をとり，これを射影直線への写像 $\varphi : X \to \mathbf{P}^1$
に延長する．$\mathbf{P}^1$ の座標関数 f を φ で引き戻したものは X 上の有理型関数 f となり，これ
から $\mathbf{C}(f)$ が $\mathcal{M}(X)$ の部分体となっている．$n = \deg(f)$ とおく．

主張 5.1　t を X の有理型関数とする．$\mathbf{C}(f)$ に t を添加した体 $\mathbf{C}(f,t)$ は $\mathbf{C}(f)$ 上代数拡大であり，その拡大次数は n 以下である．

証明　Σ_t を t の極の集合とする．$B_f \subset \mathbf{P}^1$ を f の分岐跡として $p \in \mathbf{P}^1 - (f(\Sigma_h) \cup B_\varphi)$ の十分小さい近傍 U_p をとれば，$f^{-1}(U_p)$ は n 個の連結成分 $U_{p,1}, \ldots, U_{p,n}$ からなり，f の $U_{p,i}$ への制限 $f : U_{p,i} \to U_p$ は正則同型となっている．その逆写像 $\varphi_i : U_p \to U_{p,i}$ と t との合成関数 $t_i = t \circ \varphi_i : U_p \to U_{p,i} X \xrightarrow{t} \mathbf{C}$ を考えると，これは U 上の正則関数となる．そこで，$t_1, \ldots, t_n$ の k 次基本対称式 $s_{p,k}$ を考えると，$s_{z,k}$ は $U_{p,1}, \ldots, U_{p,n}$ の順番によらない U_p 上の $\mathbf{P}^1$ の有理型関数となる．この構成を $\mathbf{P}^1 - (f(\Sigma_t) \cup B_\varphi)$ のすべての元 p に関して行うと，U_p は $\mathbf{P}^1 - (f(\Sigma_t) \cup B_\varphi)$ の開被覆となる．さらに $U_p \cap U_{p'} \neq \emptyset$ であるとすると，$w \in U_p \cap U_{p'}$ に対して $s_{p,i} = s_{p',i}$ であることが，$s_{p,i}$ が $U_{p,1}, \ldots, U_{p,n}$ の順番によらないことからわかる．したがって，正則関数 $s_{p,i}$ は $\mathbf{P}^1 - (f(\Sigma_t) \cup B_\varphi)$ で貼り合わされる．貼り合わされたものを s_i として，それらが $\mathbf{P}^1$ 上の有理型関数であることを示そう．p において t は有理型関数なので，$\mathbf{P}^1$ の p における一意化元 z_p をとり十分大きな N をとれば，$z_p^N t$ は $U_{p,i}$ 上の正則関数となり，$z_p t_i$ は U_p 上の正則関数となる，したがって，$z_p t_i$ の k 次基本対称式 $z_p^{Nk} s_{p,i}$ は U_p 上の正則関数となる．よって，$s_{p,i}$ は有理型関数となり，s_i は $\mathbf{P}^1$ 上の有理型関数となり $\mathbf{C}(f)$ の元である．

さて，s_i と $X \xrightarrow{f} \mathbf{P}^1$ を合成して得られた X 上の有理型関数も s_i と書くことにすると，X 上の有理型関数

$$F = t^n - s_1 t^{n-1} + s_2 t^{n-2} - \cdots + (-1)^n s_n$$

は恒等的に 0 である．実際，$U_{p,i}$ 上での F の値が 0 となることをみるためには，f を $U_{p,i}$ に制限したものが U_p との正則同型を与えることから，$F \circ \varphi_i : U_p \to \mathbf{C}$ が 0 となることをみればよいが，$t \circ \varphi_i = t_i$ となるので，$F \circ \varphi_i = \prod_{k=1}^n (t_i - t_k) = 0$ となるからである．よって，t は $\mathbf{C}(f)$ 上代数的で，t を添加した体 $\mathbf{C}(f,t)$ の $\mathbf{C}(f)$ 上の次数は n 以下である．（主張の証明終）　　　　□

上の主張から，t が X の有理型関数を動くときの $\mathbf{C}(f,t)$ の $\mathbf{C}(f)$ 上の拡大次数は，上から n で抑えられる．次の主張により，$\mathcal{M}(X)$ が $\mathbf{C}(t)$ の有限次拡大となることがわかる．

主張 5.2　t が X の有理型関数を動くときの，$\mathbf{C}(f,t)$ の $\mathbf{C}(f)$ 上の拡大次数が最大となるような有理型関数 t を t_0 とおく．このとき，$\mathcal{M}(X) = \mathbf{C}(f,t_0)$ である．

証明　$\mathcal{M}(X) \supsetneq \mathbf{C}(f,t_0)$ として矛盾を導く．仮定より，$t_1 \in \mathcal{M}(X) - \mathbf{C}(f,t_0)$ が存在する．したがって，$\mathbf{C}(f,t_0,t_1) \supsetneq \mathbf{C}(f,t_0)$ となる．ところが，$\mathbf{C}(f,t_0,t_1) \supset \mathbf{C}(f)$ は有限次なので，$\mathbf{C}(f)$ 上一つの元 t_2 で生成される．したがって，$\mathbf{C}(f,t_0,t_1) = \mathbf{C}(f,t_2) \supset \mathbf{C}(f,t_0)$ となるが，これは $\mathbf{C}(f,t_0)$ の $\mathbf{C}(f)$ 上の拡大次数の最大性の仮定に反する．（主張の証明終）　　　　□

（定理 5.27 の証明終）　　　　□

▌**定義 5.19**　コンパクト・リーマン面における有理型関数を**有理関数**という.

章末問題

5.1　C を種数 2 のコンパクト・リーマン面とすると,$\Gamma(C, \Omega_C^1)$ により定まる写像により $\mathbf{P}^1$ に 2 対 1 の写像 φ が定まり,6 点で分岐することを証明せよ.すなわち,種数 2 の曲線はすべて超楕円曲線となることを示せ.この写像 φ を**標準的 2 重被覆**という.

5.2　C を種数 3 のコンパクト・リーマン面とする.このとき,$\Gamma(C, \Omega_C^1)$ により定まる $\mathbf{P}^2$ への写像は,その像の上に次数が 2 の被覆となるか,あるいは同型であることを示せ.また,2 対 1 の写像となるときは超楕円曲線,同型となるときは平面 4 次曲線となることを示せ.

5.3　C を種数 4 のコンパクト・リーマン面とする.このとき,$\Gamma(C, \Omega_C^1)$ により定まる $\mathbf{P}^3$ への写像は,ねじれた 3 次曲線への次数 2 の写像となるか,2 次曲面と 3 次曲面の完全交叉になることを示せ.

第6章

セールの双対定理

代数幾何やトポロジーにおいて，しばしば双対定理という型の定理が現れる．その多くはコホモロジー理論を用いて定式化されるが，セールの双対定理もその例にもれず，いままでに準備した層のコホモロジー理論がフルに使われ証明される．セールの双対定理は，正則ベクトル束のコホモロジーに対する双対定理として大変美しく，最終定理はとても単純な形をしている．セールの双対定理についてはいくつもの証明方法が知られている．たとえば代数幾何の教科書として名高い [H2] では，一般次元の枠組みでセールの双対定理を扱っており，ある程度の準備のもとではかなり見通しのよい方法で証明している．ここでは一般次元の代数多様体については扱わないので，リーマン面の範囲の中だけで証明する方法を取り上げよう．

6.1 可換環上の自由加群とその双対加群

A を可換環とする．M を R 上の階数有限の自由加群とする．さらに $M^\vee = Hom_A(M, A)$ を M の**双対加群**とすると（付録 A.1 節），$M^\vee$ も階数有限の自由加群となる．M の基底 $e_1, \ldots, e_r$ をとると，$M^\vee$ の基底として $e_1, \ldots, e_r$ の**双対基底** $e_1^*, \ldots, e_r^*$ をとることができる．

M, N を A 加群として，$f: M \to N$ を A 加群の準同型とする．$N^\vee = Hom_A(N, A)$ の元 φ に対して $\varphi \circ f$ を考えると，これは $M^\vee = Hom_A(M, A)$ の元となる．これによって得られる写像 $N^\vee \to M^\vee$ を ${}^t f$ とおく．いま，M, N を有限階数で階数が等しい自由加群とし，$f: M \to N$ を同型であるとすると，${}^t f$ も同型写像となる．$m_1, \ldots, m_r$ を M の基底，$n_1, \ldots, n_r$ を N の基底として，$f(m_i) = \sum_j g_{ij} n_j$ と表すと，$g = (g_{ij})_{ij}$ は $GL(r, A)$ の元となる．このとき，$M^\vee, N^\vee$ の双対基底 $m_1^*, \ldots, m_r^*, n_1^*, \ldots, n_r^*$ を用いて同型写像 ${}^t f: N^\vee \to M^\vee$ を表すと，

$$ {}^t f(n_j^*) = \sum_i g_{ij} m_i^* $$

となるので，$({}^t f)^{-1}$ は行列 ${}^t g^{-1} = (h_{ij})_{ij}$ を用いて，

$$ ({}^t f)^{-1}(m_i^*) = \sum_j h_{ij} n_j^* $$

と表される．

6.2 双対ベクトル束と自然な双一次形式

X をコンパクト・リーマン面とする. L を正則ベクトル束として, $\mathcal{L}$ をその正則切断のなす $\mathcal{O}_X$ 加群の層とする.

定義 6.1 $\mathcal{L}, \mathcal{M}$ を局所自由 $\mathcal{O}_X$ 加群とする.

(1) Hom 層 $\mathcal{H}om_{\mathcal{O}_X}(\mathcal{L}, \mathcal{M})$ を, 開集合 U に対して $\mathcal{H}om_{\mathcal{O}_U}(\mathcal{L}, \mathcal{M})(U) = Hom_{\mathcal{O}_U}(\mathcal{L}|_U, \mathcal{M}|_U)$ を対応させる前層として定義する. こうすると, $\mathcal{H}om_{\mathcal{O}_X}(\mathcal{L}, \mathcal{M})$ は層になる.

(2) L の双対ベクトル束 $L\check{}$ を, $\mathcal{L}\check{} = \mathcal{H}om_{\mathcal{O}_X}(\mathcal{L}, \mathcal{O}_X)$ に対応するベクトル束によって定義する. $\mathcal{L}\check{}$ を局所自由 $\mathcal{O}_X$ 加群 $\mathcal{L}$ の**双対加群層**という.

Hom 層に関して, 次の事実はすぐわかる.

(1) $\mathcal{H}om_{\mathcal{O}_X}(\mathcal{L}, \mathcal{M})$ は局所自由 $\mathcal{O}_X$ 加群となる.

(2) $H^0(X, \mathcal{H}om_{\mathcal{O}_X}(\mathcal{L}, \mathcal{M})) \simeq Hom_{\mathcal{O}_X}(\mathcal{L}, \mathcal{M})$

また, 前層の準同型

$$\mathcal{L}(U) \otimes_{\mathcal{O}_X(U)} Hom_U(\mathcal{L}|_U, \mathcal{O}_U) \to \mathcal{O}_X(U) : f \otimes \varphi \mapsto \varphi_U(f) \in \mathcal{O}_X(U)$$

により, 自然な双一次形式

$$\langle \ , \ \rangle : \mathcal{L} \otimes_{\mathcal{O}_X} \mathcal{L}\check{} \to \mathcal{O}_X$$

が定義される. さらに, $\mathcal{O}_X$ 可逆層である Ω_X^1 を $\mathcal{O}_X$ 上で $\mathcal{L}\check{}$ にテンソルして得られた層 $\Omega_X^1 \otimes_{\mathcal{O}_X} \mathcal{L}\check{}$ も, 局所自由 $\mathcal{O}_X$ 加群になる. したがって, $\Omega_X^1 \otimes_{\mathcal{O}_X} \mathcal{L}\check{}$ についても, 大域的ドルボー複体

$$\Gamma(X, \Omega_X^1 \otimes_{\mathcal{O}_X} \mathcal{L}\check{} \otimes_{\mathcal{O}_X} \mathcal{A}_X^{00}) \xrightarrow{\overline{\partial}} \Gamma(X, \Omega_X^1 \otimes_{\mathcal{O}_X} \mathcal{L}\check{} \otimes_{\mathcal{O}_X} \mathcal{A}_X^{01})$$

を考えることができる. $\mathcal{L}$ についても次の大域的ドルボー複体があった.

$$\Gamma(X, \mathcal{L} \otimes_{\mathcal{O}_X} \mathcal{A}_X^{00}) \xrightarrow{\overline{\partial}} \Gamma(X, \mathcal{L} \otimes_{\mathcal{O}_X} \mathcal{A}_X^{01})$$

U を X の開集合とする.

$$\alpha_1 = \eta_1 \otimes \gamma_1 \quad (\eta_1 \in \Gamma(U, \mathcal{L}), \gamma_1 \in \Gamma(U, \mathcal{A}_X^{0i}))$$

と表される $\Gamma(U, \mathcal{L} \otimes_{\mathcal{O}_X} \mathcal{A}_X^{0i})$ の元と

$$\alpha_2 = \omega_1 \otimes \eta_2 \otimes \gamma_2 \quad (\omega_1 \in \Gamma(U, \Omega_X^1), \eta_2 \in \Gamma(U, \mathcal{L}\check{}), \gamma_2 \in \Gamma(U, \mathcal{A}_X^{0j}))$$

と表される $\Gamma(U, \Omega_X^1 \otimes_{\mathcal{O}_X} \mathcal{L}\check{} \otimes_{\mathcal{O}_X} \mathcal{A}_X^{0j})$ の元に対して,

$$\langle \alpha_1, \alpha_2 \rangle = \langle \eta_1, \eta_2 \rangle \omega_1 \gamma_1 \wedge \gamma_2 \in \Gamma(U, \Omega_X^1 \otimes_{\mathcal{O}_X} \mathcal{A}_X^{0i+j})$$

を対応させる双一次形式は局所的に貼り合わされて，大域的な双一次形式

$$\Gamma(X, \mathcal{L} \otimes_{\mathcal{O}_X} \mathcal{A}_X^{00}) \otimes \Gamma(X, \Omega^1 \otimes_{\mathcal{O}_X} \mathcal{L}^{\vee} \otimes_{\mathcal{O}_X} \mathcal{A}_X^{01}) \to \Gamma(X, \Omega^1 \otimes_{\mathcal{O}_X} \mathcal{A}_X^{01})$$

を定義する．

命題 6.1　上の双一次形式は

$$\cup : H^0(X, \mathcal{L}) \otimes H^1(X, \Omega_X^1 \otimes_{\mathcal{O}_X} \mathcal{L}^{\vee}) \to H^1(X, \Omega_X^1) \tag{6.1}$$

なる写像を誘導する．

証明　$\alpha_1 \in \Gamma(X, \mathcal{L} \otimes_{\mathcal{O}_X} \mathcal{A}_X^{00})$ と $\beta_2 \in \Gamma(X, \Omega^1 \otimes_{\mathcal{O}_X} \mathcal{L}^{\vee} \otimes_{\mathcal{O}_X} \mathcal{A}_X^{00})$ に対して，

$$\overline{\partial}(\langle \alpha_1, \beta_2 \rangle) = \langle \overline{\partial}\alpha_1, \beta_2 \rangle + \langle \alpha_1, \overline{\partial}\beta_2 \rangle$$

が成り立つ．実際，この等式は，$\langle \ , \ \rangle$ の局所的な定義の両辺に対して $\overline{\partial}$ を施すことにより示される．さらに α_1 が $\overline{\partial}(\alpha_1) = 0$ となれば，$\langle \alpha_1, \overline{\partial}\beta_2 \rangle$ は

$$\Gamma(X, \Omega^1 \otimes_{\mathcal{O}_X} \mathcal{A}_X^{00}) \xrightarrow{\overline{\partial}} \Gamma(X, \Omega^1 \otimes_{\mathcal{O}_X} \mathcal{A}_X^{01})$$

の像に入ることがわかる．したがって，式 (6.1) の写像が誘導される．　　　□

次に，**跡写像** (trace map)

$$\mathrm{tr}_X : H^1(X, \Omega_X^1) \to \mathbf{C}$$

を定義しよう．まず，

$$H^1(X, \Omega_X^1) = \mathrm{Coker}\left(\overline{\partial}_{\Omega_1} : \Gamma(X, \Omega^1 \otimes_{\mathcal{O}_X} \mathcal{A}_X^{00}) \to \Gamma(X, \Omega^1 \otimes_{\mathcal{O}_X} \mathcal{A}_X^{01})\right)$$

であることに注意する．$\Omega^1 \otimes_{\mathcal{O}_X} \mathcal{A}_X^{01} \simeq \mathcal{A}_X^{11}$ であるので，$\eta \in \Gamma(X, \Omega^1 \otimes_{\mathcal{O}_X} \mathcal{A}_X^{01})$ に対して

$$\mathrm{tr}(\eta) = \int_X \eta$$

と定義する．ここで，X にはリーマン面の複素構造から定まる自然な向きを入れた．いま，$\gamma \in \Gamma(X, \Omega^1 \otimes_{\mathcal{O}_X} \mathcal{A}_X^{00}) = \Gamma(X, \mathcal{A}_X^{10})$ であれば $d\gamma = \overline{\partial}(\gamma)$ なので，ストークスの定理から，

$$\int_X \overline{\partial}\gamma = \int_X d\gamma = \int_{\partial X} \gamma = 0$$

となる．したがって，$H^1(X, \Omega_X^1) \simeq \mathrm{Coker}(\overline{\partial}_{\Omega^1}) \to \mathbf{C}$ なる写像を得る．これらをあわせて，

$$H^0(X, \mathcal{L}) \otimes H^1(X, \Omega_X^1 \otimes_{\mathcal{O}_X} \mathcal{L}^{\check{}}) \xrightarrow{\cup} H^1(X, \Omega_X^1) \xrightarrow{\mathrm{tr}_X} \mathbf{C}$$

なる双一次形式を得る.

補題 6.2（$\mathcal{L}$ に関する関手性） 上記の双一次形式は $\mathcal{L}$ に関して関手的である. すなわち, $\mathcal{L}, \mathcal{M}$ を X 上の局所自由 $\mathcal{O}_X$ 加群とするとき, $\mathcal{O}_X$ 加群の層の準同型 $\varphi : \mathcal{L} \to \mathcal{M}$ に対して, φ によって双対加群層に誘導される $\mathcal{O}_X$ 加群の層の準同型を $\varphi^{\check{}} : \mathcal{M}^{\check{}} \to \mathcal{N}^{\check{}}$ とすると, 次の双一次形式の図式は可換である.

$$\begin{array}{ccccc}
H^0(X, \mathcal{L}) & \otimes & H^1(X, \Omega_X^1 \otimes_{\mathcal{O}_X} \mathcal{L}^{\check{}}) & \xrightarrow{\cup} & H^1(X, \Omega_X^1) \\
\varphi_* \downarrow & & \uparrow \varphi^{\check{}}_* & & \| \\
H^0(X, \mathcal{M}) & \otimes & H^1(X, \Omega_X^1 \otimes_{\mathcal{O}_X} \mathcal{M}^{\check{}}) & \xrightarrow{\cup} & H^1(X, \Omega_X^1)
\end{array}$$

つまり, $\alpha \otimes \beta \in H^0(X, \mathcal{L}) \otimes H^1(X, \Omega_X^1 \otimes_{\mathcal{O}_X} \mathcal{M}^{\check{}})$ に対して,

$$\varphi_*(\alpha) \cup \beta = \alpha \cup \varphi^{\check{}}_*(\beta)$$

となる.

この章の目的は, 次のセールの双対定理である.

定理 6.3（セールの双対定理） X をコンパクト・リーマン面とし, $\mathcal{L}$ を X 上の局所自由 $\mathcal{O}_X$ 加群とする. このとき, 跡写像 $\mathrm{tr} : H^1(X, \Omega_X) \to \mathbf{C}$ は同型であり,

$$H^0(X, \mathcal{L}) \otimes H^1(X, \mathcal{L}^{\check{}} \otimes_{\mathcal{O}_X} \Omega_X^1) \to H^1(X, \Omega_X^1) \xrightarrow{\mathrm{tr}} \mathbf{C} \qquad (6.2)$$

は完全双一次形式である. 言い換えれば, 上から得られる写像

$$H^1(X, \mathcal{L}^{\check{}} \otimes_{\mathcal{O}_X} \Omega_X^1) \xrightarrow{\cong} H^0(X, \mathcal{L})^{\check{}}$$

は同型である.

6.3 射影直線上の直線束のコホモロジー

まず, 射影直線 $\mathbf{P}^1$ は可逆層の同型類についての分類が完全にわかっていて, 話が簡単であるので, $X = \mathbf{P}^1$ のときを考える. 例 5.3 でみたように, 次の命題が成り立つ.

命題 6.4 $\mathbf{P}^1$ 上の可逆層は $\mathcal{O}_{\mathbf{P}^1}(n) = \mathcal{O}_{\mathbf{P}^1}(n\infty)$ の形に書ける. このときの n は一意的に定まる.

$H^0(\mathbf{P}^1, \mathcal{O}_{\mathbf{P}^1}(n\infty))$ は z に関する n 次以下の多項式と同一視される. この節では,

$X = \mathbf{P}^1$ で，局所自由 $\mathcal{O}_X$ 加群の層として可逆層を考える．この場合はよい例となっているのみならず，一般の場合の証明の際に重要な役割をなす．この場合のセールの双対定理を再掲すると，次の形になる．

定理 6.5 ($\mathbf{P}^1$ 上の可逆層に関するセールの双対定理)　(1)　n を -1 以上の整数とする．$H^1(\mathbf{P}^1, \mathcal{O}_{\mathbf{P}^1}(n\infty)) = 0$ である．特に，$\mathbf{P}^1$ の算術種数 $p_a(\mathbf{P}^1) = \dim H^1(\mathbf{P}^1, \mathcal{O}_{\mathbf{P}^1})$ は 0 である．

(2)　n を 0 以上の整数とする．このとき，

$$H^0(\mathbf{P}^1, \mathcal{O}_{\mathbf{P}^1}(n\infty)) \otimes H^1(\mathbf{P}^1, \Omega^1_{\mathbf{P}^1} \otimes \mathcal{O}_{\mathbf{P}^1}(-n\infty)) \to \mathbf{C}$$

は完全双一次形式である．特に，写像

$$\Gamma(\mathbf{P}^1, \Omega^1_{\mathbf{P}^1} \otimes_{\mathcal{O}_{\mathbf{P}^1}} \mathcal{A}^{01}) \to \mathbf{C} : \eta \mapsto \int_{\mathbf{P}^1} \eta$$

は $H^1(\mathbf{P}^1, \Omega^1_{\mathbf{P}^1}) \to \mathbf{C}$ を引き起こし，これは同型である．

証明　z, ζ を座標とする複素平面 U_0, U_1 を $\zeta = z^{-1}$ なる座標変換によって貼り合わせて，$\mathbf{P}^1$ が得られているとする．$\mathbf{P}^1$ を

$$D_0 = \{z \mid |z| < 1 + \epsilon\}, \quad D_1 = \{\zeta \mid |\zeta| < 1 + \epsilon\}$$

で被覆する．$\mathcal{L}$ を $\mathbf{P}^1$ 上の可逆層で，$i = 0, 1$ のとき $\mathcal{L}|_{D_i}$ が $\mathcal{O}_{D_i}$ と同型となるものとする．η を $\Gamma(\mathbf{P}^1, \mathcal{L} \otimes_{\mathcal{O}_{\mathbf{P}^1}} \mathcal{A}^{01})$ の元とする．$i = 0, 1$ に対し，η を D_i に制限したもの $\eta|_{D_i}$ についてドルボーの補題を適用すると，

$$\eta|_{D_i} = \overline{\partial} f_i$$

となる D_0 (D_1) 上の C^∞ 切断 $f_0(z)$ $(f_1(\zeta))$ が存在する．このとき，

$$D_{01} = D_0 \cap D_1 = \{z \in \mathbf{C} \mid (1 + \epsilon)^{-1} < |z| < 1 + \epsilon\}$$

の上の切断 $f_1 - f_0$ は $\overline{\partial}(f_1 - f_0) = 0$ を満たすので，D_{01} 上の $\mathcal{L}$ の正則切断となる．

(1)　$n \geq -1$ として $\eta \in \Gamma(\mathbf{P}^1, \mathcal{O}_{\mathbf{P}^1}(n\infty) \otimes_{\mathcal{O}_{\mathbf{P}^1}} \mathcal{A}^{01}_X)$ とする．η が写像

$$\overline{\partial} : \Gamma(\mathbf{P}^1, \mathcal{O}_{\mathbf{P}^1}(n\infty) \otimes_{\mathcal{O}_{\mathbf{P}^1}} \mathcal{A}^{00}) \to \Gamma(\mathbf{P}^1, \mathcal{O}_{\mathbf{P}^1}(n\infty) \otimes_{\mathcal{O}_{\mathbf{P}^1}} \mathcal{A}^{01})$$

の像になっていることを証明する．ここで，$\mathcal{O}_{\mathbf{P}^1}(\infty)$ は，D_0, D_1 上での基底 e_0, e_1 を $e_0 = \zeta^n e_1$ という貼り合わせによって書くことにする．

準備の操作を $\mathcal{L}$ として $\mathcal{O}_{\mathbf{P}^1}(n\infty)$ を考えて，η から得られた $\mathcal{O}_{\mathbf{P}^1}(n\infty)$ の D_{01} 上での正則切断を $f_1 - f_0$ とする．この正則切断は，D_0 上の基底 e_0 と座標 z を用いれば，$|z| = 1$ のまわりのローラン級数

$$f_1 - f_0 = \left(\sum_{i=-\infty}^{\infty} a_i z^i \right) e_0$$

と表される．これは，e_0 と e_1 の同一視の仕方を用いて書き換えれば，

$$f_1 - f_0 = \left(\sum_{i=0}^{\infty} a_i z^i \right) e_0 + \left(\sum_{i=1}^{\infty} a_{-i} \zeta^i \right) e_0$$

$$= \left(\sum_{i=0}^{\infty} a_i z^i \right) e_0 + \left(\sum_{i=1}^{\infty} a_{-i} \zeta^i \right) \zeta^n e_1$$

となる．したがって，$n \geq -1$ のときは

$$f_0'(z) = f_0(z) + \left(\sum_{i=0}^{\infty} a_i z^i \right) e_0$$

$$f_1'(\zeta) = f_1(\zeta) - \left(\sum_{i=1}^{\infty} a_{-i} \zeta^i \right) \zeta^n e_1$$

とおけば，

$$\overline{\partial} f_0'(z) = \overline{\partial} f_0(z) = \eta \mid_{D_0}, \quad \overline{\partial} f_1'(z) = \overline{\partial} f_1(z) = \eta \mid_{D_1}$$

であって D_{01} 上で $f_0' = f_1'$ となるので，これらは貼り合わさって $\Gamma(\mathbf{P}^1, \mathcal{O}_{\mathbf{P}^1}(n\infty) \otimes_{\mathcal{O}_{\mathbf{P}^1}} \mathcal{A}^{00})$ の元 γ を定める．この γ を用いれば $\overline{\partial}\gamma = \eta$ となるので，η は $\overline{\partial}$ の像になる．

(2) $\mathcal{O}_{\mathbf{P}^1}(n\infty)$ の U_0 での自明化の基底を e_0，U_1 での自明化の基底を e_1 とすると，その貼り合わせは $e_0 = \zeta^n e_1$ となる関係で与えられている．$\mathcal{O}_{\mathbf{P}^1}(-n\infty)$ については，U_0 で e_0 の双対基底 e_0^* を，U_1 で e_1 の双対基底 e_1^* をとれば，それらの間の関係式は $e_0^* = \zeta^{-n} e_1^*$ となる．

$H^0(\mathbf{P}^1, \mathcal{O}_{\mathbf{P}^1}(n\infty))$ の基底をそれぞれの開集合で表して，$\gamma_i = z^i e_0 = \zeta^{n-i} e_1$ $(i = 0, \ldots, n)$ なるものをとることができる．

$$\Gamma(\mathbf{P}^1, \mathcal{A}_{\mathbf{P}^1}^{10} \otimes_{\mathcal{O}_{\mathbf{P}^1}} \mathcal{O}_{\mathbf{P}^1}(-n\infty)) \to \Gamma(\mathbf{P}^1, \mathcal{A}_{\mathbf{P}^1}^{11} \otimes_{\mathcal{O}_{\mathbf{P}^1}} \mathcal{O}_{\mathbf{P}^1}(-n\infty))$$
$$\xrightarrow{\alpha} H^0(\mathbf{P}^1, \mathcal{O}_{\mathbf{P}^1}(n\infty))^{\check{}}$$

が完全列であることを示す．$\eta \in \Gamma(X, \mathcal{A}_{\mathbf{P}^1}^{11} \otimes_{\mathcal{O}_{\mathbf{P}^1}} \mathcal{O}_{\mathbf{P}^1}(-n\infty))$ とするとき，α は

$$\alpha(\eta) = (\gamma \mapsto \mathrm{tr}(\langle \gamma, \eta \rangle))$$

で与えられる写像である．

$$\eta|_{D_0} = \overline{\partial} f_0 dz, \quad \eta|_{D_1} = \overline{\partial} f_1 d\zeta$$

となる $f_i \in \Gamma(D_i, \mathcal{A}_{\mathbf{P}^1}^{11} \otimes_{\mathcal{O}_{\mathbf{P}^1}} \mathcal{O}_{\mathbf{P}^1}(-n\infty))$ $(i = 0, 1)$ をとる．

$$E_0 = \{ z \mid |z| \leq 1 \}, \quad E_1 = \{ \zeta \mid |\zeta| \leq 1 \}$$

とおく．$\overline{\partial}\gamma_i = 0$ という等式を用いると，

$$\int_X \langle \gamma_i, \eta \rangle = \int_{E_0} \langle \gamma_i, \overline{\partial} f_0 \rangle dz + \int_{E_1} \langle \gamma_i, \overline{\partial} f_1 \rangle d\zeta$$

$$= \int_{\partial E_0} \langle \gamma_i, f_0 dz \rangle + \int_{\partial E_1} \langle \gamma_i, f_1 d\zeta \rangle$$

となる. ここで, $f_0 dz - f_1 d\zeta$ は D_{01} 上の正則切断なので,

$$f_0 dz - f_1 d\zeta = \sum_{k=-\infty}^{\infty} a_k z^k dz e_0^*$$

とおくと, 上式より

$$\int_{\partial E_0} \langle \gamma_i, f_0 dz - f_1 d\zeta \rangle = \int_{\partial E_0} \sum_{k=-\infty}^{\infty} a_k z^{k+i} dz = 2\pi \mathbf{i} a_{-1-i}$$

が得られる. したがって, $\eta \in \mathrm{Ker}(\alpha)$ であれば, $a_{-1} = \cdots = a_{-n-1} = 0$ となる.

$$f_0 dz - f_1 d\zeta = \sum_{i=-\infty}^{\infty} a_i z^i dz e_0^* = \sum_{i=0}^{\infty} a_i z^i dz e_0^* - \sum_{i=-\infty}^{-1} a_i \zeta^{-i-2-n} d\zeta e_1^*$$

$$= \sum_{i=0}^{\infty} a_i z^i dz e_0^* - \sum_{i=0}^{\infty} a_{-i-2-n} \zeta^i d\zeta e_1^*$$

となるので, D_{01} 上での等式

$$f_0 dz - \sum_{i=0}^{\infty} a_i z^i dz e_0^* = f_1 d\zeta - \sum_{i=0}^{\infty} a_{-i-2-n} \zeta^i d\zeta e_1^*$$

を得る. この等式によって, D_0 で定義された上式の左辺と D_1 で定義された右辺が貼り合わさって $\Gamma(\mathbf{P}^1, \mathcal{A}_{\mathbf{P}^1}^{10} \otimes_{\mathcal{O}_{\mathbf{P}^1}} \mathcal{O}_{\mathbf{P}^1}(-n\infty))$ の元 γ が定まり, $\overline{\partial}\gamma = \eta$ となり, 完全性が示された. これから, 写像

$$H^1(\Omega_{\mathbf{P}^1}^1 \otimes_{\mathcal{O}_{\mathbf{P}^1}} \mathcal{O}_{\mathbf{P}^1}(-n\infty)) \to H^0(X, \mathcal{O}_{\mathbf{P}^1}(n\infty))^{\check{}} \tag{6.3}$$

が単射であることが従う. $\dim H^0(\mathbf{P}^1, \Omega_{\mathbf{P}^1}^1 \otimes \mathcal{O}_{\mathbf{P}^1}(-n\infty)) = 0$ なので, リーマン–ロッホの定理から

$$\dim H^1(\mathbf{P}^1, \Omega_{\mathbf{P}^1}^1 \otimes \mathcal{O}_{\mathbf{P}^1}(-n\infty)) = -\chi(\mathbf{P}^1, \Omega_{\mathbf{P}^1}^1 \otimes \mathcal{O}_{\mathbf{P}^1}(-n\infty))$$

$$= -\deg(\Omega_{\mathbf{P}^1}^1 \otimes \mathcal{O}_{\mathbf{P}^1}(-n\infty)) - 1$$

$$= n + 1$$

となる. したがって, 線型写像 (6.3) は同型となり, 双対定理を得る. □

6.4 グロタンディークの定理と射影直線上のセールの双対定理

$\mathbf{P}^1$ 上の局所自由 $\mathcal{O}_X$ 加群に関して, 次のグロタンディークの定理がある.

定理 6.6（グロタンディークの定理） $\mathbf{P}^1$ 上の階数が r の局所自由 $\mathcal{O}_{\mathbf{P}^1}$ 加群は，$\oplus_{i=1}^r \mathcal{O}_{\mathbf{P}^1}(n_i)$ の形の $\mathcal{O}_X$ 加群と同型である．

補題 6.7 十分大きい n に対して，$H^0(\mathbf{P}^1, \mathcal{L}(-n)) = 0$ となる．

証明

$$H^0(\mathbf{P}^1, \mathcal{L}(-(n+1))) \subset H^0(\mathbf{P}^1, \mathcal{L}(-n))$$

であって双方有限次元なので，もし任意の n について $H^0(\mathbf{P}^1, \mathcal{L}(-n)) \neq 0$ であれば，ある n_0 が存在して任意の $n \geq n_0$ について

$$H^0(\mathbf{P}^1, \mathcal{L}(-n)) = H^0(\mathbf{P}^1, \mathcal{L}(-n_0)) \neq 0$$

が成り立つ．$\infty \in \mathbf{P}^1$ のある近傍における $\mathcal{L}$ の局所自明化を $\mathcal{L}|_U \xrightarrow{\tau} \mathcal{O}_U^r = \mathcal{O}(D_\epsilon)^r$ とし，z を ∞ における一意化元とする．ここで，$\mathcal{O}(D_\epsilon)^r$ は，収束半径が ϵ 以上の z に関するべき級数のなす環である．$H^0(\mathbf{P}^1, \mathcal{L}(-n_0))$ の 0 でない元 f の，τ による像をべき級数の形に表すと，$\tau(f) = (f_1, \ldots, f_r)$ となるが，任意の $n \geq n_0$ について $f_1, \ldots, f_r$ はすべて z^n で割り切れることになって，$f_1 = \cdots = f_r = 0$ となり，f が 0 でないことに矛盾する． $\square$

定理 6.6 の証明 r に関する帰納法で証明する．$r=1$ のときは可逆層であり，このときは命題 6.4 にほかならない．$r > 1$ とする．$\dim H^0(X, \mathcal{L}(n))$ は n が十分小さい整数のときは 0 で，十分大きい整数のときは系 5.18 より正になるので，n_0 を $\dim H^0(X, \mathcal{L}(n))$ が 0 にならない最小の整数 n とする．$H^0(X, \mathcal{L}(n))$ の 0 でない元 α をとり，α で生成された $\mathcal{O}_X$ 加群を $\alpha\mathcal{O}_X$ とすると，自然な層の単射 $j: \mathcal{O}_X \simeq \alpha\mathcal{O}_X \to \mathcal{L}(n_0)$ が得られる．このとき，任意の $x \in X$ について，$(\mathcal{L}(n_0)/\alpha\mathcal{O}_X)_x$ は $\mathcal{O}_X$ 加群としてねじれのない有限生成加群になっている．なぜなら，もし z を x における一意化元として $(\mathcal{L}(n_0)/\alpha\mathcal{O}_X) \ni \overline{f} \neq 0$ が $x\overline{f} = 0$ となっているとすると，$\overline{f}$ の $\mathcal{L}$ での代表元 f に対して $\alpha\mathcal{O}_x \subsetneq \alpha\mathcal{O}_x + f\mathcal{O}_x \subset \mathcal{L}(n_0)_x$ で，$\alpha\mathcal{O}_x + f\mathcal{O}_x$ は $\mathcal{O}_x$ 上階数が 1 なので，$\mathcal{O}_X(x) \subset \mathcal{L}(n_0)$ となり，$\mathcal{O}_X \subset \mathcal{L}(n_0 - x) \simeq \mathcal{L}(n_0 - 1)$ となって，n_0 の最小性に矛盾する．

$\mathcal{O}_x$ は離散付値環なので，$(\mathcal{L}/\alpha\mathcal{O}_X)_x$ は自由 $\mathcal{O}_x$ 加群である．したがって，$\mathcal{M} = \mathcal{L}/\alpha\mathcal{O}_X$ は局所自由 $\mathcal{O}_X$ 加群で，その階数は $r-1$ である．したがって，帰納法の仮定により $\mathcal{M} = \oplus_{i=1}^{r-1} \mathcal{O}_X(n_i)$ となり，完全列

$$0 \to \mathcal{O}_X \to \mathcal{L}(n_0) \xrightarrow{p} \mathcal{M} = \oplus_{i=1}^{r-1} \mathcal{O}_X(n_i) \to 0$$

を得る．ここで，p は $\mathcal{L}$ から $\mathcal{M}$ への自然な射影である．このとき $n_i \leq 0$ となることを示そう．上の完全列に $\mathcal{O}_X(-1)$ をテンソルして完全列を書くと，

$$0 \to H^0(\mathbf{P}^1, \mathcal{O}_X(-1)) \to H^0(\mathbf{P}^1, \mathcal{L}(n_0 - 1)) \to H^0(\mathbf{P}^1, \mathcal{M}(-1))$$
$$\to H^1(\mathbf{P}^1, \mathcal{O}_X(-1)) \to \cdots$$

が得られる. もし $n_i \geq 1$ となる $i = 1, \ldots, r-1$ が存在すると,

$$H^1(\mathbf{P}^1, \mathcal{O}_X(-1)) = 0, \quad H^0(\mathbf{P}^1, \mathcal{M}(-1)) \simeq \oplus_{i=1}^{r-1} H^0(\mathbf{P}^1, \mathcal{O}_X(n_i - 1)) \neq 0$$

となり, $H^0(\mathbf{P}^1, \mathcal{L}(n_0 - 1)) \neq 0$ で n_0 の最小性に反する. そこで, Hom 層に関する完全列

$$0 \to \mathcal{H}om_{\mathcal{O}_X}(\mathcal{M}, \mathcal{O}_X) \to \mathcal{H}om_{\mathcal{O}_X}(\mathcal{M}, \mathcal{L}(n_0)) \to \mathcal{H}om_{\mathcal{O}_X}(\mathcal{M}, \mathcal{M}) \to 0$$

から来るコホモロジー長完全列を書いてみると,

$$0 \to \mathrm{Hom}_{\mathcal{O}_X}(\mathcal{M}, \mathcal{O}_X) \to \mathrm{Hom}_{\mathcal{O}_X}(\mathcal{M}, \mathcal{L}(n_0)) \xrightarrow{p^*} \mathrm{Hom}_{\mathcal{O}_X}(\mathcal{M}, \mathcal{M})$$
$$\to H^1(\mathbf{P}^1, \mathcal{H}om_{\mathcal{O}_X}(\mathcal{M}, \mathcal{O}_X)) \to \cdots$$

となり,

$$\mathcal{H}om_{\mathcal{O}_X}(\mathcal{M}, \mathcal{O}_X) \simeq \mathcal{H}om_{\mathcal{O}_X}(\oplus_{i=1}^{r-1} \mathcal{O}_X(n_i), \mathcal{O}_X) \simeq \oplus_{i=1}^{r-1} \mathcal{O}_X(-n_i)$$

なので, $H^1(\mathbf{P}^1, \mathcal{H}om_{\mathcal{O}_X}(\mathcal{M}, \mathcal{O}_X)) = 0$ となる. よって, $\varphi \in \mathrm{Hom}_{\mathcal{O}_X}(\mathcal{M}, \mathcal{L}(n_0))$ で $\varphi \circ p = \mathrm{id}$ となるものが存在する. したがって, 層の完全列により

$$\mathcal{L}(n_0) \simeq \mathcal{O}_X \oplus \mathcal{M} = \mathcal{O}_X \oplus \left(\oplus_{i=1}^{r-1} \mathcal{O}_X(n_i) \right)$$
$$\mathcal{L} = \mathcal{O}_X(-n_0) \oplus \left(\oplus_{i=1}^{r-1} \mathcal{O}_X(n_i - n_0) \right)$$

となり, 階数が r のときに定理が証明された. 帰納法により, 任意の r について定理が示された. □

係数の層に関する関手性についての補題 6.2 より, 次の定理が従う.

定理 6.8（$\mathbf{P}^1$ の場合のセールの双対定理） 写像 (6.2) は非退化双一次形式である. すなわち, 写像 (6.2) により引き起こされる写像

$$H^1(\mathbf{P}^1, \mathcal{L}^\vee \otimes_{\mathcal{O}_{\mathbf{P}^1}} \Omega^1_{\mathbf{P}^1}) \xrightarrow{\cong} H^0(\mathbf{P}^1, \mathcal{L})^\vee$$

は同型写像である.

6.5　層の順像, 逆像, 射影公式

$f : X \to Y$ をコンパクト・リーマン面 X, Y の間の定値写像でない写像とする. $\mathcal{L}$ を局所自由 $\mathcal{O}_X$ 加群とする. Y 上の前層 $f_*\mathcal{L}$ を, U に対して

$$f_*\mathcal{L}(U) = \mathcal{L}(f^{-1}(U))$$

として定義する. $f_*\mathcal{L}$ を $\mathcal{L}$ の f による**順像**という. Y の開集合 $U \subset V$ に対して X の開集合の包含関係 $f^{-1}(U) \subset f^{-1}(V)$ が得られるので, 制限写像は $\mathcal{L}$ における制限写像

$$\rho_{f^{-1}(U)f^{-1}(V)} : f_*\mathcal{L}(V) = \mathcal{L}(f^{-1}(V)) \to f_*\mathcal{L}(U) = \mathcal{L}(f^{-1}(U))$$

によって定義する. このとき, 次の命題が成り立つ.

命題 6.9 $f_*\mathcal{L}$ は Y 上の局所自由 $\mathcal{O}_Y$ 加群になる.

証明 $\mathcal{L}$ を階数が r の局所自由 $\mathcal{O}_X$ 加群とする. y を Y の点とし, $f^{-1} = \{x_1, \ldots, x_m\}$ とする. y の近傍 V で次の性質を満たすものをとる.

(1) $f^{-1}(V)$ の連結成分は $U_1, \ldots, U_m$ で, U_i は x_i の近傍になっている.

(2) V における y の一意化元 w と U_i の上の一意化元 z_i が存在して, $w = z_i^{e_i}$ と書ける.

(3) この一意化元を用いて

$$V = \{w| \ |w| < 1\}, \quad U_i = \{z_i| \ |z_i| < 1\}$$

と表される.

(4) U_i 上で $\mathcal{L}|_{U_i} \simeq \oplus_{k=1}^r \mathcal{O}_{U_i} e_{ik}$ なる同型が存在する.

まず, $f_*\mathcal{O}_{U_i}$ が自由 $\mathcal{O}_V$ 加群となることを示そう. $e = e_i, z = z_i$ と書く. このとき,

$$f_*\mathcal{O}_{U_i}(V) = \{\varphi(z) \mid \varphi \text{ は } z \text{ に関して収束半径が } 1 \text{ のべき級数}\}$$

$$\mathcal{O}_V(V) = \{\psi(z^e) \mid \varphi \text{ は } z^e \text{ に関して収束半径が } 1 \text{ のべき級数}\}$$

となるので, $\varphi(z) \in f_*\mathcal{O}_{U_i}(V)$ はただ一通りに

$$\varphi(z) = \psi_0(z^e) + \psi_1(z^e)z + \cdots + \psi_{e-1}(z^e)z^{e-1} \quad (\psi_i(z^n) \in \mathcal{O}_V(V))$$

と書かれる. したがって, $f_*\mathcal{O}_{U_i}(V)$ は, $\mathcal{O}_V(V)$ 上 $1, z, z^2, \ldots, z^e$ で生成される自由加群となる. V に含まれる開集合に対しても同じ等式が成り立ち, Y 上の層として $f_*\mathcal{O}_{U_i} = \oplus_{k=0}^{e-1} \mathcal{O}_V z^k$ となることがわかる. 一般の $\mathcal{L}$ については, U_i 上での直和分解 $\mathcal{L}|_{U_i} \simeq \oplus_{k=1}^r \mathcal{O}_{U_i} e_{ik}$ を用いて自由 $\mathcal{O}_V$ 加群となることがわかる. □

次に, Y 上の局所自由 $\mathcal{O}_Y$ 加群 $\mathcal{L}$ に対して $f^*\mathcal{L}$ なる X 上の局所自由 $\mathcal{O}_X$ 加群を定義する. 次の命題は, 正則ベクトル束の定義から容易に示される.

命題 6.10 $\pi : L \to Y$ を正則ベクトル束とする. このとき, Y 上のファイバー積

$$X \times_Y L = \{(x, l) \in X \times L \mid f(x) = \pi(l)\}$$

は, X 上の正則ベクトル束となる.

定義 6.2 $\mathcal{L}$ を局所自由 $\mathcal{O}_Y$ 加群とする. L を $\mathcal{L}$ に対応する正則ベクトル束とするとき, 正則ベクトル束 $X \times_Y L$ に対応する X 上の局所自由 $\mathcal{O}_X$ 加群を $f^*\mathcal{L}$ と定義する. $f^*\mathcal{L}$ を $\mathcal{L}$ の f による**逆像**という. $\mathcal{O}_Y$ は Y 上の自明な直線束 $Y \times \mathbf{C}$ に対応す

るので，定義により，$f^*\mathcal{O}_Y$ はやはり X 上の自明な直線束に対応して，$\mathcal{O}_X$ と自然に同型となる．

　次の定理はとても有用である．

定理 6.11（射影公式）　$f : X \to Y$ をコンパクト・リーマン面の間の定値でない正則写像とする．$\mathcal{M}$ を X 上の局所自由 $\mathcal{O}_X$ 加群として，$\mathcal{L}$ を Y 上の局所自由 $\mathcal{O}_Y$ 加群とする．このとき，自然な準同型

$$f_*\mathcal{M} \otimes_{\mathcal{O}_Y} \mathcal{L} \to f_*(\mathcal{M} \otimes_{\mathcal{O}_X} f^*\mathcal{L})$$

があり，これは同型となる．

証明　まず，$\mathcal{L}(U) \to f^*\mathcal{L}(f^{-1}(U))$ なる正則写像を定義する．$\mathcal{L}(U)$ の元を $s : U \to L$ と思えば，$f^{-1}(U) \to U \to L$ なる合成写像と $f^{-1}(U) \to X$ より，ファイバー積の普遍性から $f^{-1}(U) \to L \times_Y X$ という正則写像を得る．

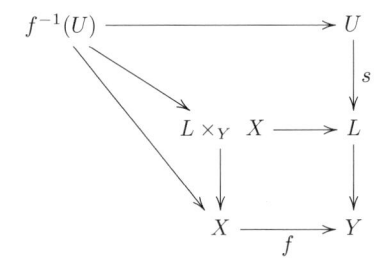

したがって，$\mathcal{O}_Y(U) \to \mathcal{O}_X(f^{-1}(U))$ なる自然な写像を考えれば，

$$\mathcal{M}(f^{-1}(U)) \otimes_{\mathcal{O}_Y(U)} \mathcal{L}(U) \to \mathcal{M}(f^{-1}(U)) \otimes_{\mathcal{O}_X(f^{-1}(U))} f^*\mathcal{L}(f^{-1}(U))$$

となる．この写像は前層の準同型になっているので，これを U について層化することとテンソル積の層化について考えて，

$$f_*\mathcal{M} \otimes_{\mathcal{O}_Y} \mathcal{L} \to f_*(\mathcal{M} \otimes_{\mathcal{O}_X} f^*\mathcal{L}) \tag{6.4}$$

なる写像を得る．これが同型であることをみるには，Y の開被覆 $\mathcal{U} = \{U_i\}_{i \in I}$ をとり，すべての U_i について写像 (6.4) を U_i に制限したものが同型であることをみればよい．実際，十分細かく U_i をとれば，$\mathcal{L}$ の U_i での制限が $\mathcal{O}_{U_i}$ と同型になり，その場合は U_i への写像 (6.4) の制限が同型となるのは明らかである．　　　　　　　　　　□

　次に，順像とコホモロジーの関係を述べる．

命題 6.12　(1)　$\mathcal{F}$ を X 上の層とするとき，

$$\psi_f : H^i(Y, f_*\mathcal{F}) \to H^i(X, \mathcal{F})$$

なる自然な写像が存在して同型になる．

(2)　$\mathcal{L}$ を局所自由 $\mathcal{O}_X$ 加群とすると，

$$\phi_f : \Gamma(Y, f_*\mathcal{L} \otimes_{\mathcal{O}_Y} \mathcal{A}_Y^{0,i}) \to \Gamma(X, \mathcal{L} \otimes_{\mathcal{O}_X} \mathcal{A}_X^{0,i})$$

なる自然な写像が定義され，これにより引き起こされるドルボー・コホモロジーの写像

$$\phi_f : H^i(Y, f_*\mathcal{L}) \to H^i(X, \mathcal{L})$$

は同型である（実際は写像 ψ_f と一致する）．

証明　(1)　Y の開被覆 $\{V_i\}$ から X の開被覆 $\{f^{-1}(V_i)\}$ が得られるが，これは X の開被覆のなす順序集合の中で共終である．このことから示される．

(2)　まず，Y 上の層の準同型

$$f_*\mathcal{L} \otimes_{\mathcal{O}_Y} \mathcal{A}_Y^{0i} \to f_*(\mathcal{L} \otimes_{\mathcal{O}_X} \mathcal{A}_X^{0i}) \tag{6.5}$$

なる写像を定義しよう．U を Y の開集合として

$$\mathcal{L}(f^{-1}(U)) \otimes_{\mathcal{O}_Y(U)} \mathcal{A}_Y^{0i}(U) \to \mathcal{L}(f^{-1}(U)) \otimes_{\mathcal{O}_X(f^{-1}(U))} \mathcal{A}_X^{0i}(f^{-1}(U))$$

とすると，これは U に関する前層の射になるので，これを U に関して層化すれば，写像 (6.5) を得る．

次に，X 上の層の完全列

$$0 \to \mathcal{L} \to \mathcal{L} \otimes_{\mathcal{O}_X} \mathcal{A}_X^{00} \to \mathcal{L} \otimes_{\mathcal{O}_X} \mathcal{A}_X^{01} \to 0$$

に対して f_* を施すと，

$$0 \to f_*\mathcal{L} \to f_*(\mathcal{L} \otimes_{\mathcal{O}_X} \mathcal{A}_X^{00}) \to f_*(\mathcal{L} \otimes_{\mathcal{O}_X} \mathcal{A}_X^{01}) \to 0$$

なる列が得られるが，これは完全である．これは $y \in Y$ に対して茎をとることによりわかる．また，$i > 0$ であれば，

$$H^i(Y, f_*(\mathcal{L} \otimes_{\mathcal{O}_X} \mathcal{A}_X^{0i})) = H^i(X, \mathcal{L} \otimes_{\mathcal{O}_X} \mathcal{A}_X^{0i}) = 0$$

なので，コホモロジー長完全列を考えると，下の図式の 1 行目のコホモロジーと 2 行目のコホモロジーは一致する．

$$
\begin{array}{ccc}
\Gamma(Y, f_*\mathcal{L} \otimes_{\mathcal{O}_Y} \mathcal{A}_Y^{00}) & \to & \Gamma(Y, f_*\mathcal{L} \otimes_{\mathcal{O}_Y} \mathcal{A}_Y^{01}) \\
\phi_f \downarrow & & \downarrow \phi_f \\
\Gamma(Y, f_*(\mathcal{L} \otimes_{\mathcal{O}_X} \mathcal{A}_X^{00})) & \to & \Gamma(Y, f_*(\mathcal{L} \otimes_{\mathcal{O}_X} \mathcal{A}_X^{01}))
\end{array}
$$

$\square$

上の命題の (2) の写像 ϕ_f が $\mathcal{L} = \mathcal{O}_X$ の場合に実際に局所的にどういう形をしているか，みてみよう．$y \in Y$ として，その近傍 V における y の一意化元 w をとる．$f^{-1}(y) = \{x_1, \ldots, x_m\}$ として，x_i の近傍 U_i における x_i の一意化元 z_i を，$w = z_i^{e_i}$ という形になるようにとる．このとき

$$\mathcal{O}_X(U_i) = \mathcal{O}_Y(V) \oplus z_i \mathcal{O}_Y(V) \oplus \cdots \oplus z_i^{e_i - 1} \mathcal{O}_Y(V)$$

なので，

$$\Gamma(V, f_* \mathcal{O}_X \otimes_{\mathcal{O}_Y} \mathcal{A}_Y^{00}) = \bigoplus_i \{ g_0(y) + g_1(y) z_i + \cdots g_{e_i-1}(y) z_i^{e_i-1} \mid$$
$$g_0(y), \ldots, g_{e_i-1}(y) \text{ は } V \text{ 上で } y \text{ の } C^\infty \text{関数} \}$$
$$\Gamma(V, f_*(\mathcal{O}_X \otimes_{\mathcal{O}_X} \mathcal{A}_X^{00})) = \bigoplus_i \{ h(z_i) \mid h(z_i) \text{ は } U_i \text{ 上で } z \text{ の } C^\infty \text{関数} \}$$

であり，ϕ_f は

$$\phi_f(g_0(y) + g_1(y) z_i + \cdots g_{e_i-1}(y) z_i^{e_i-1})$$
$$= g_0(z_i^{e_i}) + g_1(z_i^{e_i}) z_i + \cdots g_{e_i-1}(z_i^{e_i}) z_i^{e_i-1}$$

で与えられる写像である．

6.6　セールの双対定理の証明

以上の準備のもとで，この節では，一般のコンパクト・リーマン面上の局所自由 $\mathcal{O}_X$ 加群についてのセールの双対定理の証明をする．まずは，二つの連結なコンパクト・リーマン面の間の定値写像でない正則写像 $f : X \to Y$ があるときの，相対双対定理について考える．

> **定義 6.3**　X, Y をコンパクト・リーマン面，$f : X \to Y$ を正則写像とする．$\mathcal{L}$ を X 上の直線束とする．このとき，**相対微分** $D_{X/Y}$ を次の可逆 $\mathcal{O}_X$ 加群として定義する．
>
> $$D_{X/Y} = \Omega_X^1 \otimes_{\mathcal{O}_X} (f^* \Omega_Y^1)^{\vee}$$
>
> 定義により，$D_{X/Y} \otimes_{\mathcal{O}_X} f^* \Omega_Y^1 \simeq \Omega_X^1$ が成り立つ．

連結なコンパクト・リーマン面の間の写像 $X \to Y$ に対して，相対跡写像 $f_* \Omega_X^1 \to \Omega_Y^1$ を以下のようにして定義する．f の被覆次数を n とする．y を Y の点とし，$f^{-1} = \{x_1, \ldots, x_m\}$ とする．y の近傍 V で次の性質を満たすものをとる．

(1) $f^{-1}(V)$ の連結成分は $U_1, \ldots, U_m$ で，U_i は x_i の近傍になっている．

(2) V における y の一意化元 w と U_i の上の一意化元 z_i が存在して，$w = z_i^{e_i}$ と書

ける.

(3) この一意化元を用いて

$$V = \{w|\ |w| < 1\}, \quad U_i = \{z_i|\ |z_i| < 1\}$$

と表される.

まず,$\tau_i : f_*\Omega_X^1(V) \to \Omega_Y^1(V)$ を定義する.$f_*\Omega_X^1(V) = \oplus_{i=1}^m \mathcal{O}(U_i)dz_i$, $\Omega_Y^1(V) = \mathcal{O}(V)dw$ となる.ここで,σ_i を

$$\sigma_i(z_i) = \mathbf{e}\left(\frac{1}{e_i}\right)z_i, \quad \sigma_i(dz_i) = \mathbf{e}\left(\frac{1}{e_i}\right)dz_i$$

によって定め,$\omega_i(z_i) = f_i(z_i)dz_i \in \mathcal{O}(U_i)dz_i$ に対して,τ_i を

$$\tau_i(\omega_i(z_i)) = \sum_{k=0}^{e_i-1} \sigma_i^k(\omega_i(z_i))$$

によって定める.次の補題は容易にわかる.

補題 6.13 (1) $y \in Y$ に対して,十分小さい開集合 V で上の性質をもつものをとることによって,上の写像 τ_i は Y 上の局所自由 $\mathcal{O}_Y$ 加群の層の準同型写像 $\mathrm{tr}_{X/Y} : f_*\Omega_X^1 \to \Omega_Y^1$ を定める.

(2) 合成写像 $H^1(X, \Omega_X^1) \simeq H^1(Y, f_*\Omega_X^1) \xrightarrow{\mathrm{tr}_{X/Y}} H^1(Y, \Omega_Y^1) \xrightarrow{\mathrm{tr}_Y} \mathbf{C}$ は,X の跡写像 tr_X と一致する.

補題 6.14 $\mathcal{L}, \mathcal{M}$ を X 上の局所自由 $\mathcal{O}_X$ 加群とする.

(1) 自然な写像

$$\kappa : H^i(X, \mathcal{L}) \otimes H^j(X, \mathcal{M}) \to H^{i+j}(X, \mathcal{L} \otimes \mathcal{M})$$

が存在する.

(2)

$$\pi_{\mathcal{L}, \mathcal{M}} : f_*\mathcal{L} \otimes_{\mathcal{O}_Y} f_*\mathcal{M} \to f_*(\mathcal{L} \otimes_{\mathcal{O}_X} \mathcal{M})$$

なる自然な写像が定まる.また,この写像と (1) で与えた写像から得られる下の図式は可換となる.

$$\begin{array}{ccc}
H^i(Y, f_*\mathcal{L}) \otimes H^i(Y, f_*\mathcal{M}) & \to & H^{i+j}(Y, f_*\mathcal{L} \otimes_{\mathcal{O}_Y} f_*\mathcal{M}) \\
\downarrow & & \downarrow \\
H^i(X, \mathcal{L}) \otimes H^i(X, \mathcal{M}) & \to & H^{i+j}(X, \mathcal{L} \otimes_{\mathcal{O}_X} \mathcal{M})
\end{array}$$

証明 (1) ドルボー・コホモロジーによる表現を用いて写像を構成する.$i, j \geq 0$, $i + j \leq 1$

とする．$U \subset X$ を開集合として，$\omega \otimes \alpha \in \mathcal{A}^{0,i}(U) \otimes \mathcal{L}(U), \eta \otimes \beta \in \mathcal{A}^{0,j}(U) \otimes \mathcal{M}(U)$ という形の元に対しては，

$$\kappa((\omega \otimes \alpha) \otimes (\eta \otimes \beta)) = (\omega \wedge \eta) \otimes (\alpha \otimes \beta) \in \mathcal{A}^{i+j}(U) \otimes (\mathcal{L} \otimes \mathcal{M})(U)$$

と定めることにより，大域切断上の写像が誘導される．これはコホモロジーの間のペアリングを誘導する．

(2) U を Y の開集合とする．$\alpha \in \mathcal{L}(f^{-1}(U))$, $\beta \in \mathcal{M}(f^{-1}(U))$ に対して，

$$\pi(\alpha \otimes \beta) = \alpha \otimes \beta \in \mathcal{L}(f^{-1}(U)) \otimes_{\mathcal{O}_X(f^{-1}(U))} \mathcal{M}(f^{-1}(U))$$

と定めると，$r \in \mathcal{O}_Y(U)$ に対して，$\pi(\alpha r \otimes \beta) = \pi(\alpha \otimes r\beta)$ となるので，求める写像が誘導される． $\square$

定義 6.4（相対跡写像，相対双一次形式） X, Y をコンパクト・リーマン面，$f : X \to Y$ を正則写像とする．

(1) 補題 6.13 によって得られた Y 上の局所自由 $\mathcal{O}_Y$ 加群の層の準同型 $\mathrm{tr}_{X/Y} : f_* \Omega^1_X \to \Omega^1_Y$ を**相対跡写像**という．

(2) $\mathcal{L}$ を X 上の局所自由 $\mathcal{O}_X$ 加群とする．Y 上の層の写像

$$f_* \mathcal{L} \otimes f_*(\mathcal{L}^{\smile} \otimes D_{X/Y}) \otimes \Omega^1_Y = f_* \mathcal{L} \otimes f_*(\mathcal{L}^{\smile} \otimes \Omega^1_X) \xrightarrow{\pi_{\mathcal{L}, \mathcal{L}^{\smile} \otimes \Omega^1_X}} f_* \Omega^1_X \xrightarrow{\mathrm{tr}_{X/Y}} \Omega^1_Y$$

を考える．この両辺に $\mathcal{O}_Y$ 上，$(\Omega^1_Y)^{\smile}$ をテンソルして得られる写像

$$\mu : f_* \mathcal{L} \otimes_{\mathcal{O}_Y} f_*(\mathcal{L}^{\smile} \otimes_{\mathcal{O}_X} D_{X/Y}) \to \mathcal{O}_Y$$

を**相対双一次形式**という．

命題 6.15（相対双対定理） $\mathcal{L}$ を X 上の局所自由 $\mathcal{O}_X$ 加群とする．相対双一次形式 μ により引き起こされる次の写像は同型である．

$$f_*(\mathcal{L}^{\smile} \otimes_{\mathcal{O}_X} D_{X/Y}) \xrightarrow{\cong} (f_* \mathcal{L})^{\smile}$$

証明 相対双一次形式を引き起こす写像

$$f_* \mathcal{L} \otimes f_*(\mathcal{L}^{\smile} \otimes D_{X/Y}) \otimes \Omega^1_Y = f_* \mathcal{L} \otimes f_*(\mathcal{L}^{\smile} \otimes \Omega^1_X) \to f_* \Omega^1_X \xrightarrow{\mathrm{tr}} \Omega^1_Y$$

が局所自由 $\mathcal{O}_Y$ 加群の完全双一次形式であることを証明する．そのためには，Y の各開被覆に制限して完全双一次形式であることをみればよい．$y \in Y$ として，その近傍 V における y の一意化元 w をとる．$f^{-1}(y) = \{x_1, \dots, x_m\}$ として，x_i の近傍 U_i における x_i の一意化元 z_i を $w = z_i^{e_i}$ という形になるようにとる．V を十分小さくとれば，$\mathcal{L}|_{f^{-1}(V)}$ は $\mathcal{O}_{f^{-1}(V)}$ の直和と同型になるので，$\mathcal{L}|_{f^{-1}(V)}$ が $\mathcal{O}_{f^{-1}(V)}$ の場合に証明すればよい．

いま，$\mathcal{O}(V)$ 双一次形式

$$\langle\,,\,\rangle_i : \mathcal{O}(U_i) \otimes_{\mathcal{O}(V)} \mathcal{O}(U_i)dz_i \to \mathcal{O}(V)dw$$

を $\sigma_i(z_i) = \mathbf{e}(1/e_i)z_i$ によって定め，

$$\langle g(z_i), h(z_i)dz_i\rangle_i = \sum_{k=0}^{e_i-1} \sigma_i^k(g(z_i)h(z_i)dz_i) \in \mathcal{O}(V)dw$$

と定めると，相対双一次形式

$$\langle\,,\,\rangle : f_*\mathcal{O}_X(V) \otimes_{\mathcal{O}_Y(V)} f_*\Omega^1_X(V) \to \Omega_Y(V)$$

は

$$\mathcal{O}(f^{-1}(V)) = \oplus_i \mathcal{O}(U_i), \quad \Omega^1_X(f^{-1}(V)) = \oplus_i \Omega^1_X(U_i)$$

の同一視のもとで

$$\langle (g_i)_i, (h_i dz_i)_i\rangle = \sum_i \langle g_i, h_i dz_i\rangle_i$$

という形になる．したがって，$\langle\,,\,\rangle_i$ が $\mathcal{O}(V)$ 上の完全双一次形式となることをいえばよい．$\mathcal{O}(U_i)$ は $\mathcal{O}(V)$ 上 $1, z_i, z_i^2, \ldots, z_i^{e_i-1}$ を基底とする自由加群であり，

$$\langle z_i^p, z_i^q dz_i\rangle_i = \begin{cases} dw & (p+q = e_i - 1) \\ 0 & (p+q \neq e_i - 1) \end{cases}$$

となることから，$\langle\,,\,\rangle_i$ は完全双一次形式であることがわかる． $\qquad\Box$

それではセールの双対定理（定理 6.3）の証明をしよう．まず，次の命題を証明する．

命題 6.16 f を X 上の有理型関数として，$f : X \to \mathbf{P}^1$ を f により定まる正則写像とする．$Y = \mathbf{P}^1$ とおく．このとき，次の図式は可換になる．

$$\begin{array}{ccc} H^0(X, \mathcal{L}) \otimes H^1(X, \mathcal{L}^\vee \otimes_{\mathcal{O}_X} \Omega^1_X) & \xrightarrow{\ \alpha\ } & H^1(X, \Omega^1_X) \\ {\scriptstyle \phi_f \otimes \gamma}\uparrow & & \downarrow{\scriptstyle \mathrm{tr}_{X/Y}} \\ H^0(Y, f_*\mathcal{L}) \otimes H^1(Y, (f_*\mathcal{L})^\vee \otimes_{\mathcal{O}_Y} \Omega^1_Y) & \xrightarrow{\ \beta\ } & H^1(Y, \Omega^1_Y) \end{array}$$

ここで，ϕ_f は命題 6.12 で定義された同型写像であり，γ は自然な同型

$$f_*(\mathcal{L}^\vee \otimes_{\mathcal{O}_X} \Omega^1_X) \simeq f_*(\mathcal{L}^\vee \otimes_{\mathcal{O}_X} D_{X/Y} \otimes_{\mathcal{O}_X} f^*\Omega^1_Y)$$

$$\simeq f_*(\mathcal{L}^\vee \otimes_{\mathcal{O}_X} D_{X/Y}) \otimes_{\mathcal{O}_Y} \Omega^1_Y$$

$$\underset{\text{命題 6.15}}{\simeq} (f_*\mathcal{L})^\vee \otimes_{\mathcal{O}_Y} \Omega^1_Y$$

と，命題 6.12 で定義された同型写像

$$\phi_f : H^1(Y, f_*(\mathcal{L}^{\check{}} \otimes_{\mathcal{O}_X} \Omega^1_X)) \to H^1(X, \mathcal{L}^{\check{}} \otimes_{\mathcal{O}_X} \Omega^1_X)$$

の合成である.

証明 γ, μ の定義により, 下の図式は可換となる.

$$
\begin{array}{ccc}
(f_*\mathcal{L}) \otimes_{\mathcal{O}_Y} f_*(\mathcal{L}^{\check{}} \otimes_{\mathcal{O}_X} \Omega^1_X) & \xrightarrow{\pi_{\mathcal{L}, \mathcal{L}^{\check{}} \otimes \Omega^1_X}} & f_*\Omega^1_X \\
\mathrm{id} \otimes \gamma \uparrow & & \downarrow \mathrm{tr}_{X/Y} \\
(f_*\mathcal{L}) \otimes_{\mathcal{O}_Y} (f_*\mathcal{L})^{\check{}} \otimes_{\mathcal{O}_Y} \Omega^1_Y & \xrightarrow{\mu \otimes \mathrm{id}} & \Omega^1_Y
\end{array}
$$

また, $\pi_{\mathcal{L}, \mathcal{L}^{\check{}} \otimes \Omega^1}$ の定義により, α は写像の合成

$$H^0(Y, f_*\mathcal{L}) \otimes H^1(Y, f_*(\mathcal{L}^{\check{}} \otimes_{\mathcal{O}_X} \Omega^1_X)) \to H^1(Y, (f_*\mathcal{L}) \otimes_{\mathcal{O}_Y} f_*(\mathcal{L}^{\check{}} \otimes_{\mathcal{O}_X} \Omega^1_X))$$

$$\xrightarrow{\pi_{\mathcal{L}, \mathcal{L}^{\check{}} \otimes \Omega^1_X}} H^1(Y, f_*\Omega^1_X)$$

として得られることから, 命題を得る. $\square$

定理 6.3 の証明 合成写像 $H^1(X, \Omega^1_X) \to H^1(Y, \Omega^1_Y) \to \mathbf{C}$ は X についての跡写像になるので, 定理の前半は $\phi_f \otimes \gamma$ が同型であることと, $Y = \mathbf{P}^1$ の場合(定理 6.5)にすでに証明された事実である,

$$H^0(Y, f_*\mathcal{L}) \otimes H^1(Y, f_*(\mathcal{L})^{\check{}} \otimes_{\mathcal{O}_Y} \Omega^1_Y) \xrightarrow{\beta} H^1(Y, \Omega^1_Y)$$

が完全双一次形式であることからわかる. さらに $\mathcal{L} = \mathcal{O}_X$ のときに定理 6.5 を適用して,

$$H^0(X, \mathcal{O}_X) \otimes H^1(X, \Omega^1_X) \to H^1(X, \Omega^1_X) \xrightarrow{\mathrm{tr}} \mathbf{C}$$

が完全双一次形式であることと $H^0(X, \mathcal{O}_X) \simeq \mathbf{C}$ から, $H^1(X, \Omega^1_X) \xrightarrow{\mathrm{tr}} \mathbf{C}$ が同型であることがわかる. $\square$

6.7 リーマン–ロッホの定理の書き換えと応用

ここではセールの双対定理を用いて, リーマン–ロッホの定理を書き換えよう.

命題 6.17 コンパクト・リーマン面において, 算術種数 p_a と幾何種数 p_g は一致する.

証明 セールの双対定理により, $H^1(X, \mathcal{O}_X) = H^0(X, \Omega^1_X)^{\check{}}$ から従う. $\square$

このように, 算術種数, 幾何種数はコンパクト・リーマン面 X においては等しくなる. 以下, これを単に**種数**とよび, $g = g(X)$ と表す.

定理 6.18(リーマン–ロッホの定理 (2)) X をコンパクト・リーマン面とし, D を

X 上の因子とする. このとき, 次が成り立つ.

$$\dim H^0(X, \mathcal{O}_X(D)) - \dim H^0(X, \mathcal{O}_X(-D) \otimes_{\mathcal{O}_X} \Omega_X^1) = 1 - g(X) + \deg(D)$$

証明 $\chi(X, \mathcal{O}(D))$ の定義により,

$$\chi(X, \mathcal{O}_X(D)) = \dim H^0(X, \mathcal{O}_X(D)) - \dim H^1(X, \mathcal{O}_X(D))$$

となるが, 定理 5.17 により, これは $1 - p_a(X) + \deg(D)$ に等しい. さらに $p_a = p_g = g(X)$ となるので, 定理を得る. □

セールの双対定理と組み合わせた形のリーマン – ロッホの定理 (2) は, 曲線の幾何学を考えるうえで大変有効な手段である. Ω_X^1 の次数と種数の関係は, 次の系で与えられる.

系 6.19 X をコンパクト・リーマン面として, その種数を g とする. このとき, 可逆層 Ω_X^1 の次数は $2g - 2$ となる.

証明 Ω_X^1 に対してリーマン – ロッホの定理 (2) を適用すると,

$$H^0(X, \Omega_X^1) - H^1(X, \Omega_X^1) = 1 - g + \deg(\Omega_X^1)$$

となる. ここで, $\dim H^1(X, \Omega_X^1) = 1$, $\dim H^0(X, \Omega_X^1) = g$ を用いれば, 系を得る. □

次の命題を用いると, リーマン – ロッホの定理 (2) から, 因子の次数が十分に高い場合は, $H^0(X, \mathcal{O}(D))$ の次元が (1 次コホモロジーとの差ではなく,) 単独で求められる.

命題 6.20 (1) D を X の因子として $\deg(D) < 0$ とすると, $H^0(X, \mathcal{O}_X(D)) = 0$ となる.

(2) $\deg(D) \geq 2g - 1$ なる因子に対して, 次が成り立つ.

$$\dim H^0(X, \mathcal{O}_X(D)) = 1 - g + \deg(D)$$

証明 (1) $D = \sum_{x \in X} a_x[x]$ とおくと, 仮定から $\sum_{x \in X} a_x < 0$ である. $H^0(X, \mathcal{O}(D))$ に 0 でない元 f があるとする. このとき, f は X 上で

$$\mathrm{ord}_x(f) + a_x \geq 0 \tag{6.6}$$

となる有理関数と思うことができる. 留数定理から $\sum_x \mathrm{ord}_x(f) = 0$ なので, 式 (6.6) をすべての $x \in X$ について加えると, $\sum_{x \in X} a_x \geq 0$ となり, はじめの仮定に矛盾する.

(2) $\deg(-D \otimes \Omega_X^1) = -\deg(D) + 2g - 2 < 0$ となるので, (1) より $H^0(X, \mathcal{O}(-D) \otimes \Omega_X^1) = 0$

となる．したがって，リーマン – ロッホの定理 (2) から (2) が得られる． □

ここで，上の形の命題の応用を一つだけ述べよう．かなり大雑把な命題であるが，物事を簡単な状況にするために有用なものである．

> **命題 6.21（移動補題 (moving lemma)）** X をコンパクト・リーマン面として，$\mathcal{L}$ をその上の可逆層とする．S を X の有限点集合とする．このとき，$\mathcal{L}$ の有理型切断 s であって，$\mathrm{supp}((s)) \cap S = \emptyset$ となるものがとれる．

証明 $p \in X - S$ をとる．$n > -\deg(\mathcal{L}) + 2g$ ととると，任意の $q \in X$ に対して $\deg \mathcal{L}(np - q) > 2g - 1$ なので，

$$\dim(H^0(X, \mathcal{L}(np - q))) = \deg(\mathcal{L}) + n - g$$
$$\dim(H^0(X, \mathcal{L}(np))) = \deg(\mathcal{L}) + 1 + n - g$$

となる．したがって，

$$H^0(X, \mathcal{L}(np - q)) \subset H^0(X, \mathcal{L}(np))$$

は余次元が 1 の部分空間になる．そこで，

$$\eta \in H^0(X, \mathcal{L}(np)) - \bigcup_{q \in S} H^0(X, \mathcal{L}(np - q))$$

をとれば，これは p において高々 n 位の極をもち，S の各点で 0 にならない $\mathcal{L}$ の有理型切断となる． □

章末問題

6.1 X をコンパクト・リーマン面とし，$p_1, \ldots, p_k$ を相異なる X の点とする．

   (1) $\Sigma = \sum_{i=1}^{k} p_i$ を次数が正の X 上の因子とする．このとき，$H^1(X, \Omega_X^1 \otimes_{\mathcal{O}_X} \mathcal{O}_X(\Sigma)) = 0$ であることを示せ．

   (2) $k \geq 2$ とする．さらに，複素数 $a_1, \ldots, a_k$ が $a_1 + \cdots + a_k = 0$ を満たすとする．このとき，$p_1, \ldots, p_k$ のみに高々単純極をもつ微分形式 ω であって，$\mathrm{Res}_{p_i}(\omega) = a_i$ となるものが存在することを示せ．

6.2 (1) X を種数が g のコンパクト・リーマン面とする．D を次数が $g - 1$ の因子とする．このとき，D が効果的な因子と有理同値であることと，$\Omega^1(-D)$ に大域的な切断が存在することは同値であることを示せ．

   (2) $\mathrm{Pic}^{g-1}(X)$ を，次数が $g - 1$ の直線束のなすピカール群の部分集合とする．このとき，$\mathcal{L} \in \mathrm{Pic}^{g-1}(X)$ に対して $\Omega^1 \otimes \mathcal{L}^*$ の類を対応させる写像 $\iota : \mathrm{Pic}^{g-1}(X) \to \mathrm{Pic}^{g-1}(X)$ は，$\iota^2 = \mathrm{id}$ を満たすことを示せ．また，$\mathrm{Pic}^d(X)$ の中の効果的な因子のなす部分集合 Θ は，ι により安定な集合となることを示せ．

第7章

コンパクト・リーマン面と代数曲線

　コンパクト・リーマン面には非自明な有理型関数が存在することを第5章で示し，第6章ではそれを用いてコンパクト・リーマン面から射影直線への正則写像が存在する事実を示し，さらにそれを用いて，セールの双対定理を証明した．ここではコンパクト・リーマン面が代数的に定義される代数曲線となることを示して，さらに，コンパクト・リーマン面において定義されるさまざまな種数が一致することをみよう．実際に大域的正則微分形式の次元として定義される幾何種数と，いわゆる "穴の数" として定義される位相的種数が一致することは，非自明な基本的な事実である．

7.1　フルビッツの定理

　X, Y をコンパクト・リーマン面として，$f : X \to Y$ を正則写像とする．定義 5.16 において，X の点 x における f の分岐指数 $e_x(f)$ を定義した．ここでは，f の拡大次数と分岐指数を用いた X の種数と Y の種数の関係式である，フルビッツの定理を述べる．

　可逆層 Ω_Y^1 の有理型切断のことを Y の有理微分形式，あるいは単に有理微分という．有理型切断の定義により，これは Y から有限の点集合 Σ を除いた $Y - \Sigma$ 上の正則微分形式であって，$y \in \Sigma$ のまわりでは，y における有理型関数 φ を用いて φdw の形に表されるものである．ここで，w は y における一意化元である．ω を Y 上の有理微分とするとき，$D = (\omega)$ とおくと，$\deg(D) = \deg(\Omega_Y^1)$ となる．

　$B_f \subset Y$ を f の分岐跡として，f が与えられたとき，命題 6.21 により，$\mathrm{supp}(\omega) \cap B_f = \emptyset$ を満たすように有理微分 ω をとることができる．有理微分形式 ω は $Y - \mathrm{supp}(\omega)$ 上の正則微分形式なので，これを f によって引き戻せば $X - f^{-1}(\mathrm{supp}(\omega))$ 上の正則微分形式となるが，これは X の有理微分になっている．これを $f^*(\omega)$ と書く．

命題 7.1　上の状況のもとで，

$$(f^*(\omega)) = \sum_{x \in \mathrm{supp}(\omega)} \left(\mathrm{ord}_x(\omega) \cdot \sum_{y \mapsto x} [y] \right) + \sum_{x \in R_f} (e_x(f) - 1)[x]$$

が成り立つ．ここで，$R_f \subset X$ は f の分岐点である．

証明　$y \notin B_f$ であれば，$f^{-1}(y)$ の任意の点 x に対して，x の近傍と y の近傍で互いに局所同型になるものがあるので，$\operatorname{ord}_x(f^*(\omega)) = \operatorname{ord}_y(\omega)$ となる．これによって，命題の等式の右辺の第 1 項目が得られる．$y \in B_f$ のときを考える．$x \in f^{-1}(y)$ とする．このとき，x の近傍 U とその一意化元 z，および y の近傍 V とその一意化元 w が存在して $w = z^e$ となる．ここで，$e = e_x(f)$ である．V では $\omega = \varphi(w)dw$，$\operatorname{ord}_y(\varphi) = 0$ と書けるので，U 上では $f^*(\omega) = \varphi(z^e) \cdot ez^{e-1}dz$，したがって $\operatorname{ord}_x(f^*(\omega)) = e - 1$ となる．これによって，命題の等式の右辺の第 2 項目が得られる．　　　□

　上の命題の両辺の因子に対応する可逆層の次数をとれば，命題 5.22 を用いることにより，次の定理が成立する．

> **定理 7.2（フルビッツの定理）**　X, Y をコンパクト・リーマン面，$f : X \to Y$ を定値でない正則写像とする．このとき，
>
> $$\deg(\Omega_X^1) = \deg(f)\deg(\Omega_Y^1) + \sum_{x \in X}(e_x - 1)$$
>
> が成り立つ．また，種数を使って上の定理を表せば，
>
> $$2g(X) - 2 = \deg(f)(2g(Y) - 2) + \sum_{x \in X}(e_x - 1)$$
>
> となる．

■ **例 7.1（超楕円曲線）**　X を**超楕円曲線**として，$f : X \to \mathbf{P}^1$ を超楕円曲線を定義するときに用いた 2 重被覆とする．f が $2m$ 個の点 $x_1, \ldots, x_{2m} \in X$ $(m \geq 2)$ で分岐しているとすると，$e_{x_i}(f) = 2$ なので，フルビッツの定理より $2g(X) - 2 = 2 \cdot (2g(\mathbf{P}^1) - 2) + 2m$ となる．したがって，$g(x) = m - 1$ となる．たとえば f が 4 点で分岐しているとすると，$g(X) = 1$ となり，楕円曲線である．分岐点の個数 $2m$ は，種数 g を用いれば $2g + 2$ 個となる．したがって，3.6 節で求めた g 個の独立な X の正則微分形式は，実際に基底になることがわかる．

　また，3.8 節で超楕円曲線の位相的な量として観察した種数 g は，一般のコンパクト・リーマン面として定めた種数と一致する．次節で位相的な種数を定義して，上で定義したリーマン面の種数と一致することを示す．　　■

■ **例 7.2（不分岐被覆）**　X, Y をコンパクト・リーマン面，$f : X \to Y$ を定値ではない正則写像とする．X のすべての点 $x \in X$ において $e_x(f) = 1$ となるとき，f を**不分岐被覆**という．f が不分岐被覆であれば，$2g(X) - 2 = \deg(f)(g(Y) - 2)$ が成り立つ．

　$f : X \to Y$ を不分岐被覆とする．$g(Y) = 0$ であれば，$-2 \leq 2g(X) - 2 =$

$\deg(f)(2g(Y)-2) = -2\deg(f)$ となるので，$\deg(f) = 1$ しかありえない．したがって，$\mathbf{P}^1$ の不分岐被覆は必ず同型になる．$g(Y) = 1$ のときは $g(X)$ も 1 になる．したがって，楕円曲線の不分岐被覆はふたたび楕円曲線になる．実際，楕円曲線には多くの不分岐被覆が存在する．また，$g(Y) \geq 2$ であり，f の次数が 2 以上であれば，$g(X) > g(Y)$ となる． ∎

7.2　位相空間としてのリーマン面の種数

　リーマン面は 1 次元の複素構造が入っているので，複素座標を $z = x + iy$ と書いたときの (x,y) を 2 次元の多様体の座標とみたとき，自然に 2 次元の C^∞ 多様体と思うことができ，向き付け可能な C^∞ 多様体となることを命題3.7で示した．したがって，X がコンパクト・リーマン面であるとすると，

$$H^0(X, \mathbf{Z}) = \mathbf{Z}, \quad H^2(X, \mathbf{Z}) = \mathbf{Z}$$

となる．2 次元の向き付け可能な C^∞ 多様体の微分同相類は分類されていて，それを用いれば，$H^1(X, \mathbf{Z})$ は $\mathbf{Z}$ 上の自由加群となっている．したがって，8.2節で示されるポアンカレの双対定理，およびホモロジー群 $H_1(X, \mathbf{Z})$ に交叉形式が入ることから，$H^1(X, \mathbf{Z})$ には交代形式が入る．したがって，その階数は常に偶数になる．

定義 7.1（位相的種数）　X をコンパクト・リーマン面とする．$\dim H^1(X, \mathbf{Q})/2$ を位相的種数といい，$g_{top}(X)$ と書く．上に書いたように，位相的種数 $g_{top}(X)$ は整数になる．

　この g_{top} によって微分同相類は決定され，超楕円曲線のところに現れた種数 g の曲面と微分同相になる．ここでは，上のように整係数ホモロジーを用いて位相的に定義された g_{top} と，リーマン面として算術種数と幾何種数の一致により定義された種数 g が一致することをみよう．

定理 7.3（位相的種数に関するフルビッツの定理）　X, Y をコンパクト・リーマン面，$f : X \to Y$ を定値でない正則写像とし，$\deg(f) = d$ とする．このとき，

$$2g_{top}(X) - 2 = d(2g_{top}(Y) - 2) + \sum_{x \in X} (e_x - 1)$$

が成り立つ．

証明　位相的オイラー数 $\chi(X, \mathbf{Q})$ を

$$\chi(X, \mathbf{Q}) = \dim H^0(X, \mathbf{Q}) - \dim H^1(X, \mathbf{Q}) + \dim H^2(X, \mathbf{Q}) = 2 - 2g_{top} \qquad (7.1)$$

と定義する. コンパクト・リーマン面 X の（有限の）三角形分割が与えられたとして，その i 単体の集合を $S_i(X)$，その個数を $s_i(X)$ と書く. このとき，

$$\chi(X, \mathbf{Q}) = s_0(X) - s_1(X) + s_2(X)$$

が成り立ち，これは三角形分割の仕方によらない. さて，$R_f \subset X$，$B_f \subset Y$ をそれぞれ f の分岐点，分岐跡としたとき，次の性質をもつ Y の三角形分割 $S_0(Y), S_1(Y), S_2(Y)$ が存在する.

(1) B_f の元は分割の 0 単体になっている.

(2) σ を $S_1(Y)$ の元または $S_2(Y)$ の元とすると，σ の相対内点 σ^0 上で $f^{-1}(\sigma^0)$ は d 個の連結成分 $\sigma_1^0, \ldots, \sigma_d^0$ をもち，f の σ_i^0 への制限は同相写像である.

このような Y の三角形分割が可能であることは，リーマン面の正則写像 f について分岐点が孤立していることからわかる. このとき，

(1) σ を 0 単体として $f^{-1}(\sigma)$ の各点をすべて考えて 0 単体とし，

(2) σ を 1 単体または 2 単体として $\overline{\sigma_i^0}$ をすべて考えたものを 1 単体または 2 単体としたもの

を考えることによって，X の三角形分割 $S_0(X), S_1(X), S_2(X)$ が得られる. $S_i(X), S_i(Y)$ の個数をそれぞれ $s_i(X), s_i(Y)$ とおくと，上の性質 (2) より，$s_1(X) = ds_1(Y)$，$s_2(X) = ds_2(Y)$ が成り立つ. $s_0(X)$ については

$$s_0(X) = \sum_{y \in S_0(Y)} \sum_{x \in f^{-1}(y)} 1 = \sum_{y \in S_0(Y)} \sum_{x \in f^{-1}(y)} \{(1 - e_x) + e_x\}$$

$$= \sum_{y \in S_0(Y)} \left\{ d + \sum_{x \in f^{-1}(y)} (1 - e_x) \right\} = ds_0(Y) + \sum_{x \in R_f} (1 - e_x)$$

となる. ここで，命題 5.25 の分岐公式を用い，$f^{-1}(B_f)$ の元であって R_f でない点では $e_x = 1$ となることを用いた. したがって，

$$\chi(X, \mathbf{Q}) = s_0(X) - s_1(X) + s_2(Y)$$

$$= ds_0(Y) + \sum_{x \in R_f} (1 - e_x) - ds_1(X) + ds_2(Y)$$

$$= d(s_0(Y) - s_1(X) + s_2(Y)) + \sum_{x \in R_f} (1 - e_x)$$

$$= d\chi(X, \mathbf{Q}) + \sum_{x \in R_f} (1 - e_x)$$

となる. ここで，関係式 (7.1) を用いて定理を得る. $\qquad \square$

系 7.4 コンパクト・リーマン面について $g = g_{top}$ となる.

証明 X をコンパクト・リーマン面とする. X 上の定数ではない有理関数 f をとると，命題

5.26 により, X から $\mathbf{P}^1$ への正則写像 f が定まる. f の $x \in R_f$ における分岐指数を e_x とおくと, 定理 6.5 から $g(\mathbf{P}^1) = 0$ となるので, 定理 7.2 により

$$2g(X) - 2 = d(2g(\mathbf{P}^1) - 2) + \sum_{x \in X} (e_x - 1) = -2d + \sum_{x \in X} (e_x - 1)$$

となる. また, $\chi(\mathbf{P}^1, \mathbf{Q}) = 2$ から, $g_{top}(\mathbf{P}^1) = 0$ となり, 定理 7.3 から

$$2g_{top}(X) - 2 = d(2g_{top}(\mathbf{P}^1) - 2) + \sum_{x \in X} (e_x - 1) = -2d + \sum_{x \in X} (e_x - 1)$$

となる. 上の二つの式を見比べることにより, $g(X) = g_{top}(X)$ が得られる. □

上の系により, コンパクト・リーマン面の正則微分形式の次元がその位相のタイプによって決まってしまうという, きわめて非自明な事実が示されたことになる.

7.3 複素平面曲線の種数

ここでは写像 (3.8) によって得られる正則微分形式の次数をみることにより, 平面曲線の種数を求めよう. すでにみたように, $F(X_0, X_1, X_2)$ を条件 (3.5) を満たす X_0, X_1, X_2 に関する斉次 d 次多項式とすると, $\mathbf{P}^2$ の中で $f_0(x_1, x_2) = F(X_0, X_1, X_2) = 0$ で定義される**複素平面曲線** X はリーマン面になっている. $X_0 \neq 0$ で定義される開集合 U_0 上では, $X \cap U_0$ は $F(1, x_1, x_2) = 0$ で定義されている. $d - 3$ 次斉次多項式 $G(X_0, X_1, X_2)$ に対して, $g_0(x_1, x_2) = G(1, x_1, x_2)$ とおく. 写像 (3.8) を考えると, $X \cap U_0$ 内の $\partial f_0 / \partial x_1 \neq 0$ で定まる開集合 $U_{0,1}$ においては dy は正則微分形式の基底となり, さらに

$$g_0(1, x_1, x_2) \left(\frac{\partial f}{\partial x_1} \right)^{-1} dy$$

が X 上の正則微分形式 ω に延長されることがわかっていた. したがって, $x \in U_{0,x_1}$ においては, ω の位数は

$$\deg_x(\omega) = \mathrm{ord}_x(g_0|_X)$$

となる. ここで, $g_0|_X$ は $g_0(x_1, x_2)$ を X に制限してできる正則関数である. $f_1 = F(x_0, 1, x_2)$, $f_2 = F(x_0, x_1, 1)$ とおき, $i \neq j$ に対して $\partial f_i / \partial x_j \neq 0$ で定義される開集合を U_{ij} とおくと, $X - U_{ij}$ は X 内の有限集合となる.

$G = G(X_0, X_1, X_2)$ から, ポアンカレ留数として定まる微分形式 ω の次数を考えるのに計算しやすい G をとってくればよい. そこで, G として, X_0, X_1, X_2 に関する斉次 1 次式 $L = L(X_0, X_1, X_2)$ を $d - 3$ 乗したものを考えることにする. L を十分一般的にとると,

$$X \cap H \subset \bigcap_{1 \le i \ne j \le 3} U_{ij}$$

となるようにとれる．ここで，H は $L(X_0, X_1, X_2) = 0$ で定義される $\mathbf{P}^2$ 内の直線である．$G(X_0, X_1, X_2) = L(X_0, X_1, X_2)^{d-3}$ として，**ポアンカレ留数**として定まる正則微分形式 ω の次数を求めてみよう．$\{U_{ij}\}_{i,j}$ は X の開被覆となるので，各 U_{ij} について考えればよいが，L のとり方から $x \in X - U_{ij}$ ならば $\operatorname{ord}_x(\omega) = 0$ となる．さらに $l_0(x_1, x_2) = L(1, x_1, x_2)$ とおくと，$g_0 = l_0{}^{d-3}$ なので，

$$\deg((\omega)) = \sum_{x \in U_{01}} \operatorname{ord}_x(g_0|_X) = (d-3) \sum_{x \in U_{01}} \operatorname{ord}_x(l_0|_X) = d(d-3)$$

となる．よって，X の種数を $g(X)$ とすると，$2g(X) - 2 = d(d-3)$ となり，$g(X) = (d-1)(d-2)/2$ となる．したがって，次の定理を得る．

┃定理 7.5 非特異な平面 d 次曲線の**種数** $g(X)$ は，$g(X) = (d-1)(d-2)/2$ である．

上の定理により，$d = 3$ のときの非特異平面 3 次曲線の種数は 1 となることが結論される．種数が 1 の曲線は楕円曲線といわれる．逆に，楕円曲線は必ず 3 次曲線となる．楕円曲線については 11.2 節でくわしく述べることにする．

7.4 コンパクト・リーマン面の射影空間への埋め込み

これまでコンパクト・リーマン面を複素多様体として扱ってきたが，この節では，有理関数の存在をよりくわしくみることにより，リーマン面が射影的な複素代数多様体となることを証明しよう．代数多様体のくわしい定義は他書を参照していただくこととして，ここでは射影代数多様体の一つの定義を述べる．

3.2 節で定義した射影空間 $\mathbf{P}^n = \{(x_0 : \cdots : x_n) \mid x_i \in \mathbf{C}, (x_0, \ldots, x_n) \ne (0, \ldots, 0)\}$ を考える．$f = f(x_0, \ldots, x_n)$ を $x_0, \ldots, x_n$ に関する斉次 d 次多項式とする．f が斉次式であることを考えれば，$(y_0 : \cdots : y_n) = (x_0 : \cdots : x_n)$ であれば，$f(x_0, \ldots, x_n) = 0$ と $f(y_0, \ldots, y_n) = 0$ は同値となる．したがって，$\mathbf{P}^n$ の部分集合として

$$Z(f) = \{(x_0 : \cdots : x_n) \in \mathbf{P}^n \mid f(x_0, \ldots, x_n) = 0\}$$

が矛盾なく定義される．$x_0, \ldots, x_n$ に関する m 個の次数が $d_1, \ldots, d_m$ の斉次多項式 $f_1 = f_1(x_0, \ldots, x_n), \ldots, f_m = f_m(x_0, \ldots, x_n)$ を考えると，$\mathbf{P}^n$ の部分集合 Z が

$$Z = Z(f_1) \cap \cdots \cap Z(f_m)$$

によって定義される．このように表される集合を**射影代数多様体**という．この節の主

定理は次の定理である.

▌定理 7.6 コンパクト・リーマン面は射影代数多様体である.

　この定理の証明の前に，X をコンパクト・リーマン面とするとき，十分に次数が高い因子 $\mathcal{L}$ の大域切断を用いることにより，X から $\mathbf{P}^n$ への写像を定義することを考えよう．$\mathcal{L}$ を X 上の可逆層として，$\Gamma(X, \mathcal{L})$ を X 上の正則切断のなすベクトル空間とすると，これは定理 5.13 により有限次元 $\mathbf{C}$ ベクトル空間になる．ここで，$\mathcal{L}$ について次の条件（**自由性条件**とよばれる）を考える．

　　(F) 任意の $p \in X$ に対して，ある $f \in \Gamma(X, \mathcal{L})$ が存在して $f(p) \neq 0$ となる．

$\mathcal{L}$ が上の条件 (F) を満たしているとして，$\Gamma(X, \mathcal{L})$ の基底を $f_0, \ldots, f_n$ とする．いま，$p \in X$ として，p の十分小さい近傍 U における $\mathcal{L}$ の自明化 $\varphi : \mathcal{L}\,|_U \to \mathcal{O}_U$ が与えられているとする．このとき，Φ_U を

$$\Phi_U(p) : U \to \mathbf{P}^n : p \mapsto (\varphi(f_0)(p) : \cdots : \varphi(f_n)(p))$$

で定まる写像とすると，これは $\mathcal{L}\,|_U$ の自明化 φ のとり方によらない．したがって，この写像 Φ_U は，X から $\mathbf{P}^n$ の写像 $\Phi = \Phi_{\mathcal{L}}$ に貼り合わされる．

▌定理 7.7 X をコンパクト・リーマン面，$\mathcal{L}$ を X 上の可逆層で次数が $2g+1$ より大きいとする.
　(1) このとき，$\dim(H^0(X, \mathcal{L})) = \deg(\mathcal{L}) + 1 - g$ となり，$\mathcal{L}$ に関する自由性条件 (F) が成り立つ．したがって，$N = \deg(\mathcal{L}) - g$ とおくと，

$$\Phi_{\mathcal{L}} : X \to \mathbf{P}^N$$

　　なる写像が定まる．
　(2) 上の写像 Φ は単射であり，各点における接空間から $\mathbf{P}^N$ の接空間への写像は単射になる．

証明　$p, q \in X$, u を p における一意化元とする．また，p で 1 位以上の零点をもつ正則関数の層を $\mathcal{O}_X(-p)$ とおき，$\mathcal{O}_X / \mathcal{O}(-p) = \kappa(p)$ とおく．このとき，

$$\epsilon_1 : \Gamma(X, \mathcal{L}) \to \Gamma(X, \mathcal{L} \otimes \kappa(p)) \simeq \mathbf{C}$$

$$\epsilon_2 : \Gamma(X, \mathcal{L}) \to \Gamma(X, \mathcal{L} \otimes (\kappa(p) \oplus \kappa(q))) \simeq \mathbf{C} \oplus \mathbf{C} \tag{7.2}$$

$$\epsilon_3 : \Gamma(X, \mathcal{L}) \to \Gamma(X, \mathcal{L} \otimes (\mathcal{O}_X / \mathcal{O}_X(-2p))) \simeq \mathbf{C}[u]/(u^2)$$

という写像を得る．ここで，ϵ_1, ϵ_2 は p あるいは p, q における $\mathcal{L}$ の局所生成元をとってきて

値を考える写像で, ϵ_3 は局所生成元をとってきて, u に関する 1 位までのテーラー展開を考える写像である. これらが全射であることを示そう. 層の完全列

$$0 \to \mathcal{L}(-p) \to \mathcal{L} \to \mathcal{L} \otimes \kappa(p) \to 0$$
$$0 \to \mathcal{L}(-p-q) \to \mathcal{L} \to \mathcal{L} \otimes (\kappa(p) \oplus \kappa(q)) \to 0$$
$$0 \to \mathcal{L}(-2p) \to \mathcal{L} \to \mathcal{L} \otimes (\mathcal{O}_X/\mathcal{O}_X(-2p)) \to 0$$

に関するコホモロジーの長完全列を考えると, 次の完全列が得られる.

$$H^0(X,\mathcal{L}) \xrightarrow{\epsilon_1} H^0(X,\mathcal{L} \otimes \kappa(p)) \to H^1(X,\mathcal{L}(-p))$$
$$H^0(X,\mathcal{L}) \xrightarrow{\epsilon_2} H^0(X,\mathcal{L} \otimes (\kappa(p) \oplus \kappa(q))) \to H^1(X,\mathcal{L}(-p-q))$$
$$H^0(X,\mathcal{L}) \xrightarrow{\epsilon_3} H^0(X,\mathcal{L} \otimes (\mathcal{O}_X/\mathcal{O}_X(-2p))) \to H^1(X,\mathcal{L}(-2p))$$

ここで,

$$\deg(\Omega_X^1 \otimes (\mathcal{L}(-p))^*) \le -2$$
$$\deg(\Omega_X^1 \otimes (\mathcal{L}(-p-q))^*) = \deg(\Omega_X^1 \otimes (\mathcal{L}(-2p))^*) \le -1$$

とセールの双対定理より,

$$H^1(X,\mathcal{L}(-p)) \simeq H^1(X,\mathcal{L}(-p-q)) \simeq H^1(X,\mathcal{L}(-2p)) \simeq 0$$

が得られる. したがって, 式 (7.2) の写像 $\epsilon_1, \epsilon_2, \epsilon_3$ はすべて全射となる.

(1) 式 (7.2) の第 1 式の全射性は, 任意の点 p においてある $\mathcal{L}$ の大域切断であって, p において 0 とならないものがあることを示している.

(2) 式 (7.2) の第 2 式の全射性より, p で 1, q で 0 となる大域切断の存在が示される. これは Φ によって p,q が異なる点に写されることを保証している. また, 第 3 式が全射であることから, $\mathcal{L}$ の大域切断で, p で消えていて $\mathcal{O}_X(-2p)$ に入っていないもの ψ_1 の存在がいえる. p で 0 とならない大域切断 ψ_0 を考えると, ψ_1/ψ_0 は p における一意化元を与える. したがって, Φ は p における接空間の単射を引き起こす. $\square$

リーマン面の有理関数体は 1 変数代数関数体であることは定理 5.27 ですでに述べたが, 定理 7.7 により定まる埋め込みにより, X が射影多様体になることを証明する. 多項式環の斉次イデアルに関するネーター性をここでは用いることにする.

定理 7.8 X をリーマン面, $\deg(\mathcal{L}) \ge 2g+1$ とすると, 定理 7.7 の埋め込み $\Phi_{\mathcal{L}} : X \to \mathbf{P}^N$ により, X は射影多様体となる.

証明 $H^0(X,\mathcal{L})$ の次元を $N+1$ として, N は 2 以上と仮定する. $\psi_0, \ldots, \psi_N$ として射影埋め込み $\Phi_{\mathcal{L}}$ を考える. $p \in \mathbf{P}^N$ を X の $\Phi_{\mathcal{L}}$ による像に含まれない点とする. p で 0 になる $X_0, \ldots, X_1$ の斉次 1 次式 $L(X_0, \ldots, X_n)$ を考えると, $\psi_1, \ldots, \psi_N$ は X の上の切断として一次独立なので, X の像には含まれない. したがって, $\psi = L(\psi_0, \ldots, \psi_N)$ は X で零ではない

切断なので，ψ の X における零点は有限個になる．よって，$L(X_0,\ldots,X_n)=0$ で定義される超平面 H と $\Phi_{\mathcal{L}}$ の像とは有限個の点 $p_1,\ldots,p_k$ でしか交わらず，また p は H の点である．したがって，p を通り $p_1,\ldots,p_k$ を通らない超平面 H' が存在するので，その定義方程式を $L'(X_0,\ldots,X_n)$ とおく．さらに，p および $p_1,\ldots,p_k$ で零にならない，L,L' とは一次独立な斉次 1 次式 $L''(X_0,\ldots,X_n)$ をとる．このとき，$f_1=L/L''$, $f_2=L'/L''$ は X 上の定数でない有理関数となる．主張 5.1 のようにして二つの有理関数 f_1,f_2 には代数的な関係があるので，f_1,f_2 に関する関係式の分母を払って，2 変数多項式 $\varphi_p(F_1,F_2)$ であって f_1,f_2 を代入したときに $\varphi_p(f_1,f_2)$ が X 上で消えているようなものが存在する．必要であれば X 上で消える因数だけとることにより，既約多項式であるようにとれる．さらに，$\varphi(L/L'',L'/L'')$ の分母に現れる L'' を払って得られる斉次多項式を $H_p(L,L',L'')$ とすれば，この斉次多項式は，L,L',L'' に $\psi_0,\ldots,\psi_N$ を代入すると X 上で消えている．またさらに，$(L:L':L)$ という写像が $L=L'=L''=0$ 以外の点で考えることができて，$\Phi_{\mathcal{L}}$ の像の上で定義されている．$\Phi_{\mathcal{L}}$ の像は $(0:0:1)$ を通らず，p の像は $(0:0:1)$ になっているので，H_p が既約多項式であることを用いれば，p において H は零にはならない．このような H_p を p が X と異なるすべての点に関して考えれば，それら共通零点は X を含んでいて，X 以外の点は含まない．したがって，H_p たちの共通零点の集合は X と一致する．p が $\Phi_{\mathcal{L}}$ の補集合を動くときの H_p の生成する斉次イデアルを考えると，$\mathbf{C}[X_0,\ldots,X_N]$ はネーター環なので，有限個の元 $H_1,\ldots,H_l$ で生成される．したがって，X の像は $H_1,\ldots,H_l$ の共通零点と一致する．□

逆に，複素数体上の 1 変数代数関数体 K に対して，それを有理関数体としてもつようなリーマン面が一意的に存在する．紙面の都合もあり，ここでは証明を省略することにする．

> **定理 7.9**　(1)　K を複素数体上の 1 変数代数関数体とする．このとき，K を有理関数体としてもつようなリーマン面 X が存在する．また，このような X は同型を除いて一意的である．
>
> (2)　K,L を複素数体上の 1 変数代数関数体とし，$\varphi:K\to L$ を $\mathbf{C}$ 上の体の準同型とする．さらに，X,Y を (1) の意味で K,L に対応するコンパクト・リーマン面とする．このとき，リーマン面の正則写像 $f:Y\to X$ が存在して，φ は f から誘導される．また，このような正則写像 f は一意的である．

関数体は複素数体上超越的な二つの元で生成される．これらには関係式があり，これから平面曲線が定義される．この曲線には特異点が存在する[†]ので，これを特異点をもたないものに変換しなくてはならない．この操作は特異点の解消といわれる．特異点解消の方法として，平面曲線の場合は付値体の考え方を用いてなされるが，ここで

---

† （射影）代数多様体の特異点は，環論の言葉を用いて定義される．くわしくは，[AM] を参照のこと．

は証明を省略する.

章末問題

7.1 G を, σ で生成される位数が d の巡回群とする. X はコンパクト・リーマン面で, G が効果的に作用しているとする. すなわち, σ の作用が X 上恒等写像であれば, σ は単位元であるとする. K を X の有理関数体, L を X 上の G の作用により誘導される K の作用に関する K の固定部分体, すなわち K の元 f であって $f \circ \sigma = f$ となるもののなす体とする. Y を L に対応するコンパクト・リーマン面とし, $\pi : X \to Y$ を自然な単射 $L \subset K$ に対応するリーマン面の正則写像とする. $\mathcal{L}$ を Y 上の直線束とする.

(1) $H^i(X, \pi^*\mathcal{L})$ には G が作用することを示せ.

(2) このとき, X 上の有理関数 f であって $\sigma^*(f) = \exp(2\pi i/d) f$ となるものが存在することを示せ. 以下, この f について考える.

(3) $x \in X$ を $\pi : X \to Y$ の分岐点, $y = \pi(x)$ とし, x での分岐指数を e_x とする. このとき, e_x は y のみによる d の約数となることを示せ.

(4) x, y を問題 (3) のものとし, f を問題 (2) のものとする. π の点 $x \in X$ における f の位数を $\mathrm{ord}_x(f)$ とするとき, $\mathrm{ord}_x(f) \pmod{e_x}$ は f のとり方によらず, y のみによることを示せ.

7.2 (正則レフシェッツの定理) X は前問 7.1 の巡回群 G の作用をもつリーマン面, f を X 上の前問で定義された有理関数とする. π の $y \in Y$ における局所指数 $\mathrm{ind}_y(X/Y)$ を $\mathrm{ind}_y(X/Y) = \langle \mathrm{ord}_x(f)/e_x \rangle$ と定義する. ここで, 実数 a に対して, $\langle a \rangle$ は $a - \langle a \rangle \in \mathbf{Z}$, $0 \le \langle a \rangle < 1$ により定まる実数, つまり a の小数部分である. $y \in Y$ において π が不分岐被覆であれば, $\mathrm{ind}_y(X/Y) = 0$ である. χ を $\chi(\sigma) = \exp(2\pi i/d)$ で定まる G の指標とし, $\pi_* \mathcal{O}_X(\chi)$ を $\pi_* \mathcal{O}_X(\chi)(v) = \{s \in \pi_* \mathcal{O}_X(v) \mid \sigma^* s = \chi(\sigma) s\}$ で定まる層とする.

(1) Y 上の可逆層に関する同型

$$\pi_* \mathcal{O}_X(\chi) = \mathcal{O}_Y \left(\sum_{y \in \Sigma} \left(\frac{\mathrm{ord}_x(f)}{e} - \mathrm{ind}_q \left(\frac{X}{Y} \right) \right) \right)$$

を示せ.

(2) 次の同型を示せ.

$$H^i(X, \pi^*\mathcal{L})(\chi) = H^i(Y, \pi_* \pi^*\mathcal{L}(\chi))$$

(3) $\mathcal{L}$ を Y の直線束とし,

$$H^i(X, \pi^*\mathcal{L})(\chi) = \left\{ v \in H^i(X, \pi^*\mathcal{L}) \,\middle|\, \sigma^* v = \chi(\sigma) v \right\}$$

とおき, π の分岐跡の集合を Σ と書く. このとき,

$$\dim H^0(X, \pi^*\mathcal{L})(\chi) - \dim H^1(X, \pi^*\mathcal{L})(\chi) = 1 - g + \deg(\mathcal{L}) - \sum_{y \in \Sigma} \mathrm{ind}_y \left(\frac{X}{Y} \right)$$

となることを示せ.

第8章

周期積分，ヤコビ多様体とアーベルの定理

X を種数が g のコンパクト・リーマン面とする．この章では，大域的正則微分形式の周期積分を用いて周期格子を定義し，さらに，$\mathbf{C}^g$ を周期格子で割った商空間としてヤコビ多様体を定義する．また，X 上の2点 p, q に対して p を始点とし，q を終点とする道での大域的正則微分形式の積分を考えることにより，ヤコビ多様体の点が定まる．これを用いてアーベルの定理を述べる．この定理は，与えられた場所に零点と極をもつ有理関数が存在するための必要十分条件を与える．

8.1　ポアンカレの補題とド・ラムの定理

本書で用いられる特異コホモロジーとド・ラムの定理についての基本的な性質をここで述べておく．3.8節では，位相空間 X の特異ホモロジー群 $H_i(X, \mathbf{Z})$ を特異複体 $C_{\bullet}(X)$ のホモロジー群 $H_i(C_{\bullet}(X))$ として定義した．ここでは加群 $C^i(X)$ を $Hom(C_i(X), \mathbf{Z})$ と定義し，$\partial : C_{i+1}(X) \to C_i(X)$ の双対として得られる準同型 $d : C^i(X) \to C^{i+1}(X)$ を境界写像として得られる複体を $C^{\bullet}(X)$ とおく．$U \subset V$ のとき，$C^i(V) \to C^i(U)$ なる写像が定まり，包含に関して推移的なので，$V \mapsto C^i(V)$ は X 上の前層となる．これを C_X^i と書く．このとき，

$$0 \to C_X^0 \to C_X^1 \to \cdots$$

なる前層の複体が得られる．X の整係数**特異ホモロジー群** $H_i(X, \mathbf{Z})$，**特異コホモロジー群** $H^i(X, \mathbf{Z})$ を，それぞれ複体 $C_i(X, \mathbf{Z}) = C_i(X)$, $C^i(X, \mathbf{Z}) = C^i(X)$ のホモロジー群として定義する．このとき，自然なペアリング

$$C_i(X, \mathbf{Z}) \otimes C^i(X, \mathbf{Z}) \to \mathbf{Z}$$

は，ペアリング

$$H_i(X, \mathbf{Z}) \otimes H^i(X, \mathbf{Z}) \to \mathbf{Z} \tag{8.1}$$

を引き起こす．$H_i(X, \mathbf{Z})$ が有限階数でねじれのない加群であれば，普遍係数定理から，このペアリングにより，$H^i(X, \mathbf{Z})$ は $H_i(X, \mathbf{Z})$ の $\mathbf{Z}$ 双対空間となっている．したがって，

$$H_i(X, \mathbf{Z}) \to H^i(X, \mathbf{Z})^{\check{}} \tag{8.2}$$

なる同型が得られる．位相空間 X に対して，$\mathbf{Z}_X$ を X 上の係数を $\mathbf{Z}$ とする定数層とし，その層係数コホモロジーを $H^i(X, \mathbf{Z}_X)$ とおく．

定義 8.1 $\mathcal{U} = \{U_i\}$ を X の開被覆とする．任意の $i_0 < \cdots < i_k$ に対して $U_{i_0} \cap \cdots \cap U_{i_k}$ が可縮であるとき，$\mathcal{U}$ は**単純被覆**であるという．

X が n 次元多様体で，三角形分割が与えられているとする．さらに，すべての n 次元単体 σ の近傍 U_σ が与えられていて，次の性質をもつものを考える．

> k 個の n 単体 $\sigma_1, \ldots, \sigma_k$ を考えたとき，$U_{\sigma_1} \cap \cdots \cap U_{\sigma_k}$ の中で $\sigma_1 \cap \cdots \cap \sigma_n$ は変位レトラクト†となっている．

この性質をもつ開被覆を，三角形分割に付随する開被覆という．これは単純被覆となっている．

今後，多様体は有限な単純被覆をもち，単純被覆が共終であると仮定する．この章で扱うリーマン面はこの条件を満たしている．

命題 8.1（層係数コホモロジーと特異コホモロジーの比較） X を多様体とする．このとき自然な写像 $H^i(X, \mathbf{Z}_X) \to H^i(X, \mathbf{Z})$ が定まり，これは同型である．$\mathbf{Q}$ 係数，$\mathbf{R}$ 係数の場合も同様である．

証明 X は三角形分割をもち，それに付随する開被覆は共終な開被覆となっている．n 単体の集合を $\{\sigma_i\}_{i \in I}$ とし，$\mathcal{U}$ をこの三角形分割に付随する開被覆とする．$U_{\sigma_{i_0}} \cap \cdots \cap U_{\sigma_{i_k}} = U_{i_0 \cdots i_k}$ と書くと，これは可縮となっている．次の図式を考える．

$$
\begin{array}{ccccccc}
\check{C}^0(\mathcal{U}, \mathbf{Z}) & \to & \check{C}^1(\mathcal{U}, \mathbf{Z}) & \to & \check{C}^2(\mathcal{U}, \mathbf{Z}) & \to & \cdots \\
\downarrow & & \downarrow & & \downarrow & & \\
C^0(X) \to \prod C^0(U_{i_0}, \mathbf{Z}) & \to & \prod C^0(U_{i_0 i_1}, \mathbf{Z}) & \to & \prod C^0(U_{i_0 i_1 i_2}) & \to & \cdots \\
\downarrow & & \downarrow & & \downarrow & & \\
C^1(X) \to \prod C^1(U_{i_0}, \mathbf{Z}) & \to & \prod C^1(U_{i_0 i_1}, \mathbf{Z}) & \to & \prod C^1(U_{i_0 i_1 i_2}) & \to & \cdots \\
\downarrow & & \downarrow & & \downarrow & & \\
C^2(X) \to \prod C^2(U_{i_0}, \mathbf{Z}) & \to & \prod C^2(U_{i_0 i_1}, \mathbf{Z}) & \to & \prod C^2(U_{i_0 i_1 i_2}) & \to & \cdots
\end{array}
$$

---

† 位相空間 X に対してその部分集合 R が X の変位レトラクトであるとは，ある $\theta : X \times I \to X$ が存在して，
   (1) $\theta(x, 0) = x$ $(x \in X)$
   (2) $\theta(x, 1) \in R$ $(x \in X)$
   (3) $\theta(r, t) = r$ $(r \in R,\ t \in I)$
  が成り立つことである．

さらに，二重複体

$$K^{pq} = \prod C^p(\sigma_{i_0 \cdots i_q})$$

を考える．このとき，上の図式の縦は 2 行目以降が $U_{i_0 \cdots i_k}$ の特異コホモロジーを計算していることになるので，完全列となる．ここで，付録の定理 C.4 を用いれば，

$$\check{H}^i(\mathcal{U}, \mathbf{Z}) \simeq H^i(\mathrm{tot}(K^{\bullet\bullet})) \tag{8.3}$$

という同型を得る．

今度は横について考えよう．n 単体 σ に関して $I_\sigma = \{i \in I \mid \mathrm{Im}(\sigma) \subset U_i\}$, $C_\sigma^k = \prod_{(i_0,\ldots,i_k) \in I_\sigma} \mathbf{Z}$ とおくと，$i+1$ 行目の複体は $\prod_{\sigma : i \text{ 単体}} C_\sigma^\bullet$ という複体と同一である．ここで，$C_\sigma^\bullet$ の微分は，チェック複体における微分の規則と同じ形で与えられる．また，

$$H^i(C_\sigma^\bullet) = \begin{cases} \mathbf{Z} & (i = 0) \\ 0 & (i \neq 0) \end{cases}$$

となることが容易にわかる．σ に関して直積をとったものが横の行の 2 列目以降となるので，横の行は完全列となる．したがって，同様に付録の定理 C.4 により，

$$\check{H}^i(\mathcal{U}, \mathbf{Z}) \simeq H^i(\mathrm{tot}(K^{\bullet\bullet})) \tag{8.4}$$

という同型を得る．同型 (8.3),(8.4) をあわせて，命題を得る． $\square$

次の定理はド・ラムの定理とよばれる．X の i 次ド・ラム・コホモロジーを $H_{dR}^i(X, \mathbf{R})$ と書く．

命題 8.2（ド・ラムの定理） X を可微分多様体とする．このとき自然な写像

$$H^i(X, \mathbf{R}_X) \to H_{dR}^i(X, \mathbf{R})$$

が定義され，これは同型である．

証明 $\mathcal{U} = \{U_i\}_{i \in I}$ を単純被覆とする．次の図式を考える．

$$
\begin{array}{ccccccc}
 & \check{C}^0(\mathcal{U}, \mathbf{R}) & \to & \check{C}^1(\mathcal{U}, \mathbf{R}) & \to & \check{C}^2(\mathcal{U}, \mathbf{R}) & \to & \cdots \\
 & \downarrow & & \downarrow & & \downarrow & \\
\Gamma(X, \mathcal{A}^0) \to & \check{C}^0(\mathcal{U}, \mathcal{A}^0) & \to & \check{C}^1(\mathcal{U}, \mathcal{A}^0) & \to & \check{C}^1(\mathcal{U}, \mathcal{A}^0) & \to & \cdots \\
 & \downarrow & & \downarrow & & \downarrow & \\
\Gamma(X, \mathcal{A}^1) \to & \check{C}^0(\mathcal{U}, \mathcal{A}^1) & \to & \check{C}^1(\mathcal{U}, \mathcal{A}^1) & \to & \check{C}^1(\mathcal{U}, \mathcal{A}^1) & \to & \cdots \\
 & \downarrow & & \downarrow & & \downarrow & \\
\Gamma(X, \mathcal{A}^2) \to & \check{C}^0(\mathcal{U}, \mathcal{A}^2) & \to & \check{C}^1(\mathcal{U}, \mathcal{A}^2) & \to & \check{C}^1(\mathcal{U}, \mathcal{A}^2) & \to & \cdots
\end{array}
$$

ここで，縦はポアンカレの補題（付録の定理 C.2 参照）より完全列となり，横は定理 5.8 により完全列となる．したがって，二重複体 $L^{\bullet\bullet}$ を

$$L^{pq} = \check{C}^q(\mathcal{U}, \mathcal{A}^p)$$

と定義すると，命題 8.1 と同様の議論により，次の二つの同型を得る．

$$\tilde{H}^i(\mathcal{U}, \mathbf{R}) \simeq H^i(\text{tot}(L^{\bullet\bullet})), \quad H^i(\Gamma(X, \mathcal{A}^\bullet)) \simeq H^i(\text{tot}(L^{\bullet\bullet}))$$

これより命題が証明される． □

命題 8.1 と 8.2 をあわせて次の同型を得る．

系 8.3　X が三角形分割をもち，それに付随する単純開被覆があり，かつそれが共終である多様体であるとすると，次の自然な同型が成り立つ．

$$H^i(X, \mathbf{R}) \simeq H^i_{dR}(X, \mathbf{R}) \tag{8.5}$$

三角形分割として区分的に滑らかなものを考えて，その三角形分割に付随する単純開被覆を考える．この三角形分割におけるサイクル γ と閉形式 ω とのペアリングを積分

$$I(\omega, \gamma) = \int_\gamma \omega$$

により定義すると，これはド・ラム・コホモロジーとホモロジーの間のペアリング

$$I(*, *) : H^i_{dR}(X, \mathbf{R}) \times H_i(X, \mathbf{R}) \to \mathbf{R} \tag{8.6}$$

を誘導する．

命題 8.4　式 (8.6) で与えられたペアリング $I(*, *)$ は，同型 (8.5) を通じて自然なペアリング (8.1) を実係数にまで拡大したものと一致する．

証明　X の三角形分割を用いて，下の可換図式を考える．

$$
\begin{array}{ccccccccc}
C_0(X) & \leftarrow & \bigoplus C_0(\sigma_{i_0}) & \leftarrow & \bigoplus C_0(\sigma_{i_0,i_1}) & \leftarrow & \bigoplus C_0(\sigma_{i_0,i_1,i_2}) & \leftarrow & \cdots \\
& & \uparrow & & \uparrow & & \uparrow & & \\
C_1(X) & \leftarrow & \bigoplus C_1(\sigma_{i_0}) & \leftarrow & \bigoplus C_1(\sigma_{i_0,i_1}) & \leftarrow & \bigoplus C_1(\sigma_{i_0,i_1,i_2}) & \leftarrow & \cdots \\
& & \uparrow & & \uparrow & & \uparrow & & \\
C_2(X) & \leftarrow & \bigoplus C_2(\sigma_{i_0}) & \leftarrow & \bigoplus C_2(\sigma_{i_0,i_1}) & \leftarrow & \bigoplus C_2(\sigma_{i_0,i_1,i_2}) & \leftarrow & \cdots
\end{array}
$$

このとき横が完全列となっていることは，命題 8.1 の証明と同様にしてわかる．いま，二重複体を $M_{pq} = C_p(\sigma_{i_0,\ldots,i_q})$ とおくと，自然な写像はホモロジーの同型 $H_i(\text{tot}(M_{\bullet\bullet})) \xrightarrow{\cong} H_i(X, \mathbf{Z})$ を引き起こす．また，$M_{pq} = C_p(\sigma_{i_0,\ldots,i_q})$ と $K^{pq} = C^p(\sigma_{i_0,\ldots,i_q})$ の間の自然なペアリングは，$H_i(\text{tot}(M_{\bullet\bullet}))$ と $H^i(\text{tot}(K_{\bullet\bullet}))$ のペアリングを引き起こす．

コホモロジーとホモロジーの間の同型 (8.4) で，ド・ラム・コホモロジーの類 τ およびサイクルの類 γ に対応する元を，下の図式のように定める．

$$\begin{array}{ccc} \delta & & \gamma \\ H_i(\mathrm{tot}(M_{\bullet\bullet})) & \to & H_i(X, \mathbf{Z}) \\ \times & & \times \\ H^i(\mathrm{tot}(K_{\bullet\bullet})) & \leftarrow & H^i(X, \mathbf{R}) \\ \alpha & & \tau \end{array}$$

このとき $(\gamma, \tau) = (\delta, \alpha)$ が成り立つことは，ペアリングの定義からすぐにわかる．

補題 8.5 $\delta \in M_{pq} = C_p(\sigma_{i_0,\dots,i_q})$ と $\sigma \in L^{pq} = \check{C}^q(\mathcal{U}, \mathcal{A}^p)$ の間のペアリング (δ, σ) を $(\delta, \sigma) = \int_\delta \sigma$ として定義すると，ストークスの定理により $(\partial\delta, \sigma) = (\delta, d\sigma)$ が成り立つことがいえて，

$$H_i(\mathrm{tot}(M_{\bullet\bullet})) \times H^i(\mathrm{tot}(L_{\bullet\bullet})) \to \mathbf{R}$$

なる写像を引き起こす．これは自然な同型を通じて $I(*, *) : H_i(X, \mathbf{Z}) \times H^i_{dR}(X, \mathbf{R}) \to \mathbf{R}$ と協調的である．

ここで，次の図式を考え，同型で対応する元を図式のように定める．

$$\begin{array}{ccccccc} H_i(X, \mathbf{Z}) & \leftarrow & H_i(\mathrm{tot}(M_{\bullet\bullet})) & & & & H_i(\mathrm{tot}(M_{\bullet\bullet})) \\ & & \times & & & & \times \\ H^i_{dR}(X, \mathbf{R}) & \to & H^i(\mathrm{tot}(L_{\bullet\bullet})) & \leftarrow & \check{H}^i(X, \mathbf{R}) & \to & H^i(\mathrm{tot}(K_{\bullet\bullet})) \\ \omega & & \sigma & & \beta & & \alpha \end{array}$$

補題 8.6 さらに，$(\delta, \sigma) = (\delta, \alpha)$ が成り立つ．

証明 これは，$\delta \in \bigoplus C_0(\sigma_{i_0,\dots,i_k})$ と，$\beta \in \check{C}^k(\mathcal{U}, \mathbf{R})$ の下の写像による像

$$\sigma \in \prod C_0(\sigma_{i_0,\dots,i_k}) \leftarrow \check{C}^k(\mathcal{U}, \mathbf{R}) \to \check{C}^1(\mathcal{U}, \mathcal{A}^0) \ni \alpha$$

について示せば十分である．これは，次数が 0 の微分形式と，0 鎖での積分の定義より明らかである． □

これから補題 8.5 により $(\delta, \sigma) = I(\gamma, \tau)$ となり，命題 8.4 が証明された． □

リーマン面に対しては正則ド・ラム・コホモロジーが定義され，これはド・ラム・コホモロジーと同型となる．$U \subset X$ を可縮な開集合とする．

命題 8.7 このとき，

$$0 \to \mathbf{C} \xrightarrow{\iota} \Omega^0(U) \xrightarrow{d} \Omega^1(U) \to 0$$

は完全列となる．ここで，ι は自然な単射，d は外微分である．

証明 U は複素単位円板と複素解析同値なので，$U = \{z \in \mathbf{C} \mid |z| < 1\}$ として考える．この

とき，

$$\Omega^0(U) = \{\varphi(z) \mid \varphi(z) \text{ は収束半径 } 1 \text{ のべき級数}\}$$

$$\Omega^1(U) = \{\varphi(z)dz \mid \varphi(z) \text{ は収束半径 } 1 \text{ のべき級数}\}$$

となる．

(1) $\Omega^0(U)$ における完全性．

$$\varphi(z) = \sum_i a_i z^i \in \Omega^0(U)$$

と収束べき級数で表しておき，

$$d\varphi = \sum_i a_i i z^{i-1} = 0$$

とすると，$i > 0$ に対して $a_i = 0$ となる．したがって，$\varphi(z) = a_0$ となり，ι の像となっている．

(2) 外微分 d の全射性．

$$\omega = \varphi(z)dz = \sum_i a_i z^i dz \in \Omega^1(U)$$

と収束べき級数で表す．$\psi(z)$ を

$$\psi = \sum_i \frac{a_i}{i+1} z^{i+1}$$

とおくと，ψ の収束半径は 1 であり，$d\psi = \omega$ となる． □

$\mathcal{U} = \{U_i\}$ を X の単純被覆とすると，

$$0 \to \check{C}^k(\mathcal{U}, \mathbf{C}) \to \check{C}^k(\mathcal{U}, \Omega^0(U)) \xrightarrow{d} \check{C}^k(\mathcal{U}, \Omega^1(U)) \to 0$$

は完全列となる．したがって，ド・ラム・コホモロジーと正則ド・ラム・コホモロジーは同型となる．この関係はガウス–マニン接続の章（第 10 章）で用いられる．上の完全列から，次の命題を得る．

命題 8.8 X をコンパクト・リーマン面とすると，次の完全列が得られる．

$$0 \to H^0(X, \Omega_X^1) \to H_{dR}^1(X, \mathbf{C}) \to H^1(X, \mathcal{O}_X) \to 0$$

証明 上の準同型列が完全列であることをいうには，$H_{dR}^0(X, \mathbf{C}) \to H^0(X, \mathcal{O}_X)$ が全射であることと，$H^1(X, \Omega_X^1) \to H^2(X, \mathbf{C})$ が単射であることをみればよい．一つ目は，コンパクト・リーマン面上の正則関数は定数しかないことからいえる．二つ目は，$H^2(X, \mathbf{C}) \to H^2(X, \mathcal{O}_X)$ が零射であることから $H^1(X, \Omega_X^1) \to H^2(X, \mathbf{C})$ が全射であり，$\dim H^1(X, \Omega_X^1) = \dim H^2(X, \mathbf{C}) = 1$ であることからいえる． □

8.2　リーマン面のトポロジー，交叉形式と微分形式の外積

　コンパクトな 2 次元多様体は**閉曲面**といわれる．コンパクト・リーマン面は向き付け可能な閉曲面となるが，その位相的な同型類については次のような分類定理が知られている．

定理 8.9（向き付け可能な閉曲面の分類定理）　向き付け可能な閉曲面は，3.3 節で与えられる種数 g の曲面と同相である．

　$H_1(X, \mathbf{Z})$ には交叉形式 $\langle\,,\,\rangle$ が次の仕方で定義され，完全な交代双一次形式となる．リーマン面の滑らかな 1 サイクル γ_1, γ_2 が与えられたとき，その交点数 $\langle\gamma_1, \gamma_2\rangle$ を定義するには，γ_1, γ_2 が横断的に交わるように同じホモロジー類の中で取り替え，さらに交点のそれぞれに符号を付けて加え合わせるのである．特に，$H_1(X, \mathbf{Z})$ には $\mathbf{Z}$ 上のシンプレクティックな基底 $\{\alpha_1, \dots, \alpha_g, \beta_1, \dots, \beta_g\}$，すなわち

$$\langle\alpha_i, \alpha_j\rangle = \langle\beta_i, \beta_j\rangle = 0, \quad \langle\beta_i, \alpha_j\rangle = \delta_{ij}$$

を満たすものがとれる．ここで，δ_{ij} はクロネッカーの記号である．X は位相空間として 3.3 節の超楕円曲線のところで定義した図 3.2 のような C^∞ 多様体と同相であることを用いれば，$\alpha_1, \dots, \alpha_g, \beta_1, \dots, \beta_g$ として図 8.1 におけるものをとればよい．

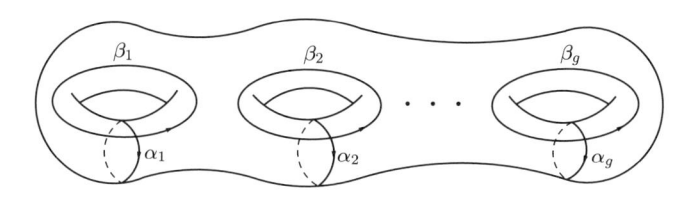

図 8.1　シンプレクティック基底

　したがって，次のポアンカレの双対定理が成り立つ．

定理 8.10（ポアンカレの双対定理）　交叉形式

$$H_1(X, \mathbf{Z}) \times H_1(X, \mathbf{Z}) \to \mathbf{Z} : \gamma \times \delta \mapsto \langle\gamma, \beta\rangle$$

によって誘導される写像

$$H_1(X, \mathbf{Z}) \to H_1(X, \mathbf{Z})\check{} \simeq H^1(X, \mathbf{Z}) : \gamma \mapsto (x \mapsto \langle x, \gamma\rangle)$$

は同型である．

定義 8.2　ポアンカレの双対定理とド・ラムの定理をあわせて，

$$\iota : H_1(X, \mathbf{R}) \xrightarrow{\cong} H^1_{dR}(X, \mathbf{R})$$

という同型写像が得られる．この同型で $H^1_{dR}(X, \mathbf{R})$（あるいは $H^1_{dR}(X, \mathbf{C})$）の元 ω に対応する $H_1(X, \mathbf{R})$（$H_1(X, \mathbf{C})$）の元を，ω の**ポアンカレ双対**という．

ポアンカレ双対によって $H_1(X, \mathbf{R})$ と $H^1_{dR}(X, \mathbf{R})$ を同一視して，$\omega = \sum_{j=1}^{g}(a_j\alpha_j + b_j\beta_j)$ と書く．このとき，写像の定義により

$$\int_{\beta_i} \omega = \left\langle \beta_i, \sum_{j=1}^{g}(a_j\alpha_j + b_j\beta_j) \right\rangle$$

が成り立つ．

命題 8.11　同型により，交叉形式と外積は一致する．すなわち，下の図式は可換である．

$$
\begin{array}{ccc}
H_1(X, \mathbf{R}) \times H_1(X, \mathbf{R}) & \to & \mathbf{R} \\
\iota \times \iota \downarrow & & \downarrow \\
H^1_{dR}(X, \mathbf{R}) \times H^1_{dR}(X, \mathbf{R}) & \to & \mathbf{R}
\end{array}
$$

証明　証明は付録の命題 B.2 をみよ．　　　　　　　　　　　　　　　□

8.3　シンプレクティックな基底とリーマンの 2 次関係式

この節では，$H_1(X, \mathbf{Z})$ 上のシンプレクティックな基底を用いて，積分周期の関係を考察する．正則微分形式は閉形式なので，次のようなド・ラム・コホモロジーへの写像ができる．

$$H^0(X, \Omega^1) \to H^1_{dR}(X, \mathbf{C}) \tag{8.7}$$

正則微分形式 $\omega, \eta \in H^0(X, \Omega^1)$ を考えると，局所的に $\omega = f(z)dz$，$\eta = g(z)dz$ と書かれているので，$\omega \wedge \eta = 0$ となる．

命題 8.12　(1)　ω を 0 でない正則微分形式とすると，

$$\frac{i}{2}\langle \omega, \overline{\omega} \rangle = \frac{i}{2}\int_X \omega \wedge \overline{\omega} > 0$$

となる．

(2)　線型写像 (8.7) は単射である．

(3)　$H^0(X, \Omega^1_X) \subset H^1_{dR}(X, \mathbf{C})$ の $H^1_{dR}(X, \mathbf{R})$ に関する複素共役を $\overline{H^0(X, \Omega^1_X)}$ と

書くと，

$$H^0(X, \Omega_X^1) \cap \overline{H^0(X, \Omega_X^1)} = 0$$

である．したがって，次の式が成り立つ．

$$H_{dR}^1(X, \mathbf{C}) = H^0(X, \Omega_X^1) \oplus \overline{H^0(X, \Omega_X^1)}$$

▶ **注意 8.1**　この直和分解は**ケーラー多様体**という高次元の複素多様体の場合にも一般化され，**ホッジ分解**とよばれる．

証明　(1) p を X の点とし，p の近傍 U における局所複素座標 z をとると，$\omega = f(z)dz$ の形に書けるので $(i/2)\omega \wedge \overline{\omega} = |f(z)|^2 dx \wedge dy$ となり，$\omega \neq 0$ であれば，これは常に 0 以上で，どこかの p で正値をとる．したがって，上の積分は正になる．

(2) $\omega \in H^1(X, \Omega_X^1)$ が写像 (8.7) の核に入っているとする．$\langle \omega, \overline{\omega} \rangle = 0$ なので，$\omega = 0$ となる．

(3) $W = H^0(X, \Omega_X^1) \cap \overline{H^0(X, \Omega_X^1)} \neq 0$ とする．このとき，0 でない W の元 ω を考えると，$\overline{\omega}$ も W の元となる．したがって，$\omega \wedge \overline{\omega} = 0$ となる．よって，$\langle \omega, \overline{\omega} \rangle = 0$ となり，$\omega = 0$ となる．後半は，$\dim H^0(X, \Omega_X^1) = g$, $\dim H_{dR}^1(X, \mathbf{C}) = 2g$ から従う．　□

定義 8.3（周期積分）　積分によって与えられるペアリング

$$H^0(X, \Omega_X^1) \otimes H_1(X, \mathbf{Z}) \to \mathbf{C}$$

を**周期積分**という．これから

$$H_1(X, \mathbf{Z}) \to H^0(X, \Omega_X^1)^{\vee}$$

なる写像が得られる．

■ **例 8.1**　1.7 節で定義された楕円曲線

$$C : y^2 = x(1-x)(1-\lambda x)$$

つまり種数が 1 のコンパクト・リーマン面 X を考えると，$H^0(X, \Omega_X^1)$ は正則微分形式 dx/y で生成される 1 次元ベクトル空間となるので，これにより，周期積分は $H_1(X, \mathbf{Z})$ から $\mathbf{C}$ への写像となる．楕円曲線は超楕円曲線の $g = 1$ の特殊な場合と考えると，$H_1(X, \mathbf{Z})$ は 3.8 節におけるサイクル γ_1, ϵ_1 で生成される（図 8.2）．したがって，周期積分による γ_1, ϵ_1 の像は

$$\int_{\gamma_1} \frac{dx}{y}, \quad \int_{\epsilon_1} \frac{dx}{y}$$

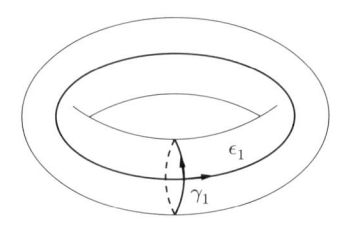

図 8.2 楕円曲線上の二つのサイクル

で与えられる． ∎

命題 8.13 ω を $H^0(X, \Omega^1)$ の元とする．任意の i について $\displaystyle\int_{\beta_i} \omega = 0$ であれば，$\omega = 0$ である．したがって，$\beta_1, \ldots, \beta_g$ は $H^0(X, \Omega^1)$ 上の一次形式の基底を定める．

証明 ポアンカレ双対を用いて $\omega = \sum_{j=1}^{g}(a_j\alpha_j + b_j\beta_j)$ と書く．このとき，任意の i について

$$0 = \int_{\beta_i} \omega = \left\langle \beta_i, \sum_{j=1}^{g}(a_j\alpha_j + b_j\beta_j) \right\rangle = a_i$$

なので，$\omega = \sum_{j=1}^{g} b_j\beta_j$, $\overline{\omega} = \sum_{k=1}^{g} \overline{b_k}\beta_k$ となり，

$$\langle \omega, \overline{\omega} \rangle = \left\langle \sum_{j=1}^{g} b_j\beta_j, \sum_{k=1}^{g} \overline{b_k}\beta_k \right\rangle = 0$$

となる．したがって，$\omega = 0$ となる． □

定義 8.4 (1) $H^0(X, \Omega^1)$ の $\beta_1, \ldots, \beta_g$ に関する双対基底 $\omega_1, \ldots, \omega_g$ を，$\beta_1, \ldots, \beta_g$ によって**正規化された正則微分形式の基底**という．これは，

$$\int_{\beta_i} \omega_j = \delta_{ij}$$

によって特徴づけられる基底である．

(2) **正規化周期行列** τ を

$$\tau = (\tau_{ij}) = \begin{pmatrix} \displaystyle\int_{\alpha_1} \omega_1 & \cdots & \displaystyle\int_{\alpha_1} \omega_g \\ \vdots & & \vdots \\ \displaystyle\int_{\alpha_g} \omega_1 & \cdots & \displaystyle\int_{\alpha_g} \omega_g \end{pmatrix}$$

と定義する．(i, j) 成分は $\tau_{ij} = \displaystyle\int_{\alpha_i} \omega_j$ である．

定理 8.14（リーマンの 2 次関係式） $\tau = (\tau_{pq})$ を正規化周期行列とする.

(1) τ は対称行列である，すなわち，$\tau_{ij} = \tau_{ji}$ である.

(2) $\mathrm{Im}(\tau)$ は正定値である. すなわち，$(u_1, \ldots, u_g) \in \mathbf{C}^g, \neq 0$ に対して，

$$\sum_{pq} u_p \overline{u_q} \, \mathrm{Im}(\tau_{pq}) > 0 \tag{8.8}$$

となる.

証明 $\omega_j = \sum_{k=1}^g (a_{jk}\alpha_k + b_{jk}\beta_k)$ とおくと，

$$\int_{\beta_i} \omega_j = \left\langle \beta_i, \sum_{k=1}^g (a_{jk}\alpha_k + b_{jk}\beta_k) \right\rangle = a_{ji} = \delta_{ij}$$

$$\int_{\alpha_i} \omega_j = \left\langle \alpha_i, \sum_{k=1}^g (a_{jk}\alpha_k + b_{jk}\beta_k) \right\rangle = -b_{ji} = \tau_{ij}$$

なので，$\omega_j = \alpha_j - \sum_k \tau_{kj}\beta_k$ となる.

(1) $0 = \langle \omega_p, \omega_q \rangle = \langle \alpha_p - \sum_k \tau_{kp}\beta_k, \alpha_q - \sum_k \tau_{kq}\beta_k \rangle = \tau_{pq} - \tau_{qp}$

(2)

$$\frac{i}{2}\langle \omega_p, \overline{\omega_q} \rangle = \frac{i}{2} \left\langle \alpha_p - \sum_k \tau_{kp}\beta_k, \alpha_q - \sum_k \overline{\tau_{kq}}\beta_k \right\rangle$$

$$= \frac{i}{2}(\overline{\tau_{pq}} - \tau_{qp}) = \mathrm{Im}(\tau_{qp})$$

したがって，$\sum_{pq} u_p \overline{u_q} \, \mathrm{Im}(\tau_{pq}) = (i/2)\langle \sum_p u_p \omega_p, \sum_q \overline{u_q \omega_q} \rangle > 0$ が成り立つ. $\qquad\square$

上の (2) の正値性の事実は，以下のように，$H^1_{dR}(X, \mathbf{R})$ 上の交代双一次形式 $\langle \ , \ \rangle$ と $H^1_{dR}(X, \mathbf{C})$ のホッジ分解の言葉で言い換えることができる. $\eta = (1/2)(\omega_p + \overline{\omega_q})$，$\eta' = (1/2)(i\omega_p - i\overline{\omega_q})$ とおけば，

$$\frac{i}{2}\langle \omega_p, \overline{\omega_q} \rangle = \langle \eta', \eta \rangle$$

と書くことができる. $H^1_{dR}(X, \mathbf{R})$ の元 η の $H^1_{dR}(X, \mathbf{C})$ における像を，ホッジ分解を用いて $\omega_1 + \omega_2$ $(\omega_1 \in H^0(X, \Omega^1), \omega_1 \in \overline{H^0(X, \Omega^1)})$ と直和成分に分けると，$\omega_2 = \overline{\omega_1}$ となることから，$C\eta = i\omega_1 - i\omega_2$ とおくと，$C\eta \in H^2_{dR}(X, \mathbf{R})$ となることがわかる. このようにして得られる $\mathbf{R}$ 線型写像

$$C : H^1_{dR}(X, \mathbf{R}) \to H^1_{dR}(X, \mathbf{R}) : \omega + \overline{\omega} \mapsto i\omega - i\overline{\omega}$$

を**ヴェイユ作用素**という. これを用いると，(2) の式 (8.8) は 0 でない $\eta \in H^1_{dR}(X, \mathbf{R})$ に対して，

$$\langle C\eta, \eta \rangle > 0$$

という条件に言い換えることができる.

8.4　周期格子，ヤコビ多様体とピカール群

この節では，リーマンの 2 次関係式を用いて曲線のヤコビ多様体を構成しよう．

命題 8.15（周期格子）　$\omega_1, \ldots, \omega_g$ を正規化された正則微分形式の基底とする．$\gamma \in H_1(X, \mathbf{Z})$ に対して

$$v(\gamma) = \left(\int_\gamma \omega_1, \ldots, \int_\gamma \omega_g \right) \in \mathbf{C}^g$$

とする．このとき，$\mathbf{C}^g$ の部分群

$$L = \{ v(\gamma) \mid \gamma \in H_1(X, \mathbf{Z}) \}$$

は，$\mathbf{R}$ 上独立な階数が $2g$ の $\mathbf{Z}$ 加群となる．特に，$\mathbf{C}^g/L$ はコンパクト・ハウスドルフ空間になる．L を**周期格子**という（1.8 節参照）．

証明

$$t : H_1(X, \mathbf{Z}) \to \mathbf{R}^g \oplus \mathbf{R}^g : \gamma \mapsto (\mathrm{Re}(v(\gamma)), \mathrm{Im}(v(\gamma)))$$

とおく．$\mathrm{Im}(\tau)$ が正定値であることから

$$\begin{pmatrix} t(\alpha_1) \\ \vdots \\ t(\alpha_g) \\ t(\beta_1) \\ \vdots \\ t(\beta_g) \end{pmatrix} = \begin{pmatrix} \mathrm{Re}(\tau) & \mathrm{Im}(\tau) \\ I_g & O \end{pmatrix}$$

は可逆行列となるので，$v(\alpha_1), \cdots, v(\alpha_g), v(\beta_1), \ldots, v(\beta_g)$ は $H^1(X, \Omega^1)$ の実ベクトル空間としての基底を与える．したがって，$\mathbf{C}^g/L$ は可微分多様体として $(\mathbf{R}/Z)^{2g}$ と微分同相となる．　　　　　　　　　　　　　□

定義 8.5（ヤコビ多様体）　$J(X) = \mathbf{C}^g/L$ を X の**ヤコビ多様体**という．これは，シンプレクティック基底を使わない書き方をすれば，

$$J(X) = \mathrm{Coker}(H_1(X, \mathbf{Z}) \to H^0(X, \Omega^1_X)^{\vee})$$

と同一視される．

▶ **注意 8.2**　リーマン面の公理には，局所複素座標の変換が正則関数によって書けるという条件があった．多変数の複素解析を用いることにより，高次元の**複素多様体**が定義される．ヤ

コビ多様体はその意味で，高次元の複素多様体である.

命題5.22において，$\mathrm{Pic}(X)$ と $\mathrm{Cl}(X)$ が同型であることをみた．ここでは，ピカール群と可逆な正則関数のなす群のコホモロジー，および次数の関係について述べよう．まず，$H^1(X, \mathcal{O}_X^\times)$ の元について，X 上の可逆層 $\mathcal{L}$ を次のようにして構成する．$\mathcal{U} = \cup_{i \in I} U_i$ を X の開被覆として，$f = (f_{ij}) \in \prod_{i,j \in I} \mathcal{O}_X^\times(U_i \cap U_j)(f_{ij} \in \mathcal{O}_X^\times(U_i \cap U_j))$ が与えられて，チェック複体の元とみてコサイクル条件 $\delta(f) = 1 \in \mathcal{O}_X^\times(U_i \cap U_j \cap U_k)$ を満たしているとする．すなわち，任意の $i, j, k \in I$ に対して $U_i \cap U_j \cap U_k$ 上で $f_{ik} = f_{ij}f_{jk}$ であるとする（このとき $f_{ii} = 1, f_{ij}f_{ji} = 1$ が従う）．したがって，$U_i \times C \ (i \in I)$ を

$$U_j \times \mathbf{C} \supset U_{ij} \times \mathbf{C} \xrightarrow[\cong]{\mathrm{id} \times f_{ij}} U_{ij} \times \mathbf{C} \subset U_i \times \mathbf{C}$$

という同型によって貼り合わることによって，X 上の可逆層 $\mathcal{L}_f$ が構成される．コサイクル f を $\mathcal{L}_f$ に対応させることにより $\mathrm{Pic}(X)$ の元が得られるが，これは

$$H^1(\mathcal{U}, \mathcal{O}_X^\times) \to \mathrm{Pic}(X) \tag{8.9}$$

という写像を誘導する．このことを示すために，コサイクル $f = (f_{ij})$ をコバウンダリーで取り替えたときに，同型な可逆層が得られることを観察する．実際，二つのコサイクル $(f_{ij})_{ij}, (f'_{ij})_{ij}$ が $(g_i)_i$ のコバウンダリーの商に書かれていたとすると，すなわち $f_{ij}/f'_{ij} = (g_j|_{U_{ij}})/(g_i|_{U_{ij}}) \ (U_{ij} = U_i \cap U_j)$ と書かれていたとすると，

$$1 \times g_i : U_i \times \mathbf{C} \to U_i \times \mathbf{C}$$

という同型により

$$
\begin{array}{ccc}
U_j \times \mathbf{C} \supset U_{ij} \times \mathbf{C} & \xrightarrow{1 \times f_{ij}} & U_{ij} \times \mathbf{C} \subset U_i \times \mathbf{C} \\
{\scriptstyle 1 \times g_j} \downarrow & & \downarrow {\scriptstyle 1 \times g_i} \\
U_j \times \mathbf{C} \supset U_{ij} \times \mathbf{C} & \xrightarrow{1 \times f'_{ij}} & U_{ij} \times \mathbf{C} \subset U_i \times \mathbf{C}
\end{array}
$$

が可換となり，貼り合わせ条件が協調的となる．したがって，$(f_{ij})_{ij}$ で定まる可逆層と $(f'_{ij})_{ij}$ で定まる可逆層は同型となる．開被覆 $\mathcal{U}$ が開被覆 $\mathcal{V}$ の細分であるとき，細分写像 $H^1(\mathcal{V}, \mathcal{O}_X^\times) \to H^1(\mathcal{U}, \mathcal{O}_X^\times)$ が定義されるが，この写像の族は写像 (8.9) と協調的であることが容易に確かめられる．逆に，可逆層に対して自明化をとれば，$\mathcal{O}_X^\times$ に値をもつコサイクル $(f_{ij})_{ij}$ が定まるので，下の補題を得る．

補題 8.16 式 (8.9) の写像により，群の同型

$$H^1(X, \mathcal{O}_X^\times) \xrightarrow{\psi} \mathrm{Pic}(X) \tag{8.10}$$

が得られる.

命題 8.17　$\mathcal{O}_X$ の可逆元の全体のなす加群の層を $\mathcal{O}_X^\times$ と書く. このとき, 次の層の準同型の列は完全列である.

$$0 \to 2\pi i \mathbf{Z} \xrightarrow{\alpha} \mathcal{O}_X \xrightarrow{\beta} \mathcal{O}_X^\times \to 0$$

この完全列を**指数完全列**という.

証明　これは問題 4.1 として出したものである. 証明は解答を参照のこと.　　□

上の層の完全列から得られる下の長完全列を考える.

$$
\begin{array}{cccc}
H^0(X, \mathcal{O}_X) & \to & H^0(X, \mathcal{O}_X^\times) & \to \\
H^1(X, \mathbf{Z}) \xrightarrow{\iota} & H^1(X, \mathcal{O}_X) & \xrightarrow{\exp} H^1(X, \mathcal{O}_X^\times) & \xrightarrow{\delta} \\
H^2(X, \mathbf{Z}) & \to & H^2(X, \mathcal{O}_X) & \to
\end{array}
\tag{8.11}
$$

ここに現れる加群について, 次の同型が成り立つ.

$$H^0(X, \mathcal{O}_X) \simeq \mathbf{C}, \quad H^0(X, \mathcal{O}_X^\times) \simeq \mathbf{C}^\times, \quad H^2(X, \mathbf{Z}) = \mathbf{Z}, \quad H^2(X, \mathcal{O}_X) = 0$$

上の ι を用いて, $\mathrm{Pic}^0(X)$ を

$$\mathrm{Pic}^0(X) = \mathrm{Coker}(H^1(X, \mathbf{Z}) \to H^1(X, \mathcal{O}_X))$$

と定義する. 写像

$$H^0(X, \mathcal{O}_X) \simeq \mathbf{C} \xrightarrow{\exp} H^0(X, \mathcal{O}_X^\times) \simeq \mathbf{C}^\times$$

は全射であることから, 次の完全列が得られる.

$$0 \to \mathrm{Pic}^0(X) \to H^1(X, \mathcal{O}_X^\times) \xrightarrow{\delta} \mathbf{Z} \to 0$$

同型 (8.10) を通して次数写像 $\deg : \mathrm{Pic}(X) \to \mathbf{Z}$ は準同型 $\deg : H^1(X, \mathcal{O}_X^\times) \to \mathbf{Z}$ を定めるが, これは下の命題により, 長完全列 (8.11) に現れる連結準同型 δ と一致する.

命題 8.18　連結準同型 δ は次数写像 $\deg$ に一致する. したがって, 次数が 0 の可逆層のなす加群と $\mathrm{Pic}^0(X)$ は同型である.

証明　可逆層 $\mathcal{O}_X(p)$ の同型類に対応する $H^1(X, \mathcal{O}_X^\times)$ の元 $[\mathcal{O}_X(p)]$ が, 写像

$$H^1(X, \mathcal{O}_X^\times) \xrightarrow{\delta} H^2(X, \mathbf{Z}) \simeq \mathbf{Z}$$

の下で $\delta([\mathcal{O}_X(p)]) = 1$ を満たすことをいえばよい. p の十分小さい近傍 U_1 をとり, u_p を p における一意化元として, $U_2 = X - \{p\}$ とおく. $\mathcal{U} = \{U_1, U_2\}$ は X の開被覆となる.

$$f_{U_1 U_2}^{-1} = f_{U_2 U_1} = u_p \in \mathcal{O}_X(U \cap V), \quad f_{U_1 U_1} = f_{U_2 U_2} = 0$$

なる $(f_{UV})_{U,V \in \mathcal{U}}$ を考えると，これは $H^1(\mathcal{U}, \mathcal{O}_X^\times)$ の元 $[\mathcal{O}_X(p)]$ を定める．これに対応する可逆層が $\mathcal{O}_X(p)$ である．ここで，

$$H^1(\mathcal{U}, \mathcal{O}_X^\times) \to H^2(\mathcal{U}, \mathbf{Z})$$

による $[\mathcal{O}_X(p)]$ の像を求める．必要であれば u_p および U_1 を取り替えることにより，u_p の定義域 W が U_1 を含んでいて，$U_1 = \{x \in W \mid |u_p(x)| < 1\}$ となるとしてよい．このとき，

$$V_1 = \left\{ x \in W \,\middle|\, |u_p(x)| < 1, \mathrm{Re}(z) > -\frac{1}{3} \right\} \subset U_1$$

$$V_2 = \left\{ x \in W \,\middle|\, |u_p(x)| < 1, \mathrm{Re}(z) < \frac{1}{3} \right\} \subset U_1$$

$$V_3 = \left\{ x \in W \,\middle|\, |u_p(x)| > \frac{2}{3} \right\} \cup (X - U_1) \subset U_2$$

とおくと，$\mathcal{V} = \{V_1, V_2, V_3\}$ は $\mathcal{U}$ の細分となっている．さらに，チェック・コサイクル f を上に書いた細分写像で $\mathcal{V}$ に引き戻すと，

$$g_{V_1 V_3} = \log_1(u_p) \in \mathcal{O}_X(V_1 \cap V_3) \quad (-\pi < \mathrm{Im}(\log_1(u_p)) < \pi)$$

$$g_{V_2 V_3} = \log_2(u_p) \in \mathcal{O}_X(V_2 \cap V_3) \quad (0 < \mathrm{Im}(\log_2(u_p)) < 2\pi)$$

$$g_{V_i V_j} = 0 \in \mathcal{O}_X(V_i \cap V_j) \quad (\{i,j\} \neq \{1,3\}, \{2,3\})$$

となる $g = (g_{UV})_{UV} \in \check{C}^1(\mathcal{V}, \mathcal{O}_X)$ の，$\exp$ による像となっている．したがって，$\delta(f\,|_v) \in \check{C}^2(\mathcal{V}, 2\pi i \mathbf{Z})$ は

$$\delta(f\,|_v)_{V_1 \cap V_2 \cap V_3} = \log_1(u_p) - \log_2(u_p) \in 2\pi i \mathbf{Z}(V_1 \cap V_2 \cap V_3)$$

$$= \begin{cases} 0 & (W_1 \text{上で}) \\ 2\pi i & (W_2 \text{上で}) \end{cases}$$

によって定まる．ここで，W_1, W_2 は $V_1 \cap V_2 \cap V_3$ のうち，虚部がそれぞれ正，負の部分である．このコサイクルは X の向き付けを与えるコサイクルとなるので，同型 $H^2(X, \mathbf{Z}) \simeq \mathbf{Z}$ により $1 \in \mathbf{Z}$ に対応する． $\square$

U を X 内の $D(0,1)$ と正則同型な開集合とし，$\varphi : U \to D(0,1)$ を正則同型とする．p, q を U の点とし，p, q を結ぶ自分自身と交わらない曲線 γ をとる．$U - \gamma, V = X - \gamma$ とおくと，X の開被覆 $\mathcal{U} = \{U, V\}$ が得られる．φ によって U と $D(0,1)$ を同一視したとき，$\log\{(z-p)/(z-q)\}$ の分枝によって定まる $U \cap V = U - \gamma$ 上の正則関数を $f(\gamma)$ と書く．

定義 8.6 この被覆 $\mathcal{U}$ に関するチェック複体 $\check{C}^1(\mathcal{U}, \mathcal{O}_X)$ の元 $f = (f_{ij})_{ij}$ を

$$-f_{UV} = f_{VU} = f(\gamma) \in \mathcal{O}_X(U \cap V), \quad f_{UU} = f_{VV} = 0 \tag{8.12}$$

と定める．この f によって定まる $H^1(X, \mathcal{O}_X)$ の元を $\nu(\gamma)$ と定義する．

補題 8.19 層の準同型 $\mathcal{O}_X \xrightarrow{\exp} \mathcal{O}_X^\times$ から引き起こされる準同型 $H^1(X, \mathcal{O}_X) \xrightarrow{\exp} H^1(X, \mathcal{O}_X^\times) \cong \mathrm{Pic}(X)$ により，次の式が成り立つ．

$$\exp \circ \nu(\gamma) = \big[\mathcal{O}_X(p - q)\big]$$

ここで，可逆層 $\mathcal{L}$ に対して $\mathcal{L}$ の同型類を $[\mathcal{L}]$ と書いた（定義 5.14）．

証明 ここで，可逆層 $\mathcal{O}_X(p - q)$ は下の $\varphi = (\varphi_{\alpha\beta})_{\alpha,\beta \in \{U,V\}}$ で定まるチェック・コサイクルであったことを思い出しておこう．

$$\varphi_{UV}^{-1} = \varphi_{VU} = \frac{z - p}{z - q} \in \mathcal{O}_X^\times(U \cap V), \quad \varphi_{UU} = \varphi_{VV} = 1 \tag{8.13}$$

$\nu(\gamma)$ は式 (8.12) で定まる $\check{C}^1(\mathcal{U}, \mathcal{O}_X)$ のコホモロジー類なので，準同型 $\exp$ を施すと，$\exp(\nu(\gamma))$ は

$$\exp(-f_{UV}) = \exp(f_{VU}) = \frac{z - p}{z - q} \in \mathcal{O}_X^\times(U \cap V), \quad \exp(f_{UU}) = \exp(f_{VV}) = 1 \tag{8.14}$$

となり，$\check{C}^1(\mathcal{U}, \mathcal{O}_X^\times)$ において同じコサイクルを定める． $\square$

8.5 アーベルの定理とアーベル‐ヤコビ写像

X をコンパクト・リーマン面とする．X 内の道 γ に対して，$H^0(X, \Omega^1)$ から $\mathbf{C}$ への写像 $I(\gamma) \in Hom(H^0(X, \Omega^1), \mathbf{C})$ を

$$I(\gamma) : H^0(X, \Omega^1) \to \mathbf{C} : \omega \mapsto 2\pi i \int_\gamma \omega$$

で定める．$[\tau] \in H_1(X, \mathbf{Z})$ を定める 1 サイクル τ を考えると，$I(\tau)$ は代表類 τ のとり方によらずに定まる．これにより，

$$H_1(X, \mathbf{Z}) \to Hom(H^0(X, \Omega_X^1), \mathbf{C})$$

なる写像が定まる．

補題 8.20 セールの双対定理による同型

$$\sigma : H^1(X, \mathcal{O}_X) \xrightarrow{\cong} Hom_{\mathbf{C}}(H^0(X, \Omega^1), \mathbf{C})$$

を通じて，$\sigma(\nu(\gamma)) = I(\gamma)$ となる．

証明 $\{U, V\}$ に付随する 1 の分解を ρ_U, ρ_V とおき，$(g_U, g_V) \in \check{C}^0(\mathcal{U}, \mathcal{A}_X^{00})$ を

$$g_U = \rho_V f_{VU}, \quad g_V = \rho_U f_{UV}$$

と定めると，$(\overline{\partial} g_U, \overline{\partial} g_V)$ は $\mathcal{A}_X^{00}(X)$ の元 $\eta(\gamma)$ を定める．$\eta(\gamma)$ のドルボー・コホモロジーでの類は，命題 5.10 により $\nu(\gamma)$ と一致する．双一次形式

$$H^0(X, \mathcal{A}^{01}) \otimes H^0(X, \Omega) \to \mathbf{C} : \eta \otimes \omega \mapsto \int_X \eta \wedge \omega$$

がセールの双対定理を引き起こすので，ω が X 上の正則微分形式として

$$\int_X \eta(\gamma) \wedge \omega = \int_\gamma \omega$$

を示せばよい．1 の分解を，U に含まれる境界が区分的に滑らかである閉集合 E に対して $\rho_U|_{U-E} = 0$ となるようにとると，$\rho_V|_{V-E} = 1$ なので，

$$\int_X \eta(\gamma) \wedge \omega = \int_E \eta(\gamma) \wedge \omega + \int_{V-E} \eta(\gamma) \wedge \omega$$

$$= \int_E d(\rho_V f(\gamma)\omega) - \int_{V-E} d(\rho_U f(\gamma)\omega)$$

$$= \int_{\partial E} \log\left(\frac{z-p}{z-q}\right)\omega = 2\pi i \int_\gamma \omega$$

となる．したがって，補題が証明された． $\qquad\square$

下の図式を考える．

$$\begin{array}{ccc} H_1(X, \mathbf{Z}) & \xrightarrow{I} & H^0(X, \Omega_X^1)^{\check{}} \\ \tau\uparrow & & \uparrow\sigma \\ H^1(X, \mathbf{Z}) & \xrightarrow{\iota} & H^1(X, \mathcal{O}_X) \end{array} \qquad (8.15)$$

ここで，それぞれの写像は，以下のようにして三角形分割に付随する有限開被覆 $\mathcal{U} = \{U_i\}_{i\in J}$ に関するチェック・コホモロジーを用いて定まるものである．ここで，U_i は三角形分割に現れる三角形 Δ_i の十分小さい近傍である．被覆の添字集合 J に順序 $<$ を入れる．U_{ij} に対して付随する三角形分割の単体を c_{ij} と書く．

(1) τ は，$f = (f_{ij})_{ij} \in \check{Z}^1(\mathcal{U}, \mathbf{Z})$ に対して $\sum_{i<j} f_{ij} c_{ij}$ と定める．ここで，$\delta f = 0$ である条件から

$$(\delta f)_{iii} = f_{ii} - f_{ii} + f_{ii} = 0, \quad (\delta f)_{iji} = f_{ji} - f_{ii} + f_{ij} = 0$$

なる関係式が成り立ち，$f_{ii} = 0, f_{ij} + f_{ji} = 0$ となる．この関係式から，τ は J の順序のとり方によらないことがわかる．

(2)　I は，$H_1(X, \mathbf{Z})$ を代表するサイクル γ に対して

$$\mathrm{Hom}(H^0(X, \Omega_X^1), \mathbf{C}) \ni I(\gamma) : \omega \mapsto \int_\gamma \omega$$

　　で定まる線型写像である.

(3)　ι は自然な単射 $\mathbf{Z} \to \mathcal{O}_X$ による埋め込みである.

(4)　σ はセールの双対定理により得られる同型である.

命題 8.21　上の図式 (8.15) は可換図式である.

証明　$f = (f_{ij})_{ij} \in \check{C}^1(\mathcal{U}, \mathbf{Z})$, $\omega \in H^0(X, \Omega_X^1)$ として，

$$(\sigma \circ \iota(f))(\omega) = (I \circ \tau(f))(\omega)$$

を示す. ρ_p を被覆に付随した 1 の分解とする. 命題 5.10 によれば，$\iota(f)$ をドルボー・コホモロジーとして表したときの代表元 $\eta \in \mathcal{A}^{01}(X)$ として，$\eta|_{U_i} = \bar{\partial}(\sum_p \rho_p f_{pi})$ となるようなものがとれる. したがって，次の式が成り立つ.

$$
\begin{aligned}
(\sigma \circ \iota(f))(\omega) &= \sum_i \int_{\Delta_i} \bar{\partial}\left(\sum_p \rho_p f_{pi}\right) \wedge \omega = \sum_i \int_{\Delta_i} d\left(\sum_p \rho_p f_{pi} \wedge \omega\right) \\
&= \sum_i \int_{\partial \Delta_i} \sum_p \rho_p f_{pi} \wedge \omega \\
&= \sum_{i<j} \int_{c_{ij}} \sum_p (\rho_p f_{pj} - \rho_p f_{pi}) \wedge \omega = \sum_{i<j} \int_{c_{ij}} \sum_p \rho_p f_{ji} \wedge \omega \\
&= \sum_{i<j} \int_{c_{ij}} f_{ji} \wedge \omega = I\left(\sum_{i<j} f_{ij} c_{ij}\right)(\omega) = (I \circ \tau(f))(\omega) \qquad \square
\end{aligned}
$$

可換図式 (8.15) のそれぞれの行に関する余核に対して，

$$\mathrm{Coker}(I) = J(X), \quad \mathrm{Coker}(\iota) = \mathrm{Pic}^0(X)$$

となることより，次の系を得る.

系 8.22　可換図式 (8.15) における準同型 σ と τ は，同型

$$\mathrm{Pic}^0(X) \to J(X) \tag{8.16}$$

を誘導する.

定理 8.23（アーベルの定理）　$D = \sum_{i=1}^k (p_i - q_i)$ とし，γ_i を p_i を始点，q_i を終点とする道として，$\gamma = \sum_{i=1}^k \gamma_i$ とする. このとき，$\mathcal{O}_X(D)$ が $\mathcal{O}_X$ と同型となる必要

十分条件は, $\left(\int_\gamma \omega_1, \ldots, \int_\gamma \omega_g\right)$ が周期格子 L の元であることである. またこれは, $(f) = D$ となる X 上の有理関数が存在することと同値である.

証明　いままでの構成法と補題 8.19, 命題 8.21 から直接導かれるが, 復習も兼ねて証明しよう. 上のように γ を選べば, $\left(\int_\gamma \omega_1, \ldots, \int_\gamma \omega_g\right) \in L$ であることは $\sum_i I(\gamma_i) \in I(H_1(X, \mathbf{Z}))$ と言い換えられる. $\sum_i \sigma(\nu(\gamma_i)) = \sum_i I(\gamma_i)$ なので, 可換図式 (8.15) により, これは $\sum_i \nu(\gamma_i) \in \iota(H^1(X, \mathbf{Z}))$ と同値である. 補題 8.19 より,

$$\exp\left(\sum_i \nu(\gamma_i)\right) = \sum_i \left[\mathcal{O}_X(p_i - q_i)\right] = [\mathcal{O}_X(D)]$$

となる. したがって, $\mathcal{O}_X(D)$ が $\mathcal{O}_X$ と同型であることと $\sum_i \nu(\gamma_i) \in \iota(H^1(X, \mathbf{Z}))$ は同値であり, 定理を得る.　　　　　　　　　　　　　　　　　□

定義 8.7（アーベル–ヤコビ写像）　$b \in X$ を基点として固定する. $z \in X$ として b と z を結ぶ X 内の道 γ をとり, その $I(\gamma)$ の

$$J(X) = Hom(H^0(X, \Omega^1_X), \mathbf{C})/I(H_1(X, \mathbf{Z}))$$

における類を考えると, これは γ のとり方によらずに定まる. この写像

$$AJ_X : X \to J(X)$$

を, b を基点とする**アーベル–ヤコビ写像**という.

章末問題

8.1　X を種数が g のコンパクト・リーマン面として, b を X 上の点とする. さらに, $AJ_X : X \to J(X)$ をアーベル–ヤコビ写像とする. X^k に成分の入れ替えにより k 次の対称群 $\mathfrak{S}_k$ が作用する. この作用に関する商空間を $\mathrm{Sym}^k(X)$ と書き, リーマン面の k 次対称積という. $(x_1, \ldots, x_k) \in X^k$ に対して $\sum_{i=1}^k AJ_X(x_i) \in J(X)$ とおくと, この写像は X^k 上の $\mathfrak{S}_k$ の作用について不変なので,

$$AJ_{X,k} : \mathrm{Sym}^k(X) \to J(X)$$

なる写像を引き起こす. $\mathcal{L}$ を $\mathrm{Pic}^0(X)$ の元とし, 同型 (8.16) を通じて $J(X)$ の元とみる. このとき, 写像 $AJ_{X,k}$ による $\mathcal{L}$ の逆像は, ベクトル空間 $H^0(X, \mathcal{L}(k[b]))$ を射影化したもの

$$\mathbf{P}(H^0(X, \mathcal{L}(k[b]))) = \left(H^0(X, \mathcal{L}(k[b])) - \{0\}\right)/\mathbf{C}^\times$$

と同一視されることを証明せよ．

8.2 X を種数が 2 のリーマン面とする．$\infty \in C$ を超楕円曲線の標準的 2 重被覆（問題 5.1）の分岐点の一つとして，ここを起点としたアーベル–ヤコビ写像を考える．さらに，

$$AJ_{X,2} : \mathrm{Sym}^2(C) \to J(X)$$

を問題 8.1 で与えられた写像とする．このとき，以下のことを示せ．

(1) $x \neq 0 \in J(X)$ であれば，$AJ_{X,2}^{-1}(x)$ は 1 点からなる集合である．

(2) $AJ_{X,2}^{-1}(0)$ は $\mathbf{P}^1$ と同型である．

第9章

アーベル多様体

　前章では，コンパクト・リーマン面が与えられると，その周期格子を用いてヤコビ多様体という商空間が定義された．このような空間は複素トーラスとよばれるが，ヤコビ多様体は，この章で定義される偏極とよばれる特殊な構造をもっている．そのような複素トーラスはアーベル多様体とよばれるが，この章ではアーベル多様体に付随するテータ関数を用いて，そのアーベル多様体を射影空間に埋め込むことを考える．

9.1　偏極ホッジ構造とアーベル多様体

　種数 g のコンパクト・リーマン面の正規化周期行列はリーマンの2次関係式を満たすことを，定理 8.14 でみた．一般に，$g \times g$ の複素対称行列 τ で $\mathrm{Im}(\tau)$ が正定値であるものが与えられたとき，周期格子 $L \subset \mathbf{C}^g$ を

$$L = \left\{ (a_1, \ldots, a_g, b_1, \ldots, b_g) \begin{pmatrix} \tau \\ I_g \end{pmatrix} \,\middle|\, a_i, b_j \in \mathbf{Z} \right\}$$

で定義する．このとき，L は $\mathbf{C}^g$ の実ベクトル空間としての生成系であり，実数体上独立なので，$\mathbf{C}/L$ はコンパクト・ハウスドルフ空間になる．これは，以下に述べるアーベル多様体の例となっている．一般のアーベル多様体の定義を述べるために，重さが1の偏極ホッジ構造を定義しよう．

　H を階数が $2g$ の自由アーベル群とする．$H \otimes \mathbf{C}$ の元 $w \otimes z$ ($w \in H, z \in \mathbf{C}$) に対して $\overline{w} = w \otimes \overline{z}$ を対応させることにより，$\mathbf{R}$ 線型写像

$$\overline{*} : H \otimes_{\mathbf{Z}} \mathbf{C} \to H \otimes_{\mathbf{Z}} \mathbf{C}$$

が定まる．

定義 9.1　$\mathbf{C}$ ベクトル空間の直和分解

$$H \otimes_{\mathbf{Z}} \mathbf{C} = H^{01} \oplus H^{10}$$

が**重さ1のホッジ分解**であるとは，複素共役による H^{01} の像 $\overline{H^{01}}$ が H^{10} と一致す

ることである. このとき, $\dim_{\mathbf{C}} H^{01} = \dim_{\mathbf{C}} H^{01} = g$ となる. 階数 $2g$ の自由加群に重さ 1 のホッジ分解を付与して考えたものを, 重さ 1 のホッジ構造という.

定理 8.14 の直後に定義したヴェイユ作用素を, ホッジ分解に対しても定義しよう. $H \otimes \mathbf{C} = H^{01} \oplus H^{10}$ を重さが 1 のホッジ分解とする. $w \in H \otimes \mathbf{C}$ に対して $w = w_0 + w_1$ ($w_0 \in H^{01}, w_1 \in H^{10}$) と表しておいて, $C(w) = iw_0 - iw_1$ と定義すると, C は $C^2 = -1$ となる $H \otimes \mathbf{C}$ 上の $\mathbf{C}$ 線型作用素であり, その固有値 i の固有空間が H^{01}, 固有値 $-i$ の固有空間が H^{10} と一致する. さらに, C は $H \otimes \mathbf{R}$ を保つ $\mathbf{R}$ 線型写像となる. 実際, $\overline{w} = \overline{w_0} + \overline{w_1}$ ($\overline{w_1} \in H^{01}, \overline{w_0} \in H^{10}$) となるので, $w \in H \otimes \mathbf{R}$ であれば, すなわち $w = \overline{w}$ であれば $w_1 = \overline{w_0}$, $w_0 = \overline{w_1}$ であり, このとき

$$\overline{C(w)} = \overline{iw_0 - iw_1} = -i\overline{w_0} + i\overline{w_1} = -iw_1 + iw_0 = C(w)$$

となるからである. C の $H \otimes \mathbf{R}$ への制限 $C : H \otimes \mathbf{R} \to H \otimes \mathbf{R}$ をホッジ構造 H の**ヴェイユ作用素**という.

H を階数 $2g$ の自由加群で重さ 1 のホッジ構造が与えられているとする. C をそのヴェイユ作用素とする. さらに, $\langle \, , \, \rangle$ を H 上の非退化交代形式とする.

定義 9.2 非退化交代形式 $\langle \, , \, \rangle$ を自然に $H \otimes \mathbf{C}$ への非退化交代形式に延長する. 任意の $v, w \in H^{01}$ に対して $\langle v, w \rangle = 0$ となるとき, 交代形式はタイプが $(1,1)$ であるという.

補題 9.1 H を重さ 1 のホッジ構造として, $\langle \, , \, \rangle$ をタイプ $(1,1)$ の交代形式とする.
(1) C をヴェイユ作用素とすると, $\langle C(u), C(w) \rangle = \langle u, w \rangle$ となる.
(2) $Q(x, y) = \langle C(x), y \rangle$ とおくと, $H \otimes \mathbf{R}$ 上の対称形式となる.

証明 (1) $u = u_0 + u_1, w = w_0 + w_1$ ($w_0, u_0 \in H^{01}, w_1, u_1 \in H^{10}$) とおく. このとき,

$$\langle C(u), C(w) \rangle = \langle iu_0 - iu_1, iw_0 - iw_1 \rangle = \langle u_1, w_0 \rangle + \langle u_0, w_1 \rangle$$
$$= \langle u_0 + u_1, w_0 + w_1 \rangle = \langle u, w \rangle$$

となる.
(2) (1) で示した等式を用いて,

$$Q(y, x) = \langle C(y), x \rangle = \langle C^2(y), C(x) \rangle = \langle -y, C(x) \rangle = \langle C(x), y \rangle = Q(x, y)$$

となる. $\qquad \square$

定義 9.3 (偏極ホッジ構造) H を階数が $2g$ の重さ 1 のホッジ構造として, $\langle \, , \, \rangle$ を

タイプが $(1,1)$ の交代形式とする．補題 9.1 における $Q(x, y)$ が正定値であるとき，$\langle\,,\,\rangle$ は H の**偏極**とよばれる．偏極つきの重さ 1 のホッジ構造を，重さ 1 の偏極ホッジ構造という．

X をコンパクト・リーマン面とする．このとき命題 8.12 により，$H^1(X, \mathbf{Z})$ にはホッジ構造が定義される．さらにその上の交叉形式 $\langle\,,\,\rangle$ により，$H^1(X, \mathbf{Z})$ は偏極ホッジ構造となる．

階数 $2g$ の自由加群 $\mathbf{Z}$ 上の非退化交代形式 $\langle\,,\,\rangle$ が与えられるとき，次のような性質をもつ $\mathbf{Z}$ 上の基底 $\alpha_1, \ldots, \alpha_g, \beta_1, \ldots, \beta_g$ がとれることが知られている．

$$\langle\alpha_i, \alpha_j\rangle = 0, \quad \langle\beta_i, \beta_j\rangle = 0, \quad \langle\alpha_i, \beta_j\rangle = \delta_{ij}d_i,$$
$$d_i \in \mathbf{Z}, \quad d_1 \mid d_2 \mid \cdots \mid d_g$$

さらに，ここに現れる $d_1, \ldots, d_g$ は上の条件のもとに一意的に定まる．このような基底 $\{\alpha_1, \ldots, \alpha_g, \beta_1, \ldots, \beta_g\}$ を**標準シンプレクティック基底**という．重さ 1 の偏極ホッジ構造に対して上のような基底がとれるとき，$(d_1, \ldots, d_g)$ を**偏極のタイプ**という．偏極のタイプが $(1, \ldots, 1)$ であるとき，その偏極を**主偏極**という．X をリーマン面とするとき，上のようにして定まる $H^1(X, \mathbf{Z})$ 上の偏極は主偏極であることが，定理 8.9 の直後に述べたことからわかる．

この節の目的はアーベル多様体を定義することである．アーベル多様体は複素多様体，あるいは代数多様体として定義される．まず，多変数正則関数の定義と複素多様体の定義を簡単に述べる．

定義 9.4（多変数正則関数，複素多様体）　(1)　D を $\mathbf{C}^n = \{(x_1, \ldots, x_n) \mid x_i \in \mathbf{C}\}$ の領域とし，$p = (a_1, \ldots, a_n) \in D$ とする．D 上の複素関数 $f = f(x_1, \ldots, x_n)$ が p において**正則関数**であるとは，p のまわりで

$$f(x_1, \ldots, x_n) = \sum_{\mathbf{m}=(m_1,\ldots,m_n)\in\mathbf{N}^n} a_{\mathbf{m}}(x_1 - a_1)^{m_1} \cdots (x_n - a_n)^{m_n}$$

の形に収束するテーラー展開で表されることである．さらに任意の点 $p \in D$ で正則関数であるときに，f は**正則関数**であるという．

(2)　D から $\mathbf{C}^n$ への写像 $f = (f_1, \ldots, f_n)$ が正則写像であるとは，それぞれの成分 $f_1, \ldots, f_n$ が正則であることである．

(3)　X を位相空間として，$\mathcal{U} = \{U_i\}_i$ を X の開被覆とする．各 $i \in I$ について $\mathbf{C}^n$ の開集合 D_i と U_i の同相写像 $\varphi_i : U_i \to D_i$ が与えられていて，$U_i \cap U_j \neq \emptyset$ を満たす任意の $i, j \in I$ に対して，同相写像

$$\varphi_i^{-1}(U_i \cap U_j) \xrightarrow{\varphi_i} U_i \cap U_j \xleftarrow{\varphi_j} \varphi_j^{-1}(U_i \cap U_j)$$

が正則写像となるとき，開被覆と同相写像族の組 $(\mathcal{U}, \{\varphi_i\})$ を X の**複素構造**という．複素構造が付与された位相空間のことを**複素多様体**という．

L を $\mathbf{C}^n$ 内の格子とすると，$\mathbf{C}^n/L$ は複素多様体となることが容易に示される．

命題・定義 9.2　H を偏極ホッジ構造とする．

$$i : H \to H \otimes \mathbf{C} \xrightarrow{p_{01}} H^{01} \tag{9.1}$$

をホッジ分解による H^{01} 部分への射影とする．このとき，$A = H^{01}/\operatorname{Im}(i)$ はコンパクト・ハウスドルフ複素多様体となる．このようにして得られるコンパクト・ハウスドルフ複素多様体を**アーベル多様体**という．このとき，A の 1 次元ホモロジー群 $H_1(A, \mathbf{Z})$ は自然に H と同一視されるが，この H の交代形式から，この同一視によって定まる写像

$$H_1(A, \mathbf{Z}) \times H_1(A, \mathbf{Z}) \to \mathbf{Z}$$

を A の**偏極**という．さらにこの偏極が主偏極である場合，A を**主偏極アーベル多様体**という．

▶ **注意 9.1**　一つのアーベル多様体に対して複数の偏極が存在することがある．代数多様体としてアーベル多様体を定義することも可能で，そのような定義において，アーベル多様体には偏極は必ず存在する．以下に述べるように，アーベル多様体は必ず代数多様体となっている．

　ヤコビ多様体の構成法と命題 8.21 から，写像 $H^1(X, \mathbf{Z}) \to H^1(X, \mathcal{O}_X)$ は式 (9.1) の射影と i と同一視されることを考えれば，次の命題が成り立つ．

命題 9.3　ヤコビ多様体は主偏極アーベル多様体である．

9.2　主偏極ホッジ構造の周期とテータ関数

　以下では，H を重さが 1 の主偏極ホッジ構造とする．このとき標準シンプレクティック基底 $\{\alpha_1, \ldots, \alpha_g, \beta_1, \ldots, \beta_g\}$ が存在して，

$$\langle \alpha_i, \alpha_j \rangle = \langle \beta_i, \beta_j \rangle = 0, \quad \langle \alpha_i, \beta_j \rangle = \delta_{ij}$$

となる．

命題 9.4 (1) $\omega \in H^{01}$ とすると,

$$\frac{i}{2}\langle \omega, \overline{\omega} \rangle \geq 0$$

であり, 等号が成り立てば $\omega = 0$ である.

(2) H^{10} の基底 $\omega_1, \ldots, \omega_g$ で

$$\langle \beta_i, \omega_j \rangle = \delta_{ij}$$

となるものが一意的に存在する.

定義 9.5 命題 9.4 の性質をもつ $\omega_1, \ldots, \omega_g$ を, H^{10} のシンプレクティック基底 $\{\alpha_i, \beta_j\}$ により **正規化された基底** という.

命題 9.4 の証明 (1) $\omega \in H^{10}$ とすると, $\overline{\omega} \in H^{01}$ であり, $\eta = \omega + \overline{\omega} \in H \otimes \mathbf{R}$, $C(\eta) = i\omega - i\overline{\omega}$ である. したがって,

$$0 \leq \langle C(\eta), \eta \rangle = \langle i\omega - i\overline{\omega}, \omega + \overline{\omega} \rangle = 2i\langle \omega, \overline{\omega} \rangle$$

である.

(2) $\omega \in H^{01}$ が任意の i に対して $\langle \beta_i, \omega \rangle = 0$ であったとすると, $\langle \, , \, \rangle$ に関して $\beta_1, \ldots, \beta_g$ の直交空間は $\langle \beta, \ldots, \beta_g \rangle$ なので, $\omega \in \langle \beta_1, \ldots, \beta_g \rangle_{\mathbf{C}}$ となる. したがって, $\overline{\omega} \in \langle \beta_i, \ldots, \beta_g \rangle_{\mathbf{C}}$ であり,

$$\langle \omega, \overline{\omega} \rangle = 0$$

となり, (1) より, $\omega = 0$ となる. したがって, $\langle \beta_1, \ldots, \beta_g \rangle \otimes \mathbf{C} \to Hom_{\mathbf{C}}(H^{10}, \mathbf{C})$ は単射となり, 次元を比較して同型となる. これから (2) を得る. $\square$

定義 9.6 $\omega_1, \ldots, \omega_g$ をシンプレクティック基底 $\{\alpha_1, \ldots, \alpha_g, \beta_1, \ldots, \beta_g\}$ により正規化された H^{01} の基底とする. $\tau_{ij} = \langle \alpha_i, \omega_i \rangle$ とするとき, $\tau = (\tau_{pq})$ をこのシンプレクティック基底に対する **正規化周期行列** という.

定理 8.14 (リーマンの 2 次関係式) の証明とまったく同様にして, 次の命題が証明される.

命題 9.5 (重さ 1 の偏極ホッジ構造の周期) H を重さ 1 の主偏極ホッジ構造として, $\tau = (\tau_{ij})_{ij}$ をシンプレクティック基底 $\{\alpha_1, \ldots, \alpha_g, \beta_1, \ldots, \beta_g\}$ に対する正規化周期行列とする.

(1) τ は対称行列である, すなわち $\tau_{ij} = \tau_{ji}$ である.

(2) $\mathrm{Im}(\tau)$ は正定値である.

正規化された H^{10} の基底 $\omega_1, \ldots, \omega_g$ を用いて

$$\iota : H^{01} \to \mathbf{C}^g : \eta \mapsto (\langle \eta, \omega_1 \rangle, \ldots, \langle \eta, \omega_g \rangle)$$

なる同型を考えると,

$$\iota(\alpha_i) = (\tau_{i1}, \ldots, \tau_{ig}), \quad \iota(\beta_j) = e_j$$

となる. したがって,

$$L = \left\{ (a_1, \ldots, a_g, b_1, \ldots, b_g) \begin{pmatrix} \tau \\ I_g \end{pmatrix} \;\middle|\; a_i, b_j \in \mathbf{Z} \right\}$$

とおくと, H から得られるアーベル多様体 A は, シンプレクティック基底に対応する H^{10} の標準基底を用いれば, $A = H^{01}/H \simeq \mathbf{C}^g/L$ と表される.

この表示を用いて, L の平行移動に関してよい関数等式をもつ $\mathbf{C}^g$ 上の関数として テータ関数を構成する.

定義 9.7(テータ関数) 主偏極ホッジ構造とシンプレクティック基底 $\{\alpha_1, \ldots, \alpha_g,$ $\beta_1, \ldots, \beta_g\}$ が与えられたとき, $\mathbf{C}^g$ 上の**テータ関数** $\theta = \theta(z_1, \ldots, z_g)$ を次のように 定義する.

$$\theta(z_1, \ldots, z_g) = \sum_{n \in \mathbf{Z}^g} \mathbf{e}\left(\frac{n\tau\,{}^t n}{2} + z \cdot {}^t n \right)$$

ここで, τ は正規化周期行列, $n = {}^t(n_1, \ldots, n_g) \in \mathbf{Z}^g, z = (z_1, \ldots, z_g) \in \mathbf{C}^g$ であ る. この級数が任意の z に対して収束することは,

$$\left| \mathbf{e}\left(\frac{{}^t n \tau n}{2} \right) \right| = \mathbf{e}(-\pi \operatorname{Im}({}^t n \tau n))$$

となることと, ある $c > 0$ が存在して $\operatorname{Im}({}^t n \tau n) \geq c({}^t n \cdot n)$ となることからわかる.

命題 9.6 (1) $w, u \in \mathbf{Z}^g$ とする. このとき, テータ関数は次の関数方程式を満たす.

$$\theta(z + w\tau + u) = j(w, z)\theta(z)$$

ここで, $j(w, z) = \mathbf{e}(-w\tau\,{}^t w/2 - z\,{}^t w)$ である.

(2) $w_1, w_2 \in \mathbf{Z}^g$ とすると, 次の関数等式が成立する.

$$j(w_2, z + w_1\tau)j(w_1, z) = j(w_1 + w_2, z)$$

(3) $t_1, \ldots, t_k \in \mathbf{C}^g$ が $t_1 + \cdots + t_k = 0$ を満たすとする. このとき,

$$\Theta_{t_1,\ldots,t_k}(z) = \theta(z+t_1)\theta(z+t_2)\cdots\theta(z+t_k)$$

とおくと，次の式が成り立つ.

$$\Theta_{t_1,\ldots,t_k}(z+w\tau+u) = j(w,z)^k\Theta_{t_1,\ldots,t_k}(z)$$

証明 (1)

$$\theta(z+w\tau+u) = \sum_{n\in\mathbf{Z}^g} \mathbf{e}\left(\frac{n\tau\,{}^tn}{2} + (z+w\tau+u)^tn\right)$$

$$= \sum_{n\in\mathbf{Z}^g} \mathbf{e}\left(\frac{n\tau\,{}^tn}{2} + z^tn + w\tau\,{}^tn + u^tn\right)$$

$$= \sum_{n\in\mathbf{Z}^g} \mathbf{e}\left(\frac{(n+w)\tau\,{}^t(n+w)}{2} + z^t(n+w) - \frac{w\tau\,{}^tw}{2} - z^tw\right)$$

$$= \mathbf{e}\left(-\frac{w\tau\,{}^tw}{2} - z^tw\right)\theta(z)$$

(2)

$$j(w_1+w_2,z) = \frac{\theta(z+(w_1+w_2)\tau)}{\theta(z)}$$

$$= \frac{\theta(z+w_1\tau+w_2\tau)}{\theta(z+w_1\tau)}\frac{\theta(z+w_1\tau)}{\theta(z)}$$

$$= j(w_2,z+w_1\tau)j(w_1,z)$$

(3)

$$j(w,z+t_1)j(w,z+t_2)\cdots j(w,z+t_k)$$

$$= \mathbf{e}\left(-\frac{w\tau\,{}^tw}{2} - (z+t_1)^tw\right)\mathbf{e}\left(-\frac{w\tau\,{}^tw}{2} - (z+t_2)^tw\right)\cdots\mathbf{e}\left(-\frac{w\tau\,{}^tw}{2} - (z+t_k)^tw\right)$$

$$= \mathbf{e}\left(-\frac{w\tau\,{}^tw}{2} - z^tw\right)^k$$

となることからわかる. □

$k \geq 1$ として，$\mathbf{C}^g$ 上の正則関数のなす空間の部分空間 V_k を次で定義する.

$$V_k = \{\vartheta = \vartheta(z_1,\ldots,z_g) \mid \vartheta \text{ は正則関数で下の関数方程式を満たす.}$$

$$\vartheta(z+\tau w+u) = j(w,z)^k\vartheta(z)\} \tag{9.2}$$

このとき，命題 9.6 より，$t_1 + \cdots + t_k = 0$ であれば，

$$\Theta_{t_1,\ldots,t_k} \in V_k$$

となる.

9.3 アーベル多様体の射影埋め込み

この節では，V_k は有限次元であること，V_k の基底を用いて射影空間にアーベル多様体を埋め込むことを考える．周期的関数の**フーリエ級数**に関する次の命題を証明なしに用いる．

命題 9.7 $\mathbf{C}^g$ 上の正則関数で $\mathbf{Z}^g$ に関して周期的なものは，一意的に

$$f(z) = \sum_{m \in \mathbf{Z}} a_m \mathbf{e}(z^t m)$$

という形のフーリエ級数で書ける．

命題 9.8 V_k を式 (9.2) で定義された関数空間とすると，$\dim_{\mathbf{C}} V_k = k^g$ である．

証明 命題 9.6 の (2) を考えると，V_k の定義に現れる関数等式は z を $z + e_i, z + e_i\tau$ に置き換えることによって得られる関数等式から得られるので，

$$\vartheta(z + e_i) = \vartheta(z) \quad (i = 1, \ldots, g) \tag{9.3}$$

$$\vartheta(z + e_i\tau) = j(e_i, z)^k \vartheta(z) \quad (i = 1, \ldots, g) \tag{9.4}$$

と同値である．関数等式 (9.3) により，ϑ は $\mathbf{Z}^g$ を周期とする周期関数なので，そのフーリエ展開を

$$\vartheta(z) = \sum_{m \in \mathbf{Z}^g} a_m \mathbf{e}(z^t m) \tag{9.5}$$

と一意的に表すことができる．この形の関数が関数方程式 (9.4) を満たす条件を考える．フーリエ展開の式の z に $z + e_i\tau$ を代入すると，

$$\begin{aligned}
\vartheta(z + e_i\tau) &= \sum_{m \in \mathbf{Z}^g} a_m \mathbf{e}(z^t m + e_i\tau^t m) \\
&= \sum_{m \in \mathbf{Z}^g} a_m \mathbf{e}(e_i\tau^t m) \mathbf{e}(^t m z)
\end{aligned} \tag{9.6}$$

となる．他方，$j(e_i, z)^k \vartheta(z)$ は

$$\begin{aligned}
j(e_i, z)^k \vartheta(z) &= \sum_{m \in \mathbf{Z}^g} a_m \mathbf{e}\left(-\frac{k(e_i\tau^t e_i)}{2} - k(z^t e_i)\right) \mathbf{e}(z^t m) \\
&= \sum_{m \in \mathbf{Z}^g} a_m \mathbf{e}\left(-\frac{k\tau_{ii}}{2}\right) \mathbf{e}(z^t(m - k e_i)) \\
&= \sum_{m \in \mathbf{Z}^g} a_{m + k e_i} \mathbf{e}\left(-\frac{k\tau_{ii}}{2}\right) \mathbf{e}(z^t m)
\end{aligned} \tag{9.7}$$

となり，フーリエ係数に関する差分方程式

$$a_{m+ke_i} = \mathbf{e}\left(\frac{k\tau_{ii}}{2} + e_i\tau\,{}^t m\right) a_m \quad (i = 1, \ldots, g)$$

の形に書き換えられる．したがって，係数は $m = (m_1, \ldots, m_n)$ $(0 \le m_i \le k-1)$ によって一意的に定まり，上の範囲で a_m を与えたとき，この差分方程式で定まる a_m $(m \in \mathbf{Z}^g)$ を係数とするフーリエ級数 (9.5) は収束することが容易に示される．したがって，V_k の次元は k^g 次元となることが結論される． $\square$

H を主偏極ホッジ構造として，これから得られるアーベル多様体 A が射影空間の部分多様体となることを示すのに，正則関数の空間 V_k を用いて，A から $\mathbf{P}^{N-1}$ $(N = k^g)$ への写像 $\Phi_k : A \to \mathbf{P}^{N-1}$ を定義しよう．

命題 9.9 $k \ge 3$ とする．V_k の基底を $\theta_1, \ldots, \theta_N$ とする．このとき，$A = H^{10}/H \simeq \mathbf{C}^g/L$ の点 p に対して，$\tilde{p} \in H^{10}$ を p の代表系とする．このとき，

(1) $\Theta(\tilde{p}) \ne 0$ となるような V_k の元 Θ が存在する．

(2) $\mathbf{P}^{N-1}$ 上の点 $(\theta_1(\tilde{p}) : \cdots : \theta_N(\tilde{p}))$ は $\tilde{p}$ の類 p のみによる．したがって，$\Phi_k : A \to \mathbf{P}^{N-1}$ なる写像が定義される．

証明 (1) $\{z \mid \theta(z) \ne 0\}$ は空でない開集合なので，$\theta(\tilde{p} + t_1) \ne 0, \ldots, \theta(\tilde{p} + t_{k-2}) \ne 0$ となる $t_1, \ldots, t_{k-2}$ が存在するから，そのような $t_1, \ldots, t_{k-2}$ を固定する．このとき，$U_1 = \{t_{k-1} \mid \theta(\tilde{p} + t_{k-1}) \ne 0\}$, $U_2 = \{t_{k-1} \mid \theta(\tilde{p} - t_1 - \cdots - t_{k-2} - t_{k-1}) \ne 0\}$ はともに空でない開集合なので，$t_{k-1} \in U_1 \cap U_2$ なる t_{k-1} が存在する．このとき，

$$\theta(\tilde{p} + t_1) \cdots \theta(\tilde{p} + t_{k-1})\theta(\tilde{p} - t_1 - \cdots - t_{k-1}) \ne 0$$

なので，$\Theta(z) = \theta(z + t_1) \cdots \theta(z + t_{k-1})\theta(z - t_1 - \cdots - t_{k-1})$ とおくと，$\Theta(z) \in V_k$ で $\Theta(\tilde{p}) \ne 0$ となる．

(2) (1) により，$\tilde{p} \in \mathbf{C}^g$ に対して $(\theta_1(\tilde{p}) : \cdots : \theta_N(\tilde{p})) \in \mathbf{P}^{N-1}$ が定まる．さらに $\tilde{p}' = \tilde{p} + \gamma$ $(\gamma = w\tau + u \in L)$ とすると，

$$(\theta_1(\tilde{p}'), \ldots, \theta_N(\tilde{p}')) = j(w, \tilde{p})^k (\theta_1(\tilde{p}), \ldots, \theta_N(\tilde{p}))$$

となり $\mathbf{P}^{N-1}$ において同じ点を定めるので，$\Phi_k : A \to \mathbf{P}^{N-1}$ なる写像が定義される． $\square$

上の命題により，$\Phi_k : A \to \mathbf{P}^{N-1}$ が定義された．ここでは証明をしないが，実は次の定理が成り立つ．

定理 9.10 k が十分に大きいとき，写像 Φ_k は単射で，各点 $x \in A$ における接空間に誘導される写像は単射になる．さらにその像は，$\mathbf{P}^{N-1}$ の中で有限個の斉次多項式の共通零点として表される．

▶ **注意 9.2** 射影空間 $\mathbf{P}^{N-1}$ の中で，上のように有限個の斉次多項式の共通零点として表さ

れる図形は代数多様体とよばれる.

9.4 超楕円曲線のヤコビ多様体

ヤコビによる積分方程式の解についての論文 [J] で,今日超楕円曲線のヤコビ多様体とよばれるものが扱われている.そこで扱われているのは超楕円曲線の場合のヤコビ多様体で,その後,曲線のヤコビ多様体へと理論は一般化されたが,超楕円曲線特有に現れる数々の等式には,一般論には含まれない美しさが潜んでいる.ヤコビの理論は KdV 方程式の観点からマンフォード [M3] により再発見され,さらに**ヒッチン対応**という数理物理で現れる構成法の非常に特殊な場合として理解されるようになり,一般論を超えてその美しさが再認識されるに至った.この節と次節では,ヤコビの論文の内容を現代的観点から紹介しよう.

$f(x) = x^{2g+1} + k_1 x^{2g} + \cdots + k_{2g}x + k_{2g+1} \in \mathbf{C}[x]$ を重複因子をもたない $2g+1$ 次多項式,C を

$$y^2 = f(x)$$

で定義された超楕円曲線,$\pi : C \to \mathbf{P}^1$ を $(x, y) \mapsto x$ によって定まる正則写像とする.$x = \infty$ で定義される点上では π は分岐している.特に混乱のない限り,$x = \infty$ の π による逆像を $\infty \in C$ と書く.また,$\iota : (x, y) \to (x, -y)$ で定まるリーマン面 C の自己同型を超楕円対合という.

$1 \le k$ を整数,$\mathrm{Sym}^k(C)$ を問題 8.1 で定義された C の k 次対称積とする.∞ を基点とするアーベル–ヤコビ写像によって定義される写像

$$\sum_{i=1}^{k} P_i \mapsto \sum_{i=1}^{k} \int_{\infty}^{P_i} \omega$$

を考えると,問題 8.1 で述べたように,

$$AJ_{X,k} : \mathrm{Sym}^k(C) \to J(C)$$

なる写像を引き起こす.$AJ_{X,k}$ の像を $W_k(C)$ と書く.このとき,次の命題が成り立つ.

命題 9.11 (1) $W_j \subset J(C)$ は (-1) 倍写像で安定,つまり $(-1)W_j = W_j$ である.
(2) $\mathrm{Sym}^g(C) \to J(C)$ は,W_{g-1} の補集合上では 1 対 1 の写像である.

証明 (1) C の超楕円対合を ι とおくと,$\mathcal{O}_X([p])\check{\ } \simeq \mathcal{O}_X([\iota(p)] - 2[\infty])$ が成り立つことがわかる($\mathcal{O}_X([p])\check{\ }$ は 6.1 節参照).これから命題を得る.

(2) $\mathcal{L}$ を $\mathrm{Pic}^0(C)$ の元とし，$[\mathcal{L}] \notin W_{g-1}$ とする．もし $JA_g^{-1}(\mathcal{L})$ が 2 点以上あれば，$H^0(C, \mathcal{L}(g[\infty])) \geq 2$ となる．リーマン–ロッホの定理とセールの双対定理により，

$$\dim H^0(X, \mathcal{L}(g[\infty])) - \dim H^0(X, \Omega \otimes \mathcal{L}^*(-g[\infty])) = \chi(\mathcal{L}(g[\infty])) = 1 - g + g = 1$$

となる．$\Omega = \mathcal{O}_X((2g-2)[\infty])$ なので，

$$\dim H^0(X, \mathcal{L}^*((g-2)[\infty])) = \dim H^0(X, \Omega \otimes \mathcal{L}^*(-g[\infty])) \geq 1$$

となる．これから，$\mathcal{L}^*$ が W_{g-2} に属していることとなる．他方，$W_{g-2} \subset W_{g-1}$ より $[\mathcal{L}^*] \in W_{g-1}$ となるが，これは W_{g-1} が (-1) 倍写像で安定であることに矛盾する． $\square$

$\mathcal{L}$ を次数 $\deg(\mathcal{L})$ が g の直線束で，その J_g による像 $J_g(\mathcal{L})$ が $J(C) - W_{g-1}$ に入っているとする．このとき命題 9.11 により，$\mathcal{L} = \mathcal{O}_X(P)$ となる因子 $P = \sum_{i=1}^g P_i$ が一意的に存在する．すなわち $\dim(H^0(X, \mathcal{O}_X(P))) = 1$ となるので，これが φ で生成されているとする．

いま，$P + \infty$ を考えると，$\deg(P + \infty) = g+1$ であって $\mathcal{O}_X(P + \infty) \notin J(C) - W_{g-2}$ なので，

$$\dim(H^0(X, \mathcal{O}_X(P + \infty))) = 2$$

となる．自然な写像 $H^0(C, \mathcal{O}_C(P)) \to H^0(C, \mathcal{O}_C(P + \infty))$ による像をふたたび φ と書く．必要であれば定数倍を施して，φ は有理関数として

$$\lim_{x \to \infty} \frac{\varphi x^g}{y} = 1$$

であるとしてかまわない．φ と独立な $H^0(C, \mathcal{O}_C(P + \infty))$ の元 ψ で $\lim_{t \to \infty} \psi = 1$ となるものをとれば，$H^0(C, \mathcal{O}_C(P + \infty)) = \langle \varphi, \psi \rangle$ となる．ここで，超楕円対合 ι を施せば，$H^0(C, \mathcal{O}_C(\iota P + \infty)) = \langle \iota\varphi, \iota\psi \rangle$ となる．さらに，

$$\varphi\iota(\varphi), \psi\iota(\psi) \in \pi^* H^0(\mathbf{P}^1, \mathcal{O}_{\mathbf{P}^1}((g+1) \cdot \infty))$$

なので，

$$\varphi\iota(\varphi) = a(x), \quad \psi\iota(\psi) = b(x)$$

と書ける．ここで，$a(x), b(x)$ はそれぞれ g 次式，$g+1$ 次式なる最高次の係数が 1 となる多項式である．さらに，$\varphi \cdot \iota\psi \in H^0(\pi^*\mathcal{O}_{\mathbf{P}^1}((g+1) \cdot \infty))$ なので，φ の ∞ での正規化の仕方から，$\varphi \cdot \iota\psi = y + c(x)$ という形に書けることがわかる．ただし，$c(x)$ は g 次以下の x の多項式である．

ここで，$(\varphi\iota(\varphi)) \cdot (\psi\iota(\psi)) = (\varphi\iota(\psi)) \cdot \iota(\varphi\iota(\psi)), \iota(\varphi\iota(\psi)) = -y + c(x)$ なる等式を用いれば，$a(x), b(x), c(x)$ には

$$a(x)b(x) = -y^2 + c(x)^2 = -f(x) + c(x)^2$$

という関係式が成立する.

上の構成で次の 1 対 1 対応が得られる.

$$\{P \in \mathrm{Sym}^g(C) \mid \mathcal{O}_C(P) \notin J(C) - W_{g-1}\}$$
$$\leftarrow \{(P, Q) \in \mathrm{Sym}_g \times \mathrm{Sym}_{g+1} \mid \mathcal{O}_C(P + \infty) \sim \mathcal{O}_C(Q), \mathcal{O}_C(P) \notin J(C) - W_{g-1}\}$$
$$\rightarrow \widetilde{M_f} = \{(a(x), b(x), c(x)) \mid a(x), b(x) \text{ は } g \text{ 次}, g + 1 \text{ 次の}$$
$$\text{モニック多項式}, c(x) \text{ は } g \text{ 次多項式で } a(x)b(x) + f(x) = c(x)^2\}$$

ここで, P, Q の選び方と φ, ψ の選び方は 1 対 1 に対応する. また, φ を固定したとき, ψ の選び方は $\psi \mapsto \psi + u\varphi$ (ただし $u \in \mathbf{C}$) の自由度があることに気を付けると, 上の変換で $(a(x), b(x), c(x))$ は

$$a(x) = \psi\iota(\psi) \mapsto a(x)$$
$$b(x) = \psi\iota(\psi) \mapsto (\psi + u\varphi)\iota(\psi + u\varphi) = b(x) + 2uc(x) + u^2 a(x)$$
$$c(x) = \varphi\iota(\psi) \mapsto \varphi\iota(\psi + u\varphi) = c(x) + ua(x)$$

という変換を受ける. したがって, 次の定理を得る.

定理 9.12 集合

$$\widetilde{M_f} = \left\{ \begin{bmatrix} a(x) = x^g + a_{g-1}x^{g-1} + \cdots + a_0 \\ b(x) = x^{g+1} + b_g x^g + \cdots + b_0 \\ c(x) = c_g x^g + c_{g-1}x^{g-1} + \cdots + c_0 \end{bmatrix} \middle| a(x)b(x) + f(x) = c(x)^2 \right\}$$

の上の変換 T_u を

$$T_u(a(x), b(x), c(x)) = (a(x), b(x) + 2uc(x) + u^2 a(x), c(x) + ua(x)) \qquad (9.8)$$

で定義する. このとき, $\mathbf{C}$ の作用 T_u による $\widetilde{M}$ の商空間を $\widetilde{M}/T_u(\mathbf{C})$ とすると,

$$J(C) - W_{g-1} \simeq \widetilde{M_f}/T_u(\mathbf{C})$$

となる.

9.5 ヒッチン理論に向けて

$\widetilde{M_f}$ に現れる方程式は, 行列

$$A(x) = \begin{pmatrix} -c(x) & b(x) \\ -a(x) & c(x) \end{pmatrix}$$

の行列式を用いて

$$\det(A) = -f(x)$$

と表すことができる．行列 A を x をパラメータとする行列とみて，x に依存して定まる固有値に順番を付けて $\lambda_1(x), \lambda_2(x)$ とすると，これらは固有方程式

$$\det(TI_2 - A(x)) = T^2 - (c(x)^2 - a(x)b(x))$$
$$= T^2 - f(x) = 0$$

の解となっている．したがって，x に対して $A(x)$ の（一般には）二つの固有値を対応させることにより $\mathbf{P}^1$ の 2 重被覆が定まるが，これが超楕円曲線 C にほかならない．すなわち，C 上では，二つの固有値のうちの一つである y が定まっている．$\mathbf{P}^1$ 上のベクトル束 $\mathcal{M}$ を

$$\mathcal{M} = \mathcal{O}_{\mathbf{P}^1} \oplus \mathcal{O}_{\mathbf{P}^1}$$

とおき，$\mathcal{L} = \mathcal{O}(g+1)$ とおくと，行列 A は

$$A : \mathcal{M} \to \mathcal{M} \otimes \mathcal{L}$$

で与えられるベクトル束の準同型となっている．

このベクトル束 $\mathcal{M}$ を自然な射影 $\pi : C \to \mathbf{P}^1$ に引き戻した C 上のベクトル束 $\pi^*\mathcal{M}$ を考えると，$\pi^*\mathcal{M}$ の部分束 L で固有値 y に対応する固有空間を考えることができる．前節の φ, ψ を用いて，

$$yI_2 - A(x) = \begin{pmatrix} y + c(x) & -b(x) \\ a(x) & y - c(x) \end{pmatrix} = \begin{pmatrix} \varphi\iota(\psi) & -\psi\iota(\psi) \\ \varphi\iota(\varphi) & -\psi\iota(\varphi) \end{pmatrix}$$

となるので，その固有ベクトルは $^t(\psi, \varphi)$ で与えられることとなる．また，式 (9.8) の作用 T_u は行列を用いて表すと，

$$A(x) \mapsto \begin{pmatrix} 1 & -u \\ 0 & 1 \end{pmatrix} A(x) \begin{pmatrix} 1 & u \\ 0 & 1 \end{pmatrix}$$

と表される．

ここで，$f(x)$ は重複因子をもたない多項式の範囲で動くものとして集合 $\widetilde{M_f}$ の族を考えて，

$$\widetilde{M} =$$

$$\left\{ A(x) = \begin{pmatrix} -c(x) & b(x) \\ -a(x) & c(x) \end{pmatrix} \,\middle|\, \deg(c(x)) \le g, \ \deg(b(x)) \le g+1, \right.$$
$$\left. a(x) \text{ は } g \text{ 次でモニック}, \det(A) \text{ は重複因子をもたない} \right\}$$

という集合を考える．さらに上の条件を少し変えて，**ヒッグス束のモジュライ空間** $\mathcal{H}$ を

$$\mathcal{H} = \{ A(x) \mid \operatorname{tr}(A) = 0, \ \det(A) \text{ は } 2g+2 \text{ 次多項式で重複因子をもたない} \}$$

として，$GL(2, \mathbf{C})$ による同値関係を

$$A(x) \sim gA(x)g^{-1} \quad (g \in GL(2, \mathbf{C}))$$

として入れると，

$$\mathcal{H}/GL(2, \mathbf{C}) \simeq \widetilde{M}/\mathbf{C}$$

なる同型が得られる．

$$\Phi : \mathcal{H} \to \Gamma(\mathcal{O}(2g+2)) : A(x) \mapsto \det(A)$$

なる写像を考えることにより，$\Phi^{-1}(f(x))$ が C のヤコビ多様体と同型になっていることがわかる．言い換えれば，$\mathcal{H}$ はヤコビ多様体の族となっている．以上は $\mathbf{P}^1$ における階数が 2 の場合のヒッチン理論の特別な場合である．Φ はヒッチン・ハミルトニアンとよばれ，ヒッチン理論の中核をなすものである．

章末問題

9.1（ポアソンの和公式） $f(z)$ を $z \in \mathbf{R}$ 上の滑らかな，1 を周期とする複素数値周期関数とする．$a_n = \displaystyle\int_0^1 \mathbf{e}(-nz)f(z)dz$ とおくと

$$f(z) = \sum_{n \in \mathbf{Z}} a_n \mathbf{e}(nz)$$

と表されることを用いて，以下の問いに答えよ．$g(z)$ を $\mathbf{R}$ 上の複素数値急減少関数[†]とする．

---

† $\mathbf{R}$ 上の関数 $f(x)$ が急減少であるとは，任意の n と任意の多項式 $P(x)$ に対して，$\displaystyle\lim_{x \to \infty} P(x)d^n f(x)/dx^n = 0$ となることである．

(1) $f(z) = \sum_{n \in \mathbf{Z}} g(z+n)$ とおくと，これは滑らかな 1 を周期とする周期関数であることを用いて，

$$f(z) = \sum_{m \in \mathbf{Z}} \widehat{g}(-m)\mathbf{e}(mz)$$

となることを示せ．ここで，$\widehat{g}(n) = \int_0^1 \mathbf{e}(nz)f(z)dz$ と定める．

(2) $g(z)$ を急減少関数とすると，

$$\sum_{n \in \mathbf{Z}} g(n) = \sum_{m \in \mathbf{Z}} \widehat{g}(-m)$$

が成り立つことを示せ．

9.2 $\mathrm{Im}(\tau) > 0$ のとき，テータ零値を

$$\theta(\tau) = \sum_{n \in \mathbf{Z}} \mathbf{e}\left(\frac{\tau n^2}{2}\right)$$

と定める．$\mathbf{e}(\tau z^2/2)$ が $z \in \mathbf{R}$ に関する急減少関数であることを用いて，

$$\theta(\tau) = \frac{1}{\sqrt{-i\tau}}\theta\left(-\frac{1}{\tau}\right)$$

を証明せよ．

第10章

周期積分と微分方程式

　パラメータに関して解析的に変化するコンパクト・リーマン面の族の周期積分は，パラメータに関する関数となる．この関数は，解析関数を係数とする微分方程式を満たす．その典型的な例がルジャンドルの楕円曲線族から生じる方程式で，その微分方程式はガウスの超幾何微分方程式の特殊な場合になっている．この章では，周期積分の満たす微分方程式を，正則ド・ラム・コホモロジーの族である相対正則ド・ラム・コホモロジーと，その上に作用する接続として定式化する．これにより，古典的な微分方程式は，コンパクト・リーマン面の解析的変形族に対する微分方程式へと一般化される．このような設定で得られる接続は，ガウス–マニン接続といわれる．また，この接続に関する水平切断が，周期積分で定義される関数で局所的に生成されることをみる．その準備として，層の複体のコホモロジー，すなわちハイパー・コホモロジーに関するいくつかの性質について説明する．

10.1　ルジャンドルの楕円積分

　楕円積分にはいくつかの形の積分で表される関数があるが，代表的なものとして，**ルジャンドルの楕円積分** I_1, I_2 とよばれるものがある．$0 < \lambda < 1$ とするとき，実数値関数の広義積分

$$I_1(\lambda) = \int_0^1 \frac{dx}{\sqrt{x(1-x)(1-\lambda x)}}$$

$$I_2(\lambda) = \int_1^{1/\lambda} \frac{dx}{\sqrt{x(x-1)(1-\lambda x)}}$$

(10.1)

は収束して，λ の関数となる．これらは楕円曲線 $E_\lambda : y^2 = x(1-x)(1-\lambda x)$ 上の正則微分形式 $\omega = dx/y$ の積分として表すことができる．また，E_λ 内の閉曲線 γ_1, ϵ_1 を 8.3 節の図 8.2 のようにとれば，

$$2I_1 = \int_{\gamma_1} \omega, \quad 2iI_2 = \int_{\epsilon_1} \omega$$

となり，これらはリーマン面 E_λ の周期積分で表される．

　次に，関数 I_1, I_2 の満たす微分方程式を求めてみよう．$\varphi = 1/\sqrt{x(1-x)(1-\lambda x)}$ とおくと，

$$\frac{d}{d\lambda}\varphi(x,\lambda) = \frac{x}{2(1-\lambda x)\sqrt{x(1-x)(1-\lambda x)}}$$

$$\frac{d^2}{d\lambda^2}\varphi(x,\lambda) = \frac{3x^2}{4(1-\lambda x)^2\sqrt{x(1-x)(1-\lambda x)}}$$

となる. いま,

$$h = -\frac{\sqrt{x(1-x)(1-\lambda x)}}{2(1-\lambda x)^2}$$

とおくと,

$$\frac{dh}{dx} = \frac{\lambda x^2 - 2\lambda x + 2x - 1}{4(1-\lambda x)^2\sqrt{x(1-x)(1-\lambda x)}}$$

$$= \left\{\lambda(1-\lambda)\frac{d^2}{d\lambda^2} + (1-2\lambda)\frac{d}{d\lambda} - \frac{1}{4}\right\}\varphi(x,\lambda)$$

となる. したがって, $I_1(\lambda) = \dfrac{1}{2}\displaystyle\int_{\gamma_1}\varphi(x,\lambda)dx$ であったことを思い出すと,

$$\left\{\lambda(1-\lambda)\frac{d^2}{d\lambda^2} + (1-2\lambda)\frac{d}{d\lambda} - \frac{1}{4}\right\}I_1(\lambda)$$

$$= \frac{1}{2}\left\{\lambda(1-\lambda)\frac{d^2}{d\lambda^2} + (1-2\lambda)\frac{d}{d\lambda} - \frac{1}{4}\right\}\int_{\gamma_1}\varphi(x,\lambda)dx$$

$$= \frac{1}{2}\int_{\gamma_1}\frac{dh}{dx}dx = \frac{1}{2}\int_{\partial\gamma_1}h(x) = 0$$

となり, $I_1(\lambda)$ は, λ の有理関数を係数とする λ に関する 2 階の常微分方程式を満たす. また, I_2 も同じ微分方程式を満たすことが示され, I_1, I_2 は 2 階の線型常微分方程式

$$\left\{\lambda(1-\lambda)\frac{d^2}{d\lambda^2} + (1-2\lambda)\frac{d}{d\lambda} - \frac{1}{4}\right\}I(\lambda) = 0 \tag{10.2}$$

の独立な二つの解になっている. この方程式は**ガウスの超幾何微分方程式**の特別な場合である.

また,

$$\eta = \frac{\lambda}{2}\sqrt{\frac{x}{(1-x)(1-\lambda x)^3}}\,dx$$

とおくと,

$$J_1 = \lambda\frac{d}{d\lambda}I_1(\lambda) = \frac{1}{2}\int_{\gamma_1}\eta$$

も有理微分形式の積分として表される. ここに現れる η は, 第二種微分といわれる有理微分形式である. このとき, 2 階の微分方程式 (10.2) は 1 階の連立微分方程式

$$\frac{d}{d\lambda}\begin{pmatrix} I_1 & J_1 \end{pmatrix} = \begin{pmatrix} I_1 & J_1 \end{pmatrix}\begin{pmatrix} 0 & \dfrac{1}{4(1-\lambda)} \\[2mm] \dfrac{1}{\lambda} & \dfrac{1}{1-\lambda} \end{pmatrix}$$

の形に書き換えることができる. また,

$$J_2 = \lambda\frac{d}{d\lambda}I_2(\lambda)$$

とおくと, (I_2, J_2) も同じ連立微分方程式の解となる. このように, サイズが 2×2 の関数行列を係数とする 1 階の線型微分方程式を, 階数が 2 であるという. このようにして, λ によりパラメータ付けされた楕円曲線の族に対して周期積分を考えることにより, 階数が 2 の微分方程式が作られた. 同様にして, 一般の種数 g の代数曲線の族があると階数が $2g$ の微分方程式が得られることを, 次節以下で述べることにする.

10.2 接続と微分方程式

ここでは微分方程式を述べるために, ベクトル束とその上の接続による定式化をする. まず, 接続の定義を述べる. S をリーマン面とする.

定義 10.1 $\mathcal{O}_S$ を S 上の正則関数のなす環の層, Ω^1_S を S 上の正則 1 次微分形式のなす $\mathcal{O}_S$ 加群の層とする. $\mathcal{M}$ を局所自由 $\mathcal{O}_S$ 加群とするとき, $\mathbf{C}$ 線型写像 $\nabla : \mathcal{M} \to \Omega^1_S \otimes_{\mathcal{O}_S} \mathcal{M}$ が**接続**であるとは, 任意の開集合 $U \subset X$ と $m \in \mathcal{M}(U)$, $f \in \mathcal{O}_S(U)$ に対して, 等式

$$\nabla(fm) = df \otimes m + f\nabla(m)$$

が成り立つことである.

$\mathcal{M}$ を局所自由 $\mathcal{O}_S$ 加群として, ∇ を接続とする. U 上で $\mathcal{M}$ の自明化が与えられていて, $b_1, \ldots, b_r$ が U 上の $\mathcal{M}$ の基底とする. このとき $\nabla(b_1), \ldots, \nabla(b_r)$ を用いて, ∇ は

$$\nabla\left(\sum_i f_i b_i\right) = \sum_i (df_i \otimes b_i + f_i\nabla(b_i))$$

で定まる. したがって, $\omega_{ij} \in \Omega^1_S(U)$ を用いて

$$\nabla(b_i) = (\omega_{i1}, \ldots, \omega_{ir})\,{}^t(b_1, \ldots, b_r)$$

と書くと, $r \times r$ 行列 $A = (\omega_{ij})_{ij}$ と $b = {}^t(b_1, \ldots, b_r)$, $f = (f_1, \ldots, f_r)$ を用いて $\sum_i f_i b_i = f \cdot b$, $\nabla(b) = A \cdot b$ となるので,

$$\nabla(f \cdot b) = (df + fA) \cdot b$$

と書かれる．この表示を用いると，$\sum_i f_i b_i$ が $\mathrm{Ker}(\nabla : \mathcal{M} \to \Omega_S^1 \otimes_{\mathcal{O}_S} \mathcal{M})$ の元であるための必要十分条件は，f が微分方程式

$$df + fA = 0$$

を満たすことである．$\mathrm{Ker}(\nabla : \mathcal{M} \to \Omega_S^1 \otimes_{\mathcal{O}_S} \mathcal{M})$ の U 上の切断を，$\mathcal{M}$ の ∇ に関する**水平切断**という．

■**例 10.1** ∇ を

$$\nabla \begin{pmatrix} b_1 \\ b_2 \end{pmatrix} = - \begin{pmatrix} 0 & \dfrac{1}{4(1-\lambda)} \\ \dfrac{1}{\lambda} & \dfrac{1}{1-\lambda} \end{pmatrix} \begin{pmatrix} b_1 \\ b_2 \end{pmatrix}$$

によって定まる接続とすると，$(I_1, J_1) \begin{pmatrix} b_1 \\ b_2 \end{pmatrix}$ が $\mathrm{Ker}(\nabla)$ の元となる．したがって，楕円積分によって定義される関数は，この接続 ∇ に関する水平切断の係数となっている．

■

10.3　リーマン面の複素解析族

　リーマン面の複素解析族を定義する．2 変数の複素関数論の言葉を用いて説明しよう．D を $\mathbf{C}$ の開集合，$\mathcal{X}$ を 4 次元の C^∞ 多様体とする．$f : \mathcal{X} \to D$ を C^∞ 写像とする．さらに，$\mathcal{X}$ の開被覆 $\mathcal{X} = \cup_i U_i$，および複素 2 次元ベクトル空間の開集合への同相写像 $\varphi_i : U_i \to \mathbf{C}^2 = \{(\lambda, x)\}$ が存在して，以下の条件が満たされるとき，$\mathcal{X}$ はリーマン面の D 上の**複素解析族**という．$\pi_1, \pi_2 : \mathbf{C}^2 \to \mathbf{C}$ を第一射影，第二射影とする．

(1) 任意の i について下の図式は可換である．つまり，f は局所的には第一射影で与えられる．

$$\begin{array}{ccc} U_i & \xrightarrow{\varphi_i} & \mathbf{C}^2 \\ f \downarrow & & \downarrow \pi_1 \\ D & \to & \mathbf{C} \end{array}$$

(2) 合成写像

$$\varphi_{ji} : \varphi_i(U_i \cap U_j) \xrightarrow{\varphi_i^{-1}} U_i \cap U_j \xrightarrow{\varphi_j} \varphi_j(U_i \cap U_j)$$

は，2 変数の正則関数 $\theta_{ij}(\lambda, x)$ を用いて $\varphi_{ji}(\lambda, x) = (\lambda, \theta_{ij}(\lambda, x))$ と書かれる．すなわち，$\theta(\lambda, x)$ は，各点 (λ_0, x_0) において，複素座標 $\lambda - \lambda_0, x - x_0$ を用いて収束べき級数にテーラー展開される．

このとき, $f : \mathcal{X} \to D$ は $(\mathcal{U} = \{\mathcal{U}_i\}, \varphi = \{\varphi_i\})$ によって複素解析的変形の構造が与えられているという. 複素解析的変形の構造が与えられると, $\lambda_0 \in D$ に対して, $X_{\lambda_0} = f^{-1}(\lambda_0)$ は, $X_{\lambda_0} \cap U_i$ における局所座標が $\pi_2 \circ \varphi_i$ で与えられるリーマン面となる. また, 座標 x は各ファイバーの局所複素座標を与えていて, その貼り合わせ関数 $\theta_{ji}(\lambda, x)$ は λ に応じて変化している. 任意の $\lambda_0 \in D$ に対して $f^{-1}(\lambda_0)$ がコンパクト・リーマン面になっているとき, f は**コンパクト・リーマン面の族**であるという.

$\mathcal{X} \to D$ に対して, 二つの被覆 $\mathcal{U} = \{U_i\}$, $\mathcal{U} = \{V_j\}$ と, それぞれの局所座標系 $\varphi = \{\varphi_i : U_i \to \mathbf{C}^2\}$ と $\psi = \{\psi_j : V_j \to \mathbf{C}^2\}$ が協調的であるということを, リーマン面の複素構造と同様に定義できる.

コンパクト・リーマン面の族は, 次のようによい性質をもつことが知られている.

補題 10.1 D を複素平面の可縮な開集合とすると, D 上のコンパクト・リーマン面の族は, C^∞ 多様体の族とみたとき, 自明な族である. つまり, C^∞ 多様体としての $\tau : \mathcal{X} \simeq D \times X_0$ なる同型で, $f : \mathcal{X} \to D$ と第一射影 $D \times X_0 \to D$ がこの同型を通じて一致するようなものがある.

証明はここではしないことにするが, コンパクト・リーマン面が定理 8.9 で述べたように位相的には種数 g の閉曲面となっていて, それが λ に関して連続的につながっていることから直観的に理解されよう.

一般に, S をリーマン面, $\mathcal{X}$ を 4 次元の C^∞ 多様体として $f : \mathcal{X} \to S$ が**リーマン面の複素解析族**であることを, S の開被覆 $X = \cup_i D_i$ および D_i の局所複素座標 $\tau_i : D_i \to \mathbf{C}$ が存在して, 下のようなデータが与えられていることとする.

(1) I の各元 $i \in I$ に対して, $f^{-1}(D_i) \to D_i \xrightarrow{\tau_i} \tau_i(D_i)$ にはリーマン面の $\tau_i(D)$ 上の複素解析族の構造 $(\mathcal{U}^{(i)}, \varphi^{(i)})$ が与えられている. このような構造を, 単に D_i 上の複素解析族の構造とよぶことにする.

(2) $\tau_i(D_i \cap D_j) \to \tau_j(D_i \cap D_j)$ なる双正則写像を通じて複素解析的構造 $(\mathcal{U}^{(i)}, \varphi^{(i)})$ と $(\mathcal{U}^{(j)}, \varphi^{(j)})$ を $D_i \cap D_j$ に制限したものは, 協調的である.

$f : \mathcal{X} \to S$ がリーマン面の複素解析族なら, f は開写像であることが容易に示される. さらに, $s \in S$ に対して $f^{-1}(s)$ がコンパクト・リーマン面となっているとき, f はコンパクト・リーマン面の複素解析族であるという.

■例 10.2 $S = \mathbf{C} - \{0, 1\}$ として

$$\mathcal{X} = \{(\lambda, (X : Y : Z)) \in S \times \mathbf{P}^2 \mid Y^2 Z - X(Z - X)(Z - \lambda X)\}$$

を考えて, $f : X \to S$ を自然な射影とすると, f はコンパクト・リーマン面の複素解析族となっている. $\lambda \in S$ におけるファイバー $f^{-1}(\lambda)$ は楕円曲線となっている. ■

10.4 層の複体とハイパー・コホモロジー

　層（あるいは前層）の複体に対してハイパー・コホモロジーを定義し，その長完全列について述べる．X を位相空間として，$\mathcal{F}^{\bullet} = (\mathcal{F}^0 \to \mathcal{F}^1 \to \cdots)$ を層の複体とする．U を開集合とするとき

$$\mathcal{F}^{\bullet}(U) = (\mathcal{F}^0(U) \to \mathcal{F}^1(U) \to \cdots)$$

なる複体が得られるが，これからチェック複体をとることにより，下のような二重複体 $\check{C}^{\bullet}(\mathcal{U}, \mathcal{F}^{\bullet})$ が得られる．

$$
\begin{array}{ccccccc}
\check{C}^0(\mathcal{U}, F^0) & \to & \check{C}^0(\mathcal{U}, \mathcal{F}^1) & \to & \check{C}^0(\mathcal{U}, \mathcal{F}^2) & \to & \cdots \\
\downarrow & & \downarrow & & \downarrow & & \\
\check{C}^1(\mathcal{U}, F^0) & \to & \check{C}^1(\mathcal{U}, \mathcal{F}^1) & \to & \check{C}^1(\mathcal{U}, \mathcal{F}^2) & \to & \cdots \\
\downarrow & & \downarrow & & \downarrow & & \\
\check{C}^2(\mathcal{U}, F^0) & \to & \check{C}^2(\mathcal{U}, \mathcal{F}^1) & \to & \check{C}^2(\mathcal{U}, \mathcal{F}^2) & \to & \cdots \\
\vdots & & \vdots & & \vdots & &
\end{array}
$$

二重複体 $\check{C}^{\bullet}(\mathcal{U}, \mathcal{F}^{\bullet})$ の全複体を $\mathrm{tot}(\check{C}^{\bullet}(\mathcal{U}, \mathcal{F}^{\bullet}))$ と書き，$\mathcal{F}^{\bullet}$ のチェック複体という．さらに，そのコホモロジーを

$$\mathbf{H}^i(\mathcal{U}, \mathcal{F}^{\bullet}) = H^i(\mathrm{tot}(\check{C}^{\bullet}(\mathcal{U}, \mathcal{F}^{\bullet})))$$

と書く．いま，$\mathcal{V} = \{V_j\}_{j \in J}$ を $\mathcal{U} = \{U_i\}_{i \in I}$ の細分とし，$\iota : J \to I$ を細分写像とすると，ι によって $\mathbf{H}^i(\mathcal{U}, \mathcal{F}^{\bullet}) \xrightarrow{\iota^*} \mathbf{H}^i(\mathcal{V}, \mathcal{F}^{\bullet})$ なる写像が定義される．このとき ι は細分のみによって定まり，細分写像のとり方によらないことがわかる．したがって，上の写像は細分に関する帰納系を定める．これに関する帰納極限

$$\mathbf{H}^i(X, \mathcal{F}^{\bullet}) = \varinjlim \mathbf{H}^i(\mathcal{U}, \mathcal{F}^{\bullet})$$

を $\mathcal{F}^{\bullet}$ の**ハイパー・コホモロジー**という．

　ハイパー・コホモロジーの長完全列について述べる．

$$0 \to \mathcal{F}^{\bullet} \to \mathcal{G}^{\bullet} \to \mathcal{H}^{\bullet} \to 0 \tag{10.3}$$

を層の複体の射の列とする．これが完全列であるとは，各 i に対して

$$0 \to \mathcal{F}^i \to \mathcal{G}^i \to \mathcal{H}^i \to 0$$

が層の完全列であることと定義する．

命題 10.2　(1)　列 (10.3) のような層の複体の完全列を考える. このとき下のような
複体が自然に定義され, 長完全列となる. これを層の複体の完全列に対するハ
イパー・コホモロジーの長完全列という.

$$0 \to \mathbf{H}^0(X, \mathcal{F}^\bullet) \to \mathbf{H}^0(X, \mathcal{G}^\bullet) \to \mathbf{H}^0(X, \mathcal{H}^\bullet) \to$$
$$\mathbf{H}^1(X, \mathcal{F}^\bullet) \to \mathbf{H}^1(X, \mathcal{G}^\bullet) \to \mathbf{H}^1(X, \mathcal{H}^\bullet) \to \cdots$$

(2)　X 上の層複体の短完全列 $\mathcal{F}^\bullet : 0 \to \mathcal{F} \to \mathcal{G} \to \mathcal{H} \to 0$ に対して, $\mathbf{H}^i(X, \mathcal{F}^\bullet) = 0$
となる. また, $0 \to \mathcal{G} \to \mathcal{F}^0 \to \mathcal{F}^1 \to 0$ が完全であれば, $\mathcal{F}^\bullet = (\mathcal{F}^0 \to \mathcal{F}^1)$
としたとき, $\mathbf{H}^i(X, \mathcal{G}) \to \mathbf{H}^i(X, \mathcal{F}^\bullet)$ は同型となる.

証明　$\mathcal{F}^i \to \mathcal{G}^i$ の前層としての余核を $\mathcal{C}^i$, $\mathcal{H}^i \to \mathcal{C}^i$ の前層としての余核を $\mathcal{D}^i$ とおく. $\mathcal{D}^i$
は層化をすると 0 となる. 次の前層の複体の図式を考える.

$$
\begin{array}{ccccccccc}
 & & 0 & & 0 & & 0 & & \\
 & & \downarrow & & \downarrow & & \downarrow & & \\
(*)\ 0 & \to & \mathcal{F}^\bullet & \to & \mathcal{G}^\bullet & \to & \mathcal{C}^\bullet & \to & 0 \\
 & & \downarrow & & \downarrow & & \downarrow & & \\
0 & \to & \mathcal{F}^\bullet & \to & \mathcal{G}^\bullet & \to & \mathcal{H}^\bullet & \to & 0 \\
 & & \downarrow & & \downarrow & & \downarrow & & \\
 & & 0 & \to & 0 & \to & \mathcal{D}^\bullet & \to & 0 \\
 & & & & & & \downarrow & & \\
 & & & & & & 0 & &
\end{array}
$$

ここで, 縦は前層の複体の完全列, 横は (∗) の行は前層の複体の完全列となっている. した
がって, これらのチェック複体を被覆 $\mathcal{U}$ について考え, さらに全複体を考えると, 定理 C.3
より下の図式においても, 縦は複体の完全列, 横は (∗) の行が複体の完全列となっている.

$$
\begin{array}{ccccccccc}
 & & 0 & & 0 & & 0 & & \\
 & & \downarrow & & \downarrow & & \downarrow & & \\
(*)\ 0 & \to & \operatorname{tot}(\check{C}^\bullet(\mathcal{U}, \mathcal{F}^\bullet)) & \to & \operatorname{tot}(\check{C}^\bullet(\mathcal{U}, \mathcal{G}^\bullet)) & \to & \operatorname{tot}(\check{C}^\bullet(\mathcal{U}, \mathcal{C}^\bullet)) & \to & 0 \\
 & & \downarrow & & \downarrow & & \downarrow & & \\
0 & \to & \operatorname{tot}(\check{C}^\bullet(\mathcal{U}, \mathcal{F}^\bullet)) & \to & \operatorname{tot}(\check{C}^\bullet(\mathcal{U}, \mathcal{G}^\bullet)) & \to & \operatorname{tot}(\check{C}^\bullet(\mathcal{U}, \mathcal{H}^\bullet)) & \to & 0 \\
 & & \downarrow & & \downarrow & & \downarrow & & \\
0 & & & \to & 0 & \to & \operatorname{tot}(\check{C}^\bullet(\mathcal{U}, \mathcal{D}^\bullet)) & \to & 0 \\
 & & & & & & \downarrow & & \\
 & & & & & & 0 & &
\end{array}
$$

また, 2 行目, 3 行目の全複体を $T_0^\bullet(\mathcal{U}), T_1^\bullet(\mathcal{U})$ とおくと,

$$0 \to T_0^\bullet(\mathcal{U}) \to T_1^\bullet(\mathcal{U}) \to \operatorname{tot}(\check{C}^\bullet(\mathcal{U}, \mathcal{D}^\bullet)) \to 0$$

は複体の完全列となる．さらに，$(*)$ の行は複体の完全列なので，$H^i(T_0^\bullet(\mathcal{U})) = 0$ となる．定理 C.3 より次の三つの列は完全列である．

$$\cdots \to \mathbf{H}^i(\mathcal{U}, \mathcal{F}^\bullet) \to \mathbf{H}^i(\mathcal{U}, \mathcal{G}^\bullet) \to \mathbf{H}^i(\mathcal{U}, \mathcal{C}^\bullet) \to \mathbf{H}^{i+1}(\mathcal{U}, \mathcal{F}^\bullet) \to \cdots \tag{10.4}$$

$$\cdots \to \mathbf{H}^i(\mathcal{U}, \mathcal{C}^\bullet) \to \mathbf{H}^i(\mathcal{U}, \mathcal{H}^\bullet) \to \mathbf{H}^i(\mathcal{U}, \mathcal{D}^\bullet) \to \mathbf{H}^{i+1}(\mathcal{U}, \mathcal{H}^\bullet) \to \cdots \tag{10.5}$$

$$\cdots \to H^i(T_0^\bullet(\mathcal{U})) \to H^i(T_1^\bullet(\mathcal{U})) \to \mathbf{H}^i(\mathcal{U}, \mathcal{D}^\bullet) \to H^{i+1}(T_0^\bullet(\mathcal{U})) \to \cdots \tag{10.6}$$

$\mathbf{H}^i(X, \mathcal{D}^\bullet) = 0$ であることを示そう．$\mathcal{D}^\bullet$ の商複体 $\mathcal{D}^{\leq k} = (\mathcal{D}^i)_{0 \leq i \leq k}$ を考える．このとき，複体の長完全列

$$0 \to \mathrm{tot}(\check{C}(\mathcal{U}, \mathcal{D}^k)) \to \mathrm{tot}(\check{C}(\mathcal{U}, \mathcal{D}^{\leq k})) \to \mathrm{tot}(\check{C}(\mathcal{U}, \mathcal{D}^{\leq k-1})) \to 0$$

が得られる．そのコホモロジー長完全列を考えて，さらに $\mathcal{U}$ に関する帰納極限をとることにより，

$$\cdots \to \mathbf{H}^i(X, \mathcal{D}^i) \to \mathbf{H}^i(X, \mathcal{D}^{\leq k}) \to \mathbf{H}^i(X, \mathcal{D}^{\leq k-1}) \to \mathbf{H}^{i+1}(X, \mathcal{D}^i) \to \cdots$$

なる長完全列を得る．補題 4.10 を使えば，k に関する帰納法により，$\mathbf{H}^i(X, \mathcal{D}^{\leq k}) = 0$ となることがわかる．また，i を固定したとき，k が十分大きければ $\mathbf{H}^i(X, \mathcal{D}^\bullet) = \mathbf{H}^i(X, \mathcal{D}^{\leq k})$ となるので，$\mathbf{H}^i(X, \mathcal{D}^\bullet) = 0$ がいえる．

まず，(1) を示す．列 (10.5) により，$\mathbf{H}^i(X, \mathcal{C}^\bullet) \simeq \mathbf{H}^i(X, \mathcal{H}^\bullet)$ なる同型が得られ，これを用いれば列 (10.4) より (1) を得る．また，$H^i(T_0^\bullet(\mathcal{U})) = 0$ より $\varinjlim H^i(T_1^\bullet(\mathcal{U})) = 0$ を得る．$\mathcal{F}, \mathcal{G}, \mathcal{H}$ が次数が 0 のところにのみある複体の層とみることにより，(2) の前半が示される．さらに，層の複体の完全列

$$0 \to (\mathcal{F}^\bullet) \to (\mathcal{G} \to \mathcal{F}^\bullet) \to (\mathcal{G}) \to 0$$

に対して長完全列を考えて，$\mathbf{H}^i(X, (\mathcal{G} \to \mathcal{F}^\bullet)) = 0$ であることを使って後半が示される．

□

10.5 相対正則ド・ラム複体，相対ポアンカレの補題

$\mathcal{X}$ の開集合 U に対して，局所的に λ, x の収束べき級数の形に表される関数を U 上の正則関数という．$\mathcal{X}$ の開集合 U に対して U 上の正則関数 $\mathcal{O}_\mathcal{X}(U)$ を対応させることによって，X 上正則関数のなす層 $\mathcal{O}_\mathcal{X}$ が定義される．

$\mathcal{X}$ 上の i 次正則微分形式の層 $\Omega_\mathcal{X}^i$ を，i 次微分形式の層の部分層として，$d\lambda, dx$ の外べきの形で局所的に $\mathcal{O}_\mathcal{X}$ 上で生成されたものとして定義する．したがって，$\Omega_\mathcal{X}^1, \Omega_\mathcal{X}^2$ はそれぞれ局所自由 $\mathcal{O}_\mathcal{X}$ 加群で，局所的に $dx, d\lambda$ および $dx \wedge d\lambda$ で生成される．$\Omega_\mathcal{X}^1$ および $\Omega_\mathcal{X}^2$ の部分層 $f^*\Omega_S^1$ および $\Omega_\mathcal{X}^1 \wedge f^*\Omega_S^1$ を，局所的に $d\lambda$ および $dx \wedge d\lambda$ で $\mathcal{O}_\mathcal{X}$

生成された部分層とする．したがって，$\Omega_X^1 \wedge f^*\Omega_S^1 = \Omega_X^2$ である．i 相対正則微分形式の層を

$$\Omega_{X/S}^0 = \Omega_X^0, \quad \Omega_{X/S}^1 = \Omega_X^1/f^*\Omega_S^1$$

と定義する．すなわち，Ω_X^1 は局所的に dx で生成される局所自由 $\mathcal{O}_X$ 加群である．外微分作用素は X の相対微分形式の微分

$$\Omega_{X/S}^0 \xrightarrow{d_f} \Omega_{X/S}^1 \tag{10.7}$$

を誘導する．d_f を f に関する**相対外微分**という．

d_f により，式 (10.7) は長さ 2 の層の複体 $\Omega_{X/S}^\bullet$ となる．$\Omega_{X/S}^\bullet$ を**相対正則ド・ラム複体**といい，そのチェック複体を相対正則チェック・ド・ラム・複体という．

定義 10.2（相対正則ド・ラム・コホモロジー層） 相対正則ド・ラム複体 $\Omega_{X/S}^\bullet$ の微分が $\mathcal{O}_S(S)$ 加群の準同型であることから，その i 次ハイパー・コホモロジー $\mathbf{H}^i(X, \Omega_{X/S}^\bullet)$ には $\mathcal{O}_S(S)$ 加群の構造が導かれる．

U を S の開集合とするとき，$f^{-1}(U) = X_U$ と書く．S の開集合 U に対して $\mathbf{H}^i(X_U, \Omega_{X/S}^\bullet)$ を対応させる対応は S の前層を定義する．その層化を $R^i f_* \Omega_{X/S}^\bullet$ と書き，i 次の**相対正則ド・ラム・コホモロジー層**という．

$X \to S$ をコンパクト・リーマン面の複素解析族とする．相対ポアンカレの補題を述べるために，X 上の層 $f^{-1}\mathcal{O}_S$ を定義する．

定義 10.3 $\widehat{f^{-1}}(\mathcal{O}_S)$ なる前層を X の開集合 U に対して

$$\widehat{f^{-1}}(\mathcal{O}_S)(U) = \varinjlim_{W \supset f(U)} \mathcal{O}_S(W)$$

によって定め，その層化を $f^{-1}\mathcal{O}_S$ とおく．すなわち，解析族 $f : X \to S$ の定義のところで現われたように，f が局所座標で $\{(\lambda, x) \in D \times D\} \to \{\lambda\}$ と書けるように X の開集合 U をとったとき，次のようになる．

$$(f^{-1}\mathcal{O}_S)(U) = \{u(\lambda) \mid u(\lambda) \text{ は } D \text{ 上の } \lambda \text{ に関する正則関数}\}$$

このとき，次の命題が成り立つ．

命題 10.3（相対ポアンカレの補題）

$$0 \to f^{-1}\mathcal{O}_S \xrightarrow{\iota} \Omega_{X/S}^0 \xrightarrow{d_f} \Omega_{X/S}^1 \to 0 \tag{10.8}$$

は $\mathcal{X}$ 上の層の完全列である．

証明 p を $\mathcal{X}$ の点とし，p での解析族を与える局所座標を (λ, x) とする．このとき，p での茎はそれぞれ

$$(f^{-1}\mathcal{O}_S)_p = \{u(\lambda) \mid u(\lambda) \text{ は収束べき級数}\}$$

$$(\Omega^0_{\mathcal{X}/S})_p = \{\varphi(\lambda, x) \mid \varphi(\lambda, x) \text{ は収束べき級数}\}$$

$$(\Omega^1_{\mathcal{X}/S})_p = \{\varphi(\lambda, x)dx \mid \varphi(\lambda, x) \text{ は収束べき級数}\}$$

となる．

(1) $(\Omega^0_{\mathcal{X}/S})_p$ における完全性．$(\Omega^0_{\mathcal{X}/S})_p$ の元を $\varphi(\lambda, x) = \sum_{i,j} a_{ij} x^i \lambda^j$ と収束べき級数で表しておき，$d\varphi = \sum_{i,j} a_{ij} i x^{i-1} \lambda^j dx = 0$ となるなら，$i > 0$ に対して $a_{ij} = 0$ となる．したがって，$\varphi(\lambda, x) = \sum_j a_{0j} \lambda^j$ となり，ι の像となっている．

(2) p における茎間の外微分 d の全射性．$(\Omega^1_{\mathcal{X}/S})_p$ の元 ω が $\varphi(\lambda, x)dx = \sum_{i,j} a_{ij} x^i \lambda^j dx$ と収束べき級数で表せたとすると，$\psi(\lambda, x)$ を

$$\psi = \sum_{i,j} \frac{a_{ij}}{i+1} x^{i+1} \lambda^j$$

とおくことにより，$d\psi = \omega$ となる． $\square$

定理 10.4 (1) 自然な写像

$$H^i(\mathcal{X}, f^{-1}\mathcal{O}_S) \to H^i(\mathcal{X}, \Omega^\bullet_{\mathcal{X}/S})$$

があり，これは同型となる．

(2) U を X の開集合とするとき，$\mathcal{X}_U = f^{-1}(U)$ とおく．$x \in S$ の十分小さい近傍 U に対して，自然な写像

$$H^i(\mathcal{X}_x, \mathbf{Z}) \otimes_{\mathbf{Z}} \mathcal{O}_S(U) \leftarrow H^i(\mathcal{X}_U, \mathbf{Z}) \otimes_{\mathbf{Z}} \mathcal{O}_S(U) \to H^i(\mathcal{X}_U, f^{-1}\mathcal{O}_S)$$

が同型となる．これは $\mathcal{O}_S(U)$ 加群の準同型である．したがって，$R^i f_* \Omega^\bullet_{\mathcal{X}/S}$ は階数が $2g$ の局所自由 $\mathcal{O}_S$ 加群になる．

証明 (1) は命題 10.2 の帰結である．

(2) については，補題 10.1 により x の十分小さい近傍 U をとることにより，$\mathcal{X}_U$ は $\mathcal{X}_x \times U$ と同相となる．さらに，$\mathcal{X}_x$ はコンパクトなので，有限の単純被覆 $\mathcal{D} = \{D_i\}_I$，$\mathcal{X}_x = \cup D_i$ がとれる．上の同相で $D_i \times U$ に対応する $\mathcal{X}_U$ の開集合 W_i をとれば，$\mathcal{X}_U = \cup W_i$ で W_i と $D_i \times U$ は同相となる．さらに $W_{i_0 \cdots i_k} = W_{i_0} \cap \cdots \cap W_{i_k}$ とおくと，

$$f^{-1}\mathcal{O}_S(W_{i_0 \cdots i_k}) \simeq \mathbf{Z}(W_{i_0 \cdots i_k}) \otimes \mathcal{O}_S(U) \simeq \mathbf{Z}(D_{i_0 \cdots i_k}) \otimes \mathcal{O}_S(U)$$

となっている．したがって，

$$\left(\check{C}^{\bullet}(\mathcal{W}, \mathbf{Z}) \otimes \mathcal{O}_S(U)\right)^i = \check{C}^i(\mathcal{W}, \mathbf{Z}) \otimes \mathcal{O}_S(U)$$

とおくと,

$$H^i(\check{C}^{\bullet}(\mathcal{W}, f^{-1}\mathcal{O}_S)) = H^i(\check{C}^{\bullet}(\mathcal{W}, \mathbf{Z}) \otimes \mathcal{O}_S(U))$$

$$= H^i(\check{C}^{\bullet}(\mathcal{W}, \mathbf{Z})) \otimes \mathcal{O}_S(U) = H^i(\mathcal{X}_U, \mathbf{Z}) \otimes \mathcal{O}_S(U) = H^i(\mathcal{X}_x, \mathbf{Z}) \otimes \mathcal{O}_S(U)$$

なる同型が得られる. ここで, すべての加群について $\mathbf{Z}$ 上ねじれがない複体のコホモロジーに関してテンソル積をとる操作と, コホモロジーをとる操作は順序が交換できることを使った. 直積型の開被覆は共終であるので, そのようなものに関する極限をとることにより,

$$H^i(\mathcal{X}_U, f^{-1}(\mathcal{O}_S)) \simeq H^i(\mathcal{X}_U, \mathbf{Z}) \otimes \mathcal{O}_S(U) \simeq H^i(\mathcal{X}_x, \mathbf{Z}) \otimes \mathcal{O}_S(U)$$

を得る. □

これらの同型から, 次の系が得られる.

系 10.5 S の開集合 U に対して, 自然な準同型

$$H^i(\mathcal{X}_U, \mathbf{Z}) \otimes \mathcal{O}_S(U) \to \mathcal{H}^i(\mathcal{X}_U, \Omega^{\bullet}_{\mathcal{X}/S})$$

が存在する. さらに, 任意の $x \in S$ に対して x の十分小さい近傍 U が存在して, 上の写像は同型となる.

定義 10.4 (相対整係数コホモロジー層) S の開集合 U に対して, $H^i(\mathcal{X}_U, \mathbf{Z})$ を対応させる写像は S の前層を定義する. その層化を $R^i f_* \mathbf{Z}$ と書き, 相対整係数コホモロジー層という. これは階数が $2g$ の局所自由 $\mathbf{Z}$ 加群になる.

上の定義と系 10.5 から, 下の系が得られる.

系 10.6 S 上の $\mathcal{O}_S$ 加群の層の自然な同型

$$R^i f_* \mathbf{Z} \otimes \mathcal{O}_S \to R^i f_* \Omega^{\bullet}_{\mathcal{X}/S} \tag{10.9}$$

が存在する.

同型 (10.9) の右側は正則ド・ラム・コホモロジーの族とみなされる. D が可縮で $x \in D$ のとき, 局所的には位相的に直積となっていることから, $H^i(\mathcal{X}, \mathbf{Z}) \xrightarrow{\cong} H^i(\mathcal{X}_x, \mathbf{Z})$ なる自然な写像が同型になる. このことを踏まえると, $i = 1$ のときは, $H^1(X_0, \mathbf{Z})$ の基底 $a_1, \dots, a_g, b_1, \dots, b_g$ は, $R^1 f_* \Omega^{\bullet}_{\mathcal{X}/S}(U)$ の $\mathcal{O}_D$ 加群としての基底にもなる.

■例 10.3 例 10.2 で考えた楕円曲線の族の相対的ド・ラム・コホモロジーを考えてみよう. 以下, 座標は $x = X/Z$, $y = Y/Z$ とおき, 非斉次座標 (λ, x, y) で表すことに

する. $\mathcal{X}$ の開被覆 $\mathcal{U} = \{U_1, U_2\}$ を $U_1 = \{x \neq 1/\lambda\}, U_2 = \{x \neq 0, 1, \infty\}$ として, ψ_i, ϕ_i $(i = 1, 2), \psi_{12}, \phi_{12}$ を次のように定義する.

$$\psi_1 = \frac{\lambda x dx}{2(1 - \lambda x)y}, \quad \phi_1 = \frac{dx}{y} \in \Omega^1_{\mathcal{X}/S}(U_1),$$

$$\psi_2 = -\frac{dx}{2y(1 - x)}, \quad \phi_2 = \frac{dx}{y} \in \Omega^1_{\mathcal{X}/S}(U_2), \tag{10.10}$$

$$\psi_{12} = \frac{x}{y}, \quad \phi_{12} = 0 \in \Omega^0_{\mathcal{X}/S}(U_1 \cap U_2)$$

このとき $\psi_1 - \psi_2 = d_f \psi_{12}, \phi_1 - \phi_2 = d_f \phi_{12}$ なので, $\psi = (\psi_1, \psi_2, \psi_{12}), \phi = (\phi_1, \phi_2, \phi_{12})$ は相対正則チェック・ド・ラム複体の閉じた元となり, 相対的ド・ラム・コホモロジー $R^1 f_* \Omega^\bullet_{\mathcal{X}/S}(S)$ の元を定める. ∎

10.6 ガウス–マニン接続

この節では, 定理 10.4 を踏まえて, $R^i f_* \Omega^\bullet_{\mathcal{X}/S}(U)$ の上のガウス–マニン接続

$$R^i f_* \Omega^\bullet_{\mathcal{X}/S} \to R^i f_* \Omega^\bullet_{\mathcal{X}/S} \otimes \Omega^1_S$$

を定義する. さらに, 式 (10.9) における $R^i f_* \mathbf{Z}$ の像が水平切断のなす層となることを示す. ガウス–マニン接続を定義する前に, 相対正則ド・ラム複体に関する下の可換図式を考える.

$$
\begin{array}{ccccccccc}
 & & & & 0 & & 0 & & \\
 & & & & \downarrow & & \downarrow & & \\
0 & \to & 0 & \to & \Omega^0_{\mathcal{X}} & \to & \Omega^0_{\mathcal{X}/S} & \to & 0 \\
 & & \downarrow & & \downarrow & & \downarrow & & \\
0 & \to & \Omega^0_{\mathcal{X}/S} \otimes f^* \Omega^1_S & \to & \Omega^1_{\mathcal{X}} & \to & \Omega^1_{\mathcal{X}/S} & \to & 0 \\
 & & \downarrow & & \downarrow & & \downarrow & & \\
0 & \to & \Omega^1_{\mathcal{X}/S} \otimes f^* \Omega^1_S & \to & \Omega^2_{\mathcal{X}} & \to & 0 & \to & 0 \\
 & & \downarrow & & \downarrow & & & & \\
 & & 0 & & 0 & & & &
\end{array}
$$

この図式において, それぞれの列は複体で, 行は完全列である. したがって, ハイパー・コホモロジーの短完全列に関する長完全列

$$
\begin{array}{ccccc}
0 & \to & \mathbf{H}^0(\mathcal{X}_U, \Omega^\bullet_{\mathcal{X}}) & \to & \mathbf{H}^0(\mathcal{X}_U, \Omega^\bullet_{\mathcal{X}/S}) \to \\
\mathbf{H}^0(\mathcal{X}_U, \Omega^\bullet_{\mathcal{X}/S} \otimes f^* \Omega^1_S) & \to & \mathbf{H}^1(\mathcal{X}_U, \Omega^\bullet_{\mathcal{X}}) & \to & \mathbf{H}^1(\mathcal{X}_U, \Omega^\bullet_{\mathcal{X}/S}) \to \\
\mathbf{H}^1(\mathcal{X}_U, \Omega^\bullet_{\mathcal{X}/S} \otimes f^* \Omega^1_S) & \to & \mathbf{H}^2(\mathcal{X}_U, \Omega^\bullet_{\mathcal{X}}) & \to & 0
\end{array}
$$

が得られる．連結準同型を U に関して層化することにより，

$$R^i f_* \Omega^\bullet_{\mathcal{X}/S} \to R^i f_*(\Omega^\bullet_{\mathcal{X}/S} \otimes f^* \Omega^1_S)$$

なる S 上の層の準同型を得る．ここで，射影公式

$$R^i f_* \Omega^\bullet_{\mathcal{X}/S} \otimes \Omega^1_S \xrightarrow{\cong} R^i f_*(\Omega^\bullet_{\mathcal{X}/S} \otimes f^* \Omega^1_S)$$

を用いて，

$$\nabla_{GM} : R^i f_* \Omega^\bullet_{\mathcal{X}/S} \to R^i f_* \Omega^\bullet_{\mathcal{X}/S} \otimes \Omega^1_S \tag{10.11}$$

が得られる．これを**ガウス–マニン接続**という．このようにしてガウス–マニン接続
を定義すると，10.1 節で考えた微分方程式が一般のリーマン面の族に対して定義され
ることになる．上の連結準同型の構成法から，次のことが容易に示される．

命題 10.7　式 (10.11) のガウス–マニン接続 ∇_{GM} は接続である．また，水平切断は，
局所的に次の層の準同型の像と一致する．

$$R^i f_* \mathbf{Z} \otimes \mathbf{C} \to R^i f_* \Omega^\bullet_{\mathcal{X}/S}$$

証明　簡単のため，$i = 1$ の場合を証明する．さらに，S は十分小さい開集合として，十分細
かい開被覆 $\mathcal{U} = \{U_i\}$ でチェック複体を考える．

$$\varphi = (\varphi_i) \oplus (\varphi_{ij})_{ij} \in \prod_i \Omega^1_{\mathcal{X}/S}(U_i) \oplus \prod_{i,j} \Omega^0_{\mathcal{X}/S}(U_i \cap U_j)$$

が相対正則ド・ラム複体のチェック複体の微分 $d_{f,\mathrm{tot}}$ で 0 になっているとする．必要であれ
ば，十分細かい細分で取り替えて U_i の局所座標として (λ, x) をとり，$\varphi_i = f_i dx$ とおくと，
$d_{f,\mathrm{tot}}$ によって 0 になる条件は

$$(f_i - f_j)dx = d_f \varphi_{ij}, \quad \varphi_{jk} - \varphi_{ik} + \varphi_{ij} = 0 \tag{10.12}$$

となる．また，局所座標を用いて写像

$$\prod_i \Omega^1_{\mathcal{X}}(U_i) \oplus \prod_{i,j} \Omega^0_{\mathcal{X}}(U_i \cap U_j) \to \prod_i \Omega^1_{\mathcal{X}/S}(U_i) \oplus \prod_{i,j} \Omega^0_{\mathcal{X}/S}(U_i \cap U_j)$$

による持ち上げ $\widetilde{\varphi_i} = f_i dx + g_i d\lambda$, $\widetilde{\varphi_{ij}} = \varphi_{ij}$ をとり，$\widetilde{\varphi} = (\widetilde{\varphi_i}) + (\widetilde{\varphi_{ij}})_{ij}$ とおく．$\nabla_{GM}([\varphi])$
は

$$d_{\mathrm{tot}}(\widetilde{\varphi}) \in \prod_i (\Omega^1_{\mathcal{X}/S} \otimes f^* \Omega^1_S(U_i)) \oplus \prod_{i,j} (\Omega^0_{\mathcal{X}/S} \otimes f^* \Omega^1_S)(U_i \cap U_j)$$

の類で与えられる．

$$d_{\mathrm{tot}}(\widetilde{\varphi}) = \left(\left(\left(\frac{\partial f_i}{\partial \lambda} - \frac{\partial g_i}{\partial x} \right) d\lambda dx \right)_i, ((f_i - f_j)dx + (g_i - g_j)d\lambda + d\varphi_{ij})_{ij} \right)$$

$$= \left(\left(\frac{\partial f_i}{\partial \lambda} - \frac{\partial g_i}{\partial x} \right)_i d\lambda dx, \left(g_i - g_j + \frac{\partial \varphi_{ij}}{\partial \lambda} \right)_{ij} d\lambda \right)$$

$$\equiv \left(\left(\frac{\partial f_i}{\partial \lambda} dx \right)_i, \left(\frac{\partial \varphi_{ij}}{\partial \lambda} \right)_{ij} \right) d\lambda \mod d\operatorname{tot}(\check{C}(\mathcal{U}, \Omega^\bullet_{X/S} \otimes f^*\Omega^1_S))^0$$

定義 10.1 にあげた接続の性質は，この表示から確かめることができる．層の複体の準同型の図式

$$
\begin{array}{ccc}
f^{-1}\mathbf{Z} & \rightarrow & f^{-1}\mathcal{O}_S \\
\downarrow & & \downarrow \\
\Omega^\bullet_X & \rightarrow & \Omega^\bullet_{X/S}
\end{array}
$$

から得られるハイパー・コホモロジーの準同型

$$
\begin{array}{ccccc}
\mathbf{H}^1(X, \mathbf{Z}) & \rightarrow & \mathbf{H}^1(X, \mathbf{Z}) \otimes \mathcal{O}_S & & \\
\downarrow & & \downarrow PL & & \\
\mathbf{H}^1(X, \Omega^\bullet_X) & \rightarrow & \mathbf{H}^1(X, \Omega^\bullet_{X/S}) & \xrightarrow{\nabla_{GM}} & \mathbf{H}^1(X, \Omega^\bullet_{X/S}) \otimes \Omega^1_S
\end{array}
$$

を考え，相対ポアンカレの補題により S が十分小さい開集合のときは写像 PL が同型を引き起こすことを考えると，$\mathbf{H}^1(X, \mathbf{Z})$ の像が水平切断を与えることが結論される． $\square$

10.7　ガウスの超幾何関数と周期積分

λ をパラメータとしてもつ積分 (10.1) は微分方程式 (10.2) の解となっているが，これを λ の関数とみたときの級数表示を求めてみよう．もう少し一般的に，

$$F(\lambda) = \int_0^1 x^{a-1}(1-x)^{c-a-1}(1-\lambda x)^{-b} dx$$

という積分表示で与えられる λ の関数を考える．ただし，λ は実数で $\lambda > 1$ と仮定する．さらに，図 10.1 のようにして，$\mathbf{C}$ における $[0,1]$ の近傍に $[1,\infty] \cup [-\infty, 0]$ でスリットを入れたものを四つ用意して貼り合わせて，得られたものを X とする．

このとき，四つそれぞれの $[0,1]$ における値が $\mathbf{e}(0)\mathbf{R}_+, \mathbf{e}(c-a)\mathbf{R}_+, \mathbf{e}(c)\mathbf{R}_+, \mathbf{e}(a)\mathbf{R}_+$

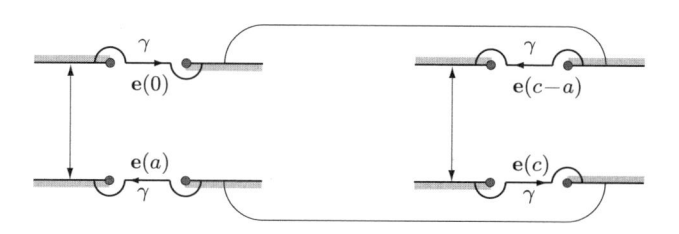

図 **10.1**　ポッホハマー・パス

に入るように，正則関数 $x^{a-1}(1-x)^{c-a-1}(1-\lambda x)^{-b}$ を解析接続することができる．こうして定まる X 上の正則関数も，$x^{a-1}(1-x)^{c-a-1}(1-\lambda x)^{-b}$ と書くことにする．そこで，図にあるような閉じた道 γ を考えると，$x^{a-1}(1-x)^{c-a-1}(1-\lambda x)^{-b}dx$ の γ による積分が定義され，

$$\int_{\gamma} x^{a-1}(1-x)^{c-a-1}(1-\lambda x)^{-b}dx$$

$$= (1-\mathbf{e}(a))(1-\mathbf{e}(c-a)) \int_0^1 x^{a-1}(1-x)^{c-a-1}(1-\lambda x)^{-b}dx$$

が成り立つ．したがって，$a \notin \mathbf{Z}, c-a-1 \notin \mathbf{Z}$ と仮定すると

$$F(\lambda) = \frac{1}{(1-\mathbf{e}(a))(1-\mathbf{e}(c-a))} \int_{\gamma} x^{a-1}(1-x)^{c-a-1}(1-\lambda x)^{-b}dx$$

となり，$|\lambda| < 1$ であれば λ に関する正則関数となる．ここに現れる γ は**ポッホハマー・パス**といわれる．

以下，$a \notin \mathbf{Z}, c-a-1 \notin \mathbf{Z}$ の条件を仮定する．$(1-\lambda x)^{-b} = \sum_n \{\Gamma(b+n)/n!\Gamma(b)\}\lambda^n x^n$ を用いて，上の積分を変形すると，

$$\sum_n \int_0^1 x^{a-1}(1-x)^{c-a-1}(1-\lambda x)^{-b}dx$$

$$= \sum_{n=0}^{\infty} \int_0^1 x^{a-1}(1-x)^{c-a-1}\frac{\Gamma(b+n)}{n!\Gamma(b)}\lambda^n x^n dx = \sum_{n=0}^{\infty} \frac{\Gamma(b+n)}{n!\Gamma(b)}B(a+n,c-a)\lambda^n$$

$$= \frac{\Gamma(a)\Gamma(c-a)}{\Gamma(c)} \sum_{n=0}^{\infty} \frac{\Gamma(a+n)\Gamma(b+n)\Gamma(c)}{n!\Gamma(c+n)\Gamma(a)\Gamma(b)}\lambda^n$$

という級数表示が得られる．ここで，ポッホハマー記号 $(a)_n = \Gamma(a+n)/\Gamma(a) = a(a+1)\cdots(a+n-1)$ を導入して，**ガウスの超幾何関数** $_2F_1(a,b;c;\lambda)$ を

$$_2F_1(a,b;c;\lambda) = \sum_{n=0}^{\infty} \frac{(a)_n(b)_n}{n!(c)_n}\lambda^n$$

と定義すると，

$$\sum_n \int_0^1 x^{a-1}(1-x)^{c-a-1}(1-\lambda x)^{-b}dx = \frac{\Gamma(a)\Gamma(c-a)}{\Gamma(c)} \sum_{n=0}^{\infty} \frac{(a)_n(b)_n}{n!(c)_n}\lambda^n$$

という等式が得られる．

したがって，$a=1/2, b=1/2, c=1$ とおくと，楕円積分 I_1 についての級数表示

$$I_1 = B\left(\frac{1}{2},\frac{1}{2}\right) {}_2F_1\left(\frac{1}{2},\frac{1}{2};1;\lambda\right) = \pi \sum_{n=0}^{\infty} \frac{\left(\frac{1}{2}\right)_n\left(\frac{1}{2}\right)_n}{n!n!}\lambda^n$$

が得られる．

　　ガウスの超幾何関数は，楕円積分のときと同様に，次の2階の微分方程式を満たす．

命題 10.8　$a \notin \mathbf{Z}$, $c - a - 1 \notin \mathbf{Z}$, $b \neq -1, -2, \ldots$ とする．ガウスの超幾何関数は $|\lambda| < 1$ のときに絶対収束して，次の微分方程式を満たす．

$$\left[\lambda(1-\lambda)\frac{d^2}{d\lambda^2} + \{c - (a+b+1)\lambda\}\frac{d}{d\lambda} - ab\right] {}_2F_1(a,b;c;\lambda) = 0$$

証明　$\varphi = x^{a-1}(1-x)^{c-a-1}(1-\lambda x)^{-b}$, $h = -\{bx(1-x)/(1-\lambda x)\}$ とおくと，

$$\left[\lambda(1-\lambda)\frac{d^2}{d\lambda^2} + \{c - (a+b+1)\lambda\}\frac{d}{d\lambda} - ab\right]\varphi = \frac{d}{dx}(\varphi h)$$

となることが計算するとわかる．これからポッホハマー・パスによる積分を考えると，微分と積分の交換が保証され，命題を得る．　　　　　　　　　　　　　　　　　□

章末問題

10.1　例 10.2 の楕円曲線の族に対して，例 10.3 で考えた開集合，および $R^1 f_* \Omega^{\bullet}_{\mathcal{X}/S}(S)$ の元 ϕ, ψ を考える．

(1) 写像

$$\Omega^1_{\mathcal{X}}(U_1) \to \Omega^1_{\mathcal{X}/S}(U_1), \quad \Omega^1_{\mathcal{X}}(U_2) \to \Omega^1_{\mathcal{X}/S}(U_2)$$

に関して，式 (10.10) で与えられた $\psi_1, \phi_1, \psi_2, \phi_2$ の持ち上げ $\widetilde{\psi_1}, \widetilde{\phi_1}, \widetilde{\psi_2}, \widetilde{\phi_2}$ は次のように選べることを示せ．

$$\widetilde{\psi_1} = \frac{\lambda x \, dx}{2(1-\lambda x)y}, \quad \widetilde{\phi_1} = \frac{dx}{y} \in \Omega^1_{\mathcal{X}}(U_1),$$

$$\widetilde{\psi_2} = -\frac{1}{2y(1-x)}\left(dx + x\frac{d\lambda}{\lambda}\right), \quad \widetilde{\phi_2} = \frac{1}{y}\left(dx + x\frac{d\lambda}{\lambda}\right) \in \Omega^1_{\mathcal{X}}(U_2)$$

(2) 全複体の微分

$$\Omega^1_{\mathcal{X}}(U_1) \oplus \Omega^1_{\mathcal{X}}(U_2) \oplus \Omega^0_{\mathcal{X}}(U_1 \cap U_2) \xrightarrow{d_{\text{tot}}} \Omega^2_{\mathcal{X}}(U_1) \oplus \Omega^2_{\mathcal{X}}(U_2) \oplus \Omega^1_{\mathcal{X}}(U_1 \cap U_2)$$
$$\alpha = (\alpha_1, \alpha_2, \alpha_{12}) \qquad \mapsto \qquad d_{\text{tot}}\alpha = (d\alpha_1, d\alpha_2, \alpha_1 - \alpha_2 - d\alpha_{12})$$

による $\widetilde{\psi}, \widetilde{\phi}$ の像 $(\nabla(\psi)_1, \nabla(\psi)_2, \nabla(\psi)_{12}), (\nabla(\phi)_1, \nabla(\phi)_2, \nabla(\phi)_{12})$ を求め，ガウス–マニン接続 (10.11) による ψ, ϕ の像をチェック複体の全複体の元として求めよ．

(3)

$$\Omega^0_{\mathcal{X}}(U_1) \oplus \Omega^0_{\mathcal{X}}(U_2) \xrightarrow{d_{\text{tot}}} \Omega^1_{\mathcal{X}}(U_1) \oplus \Omega^1_{\mathcal{X}}(U_2) \oplus \Omega^0_{\mathcal{X}}(U_1 \cap U_2)$$
$$\beta = (\beta_1, \beta_2) \qquad \mapsto \qquad d_{\text{tot}}\alpha = (d\beta_1, d\beta_2, \beta_1 - \beta_2)$$

の余核における $d_{\text{tot}}(\psi), d_{\text{tot}}(\phi)$ の類を考えることにより，ϕ, ψ で生成された $\mathcal{O}_S(S)$ 加群が接続を定めることを示し，これが例 10.1 であげたものと一致していることを確かめよ．

第11章

楕円曲線と保型形式

　種数が 1 の曲線は楕円曲線とよばれる．楕円曲線は，それ自体がそのヤコビ多様体と一致している特殊なリーマン面である．したがって，その周期から直接的に楕円曲線が定まることがわかる．幾何学的には 3 次曲線として表されていて，その定義方程式の係数は，周期から具体的に計算できる関数になっている．これを用いて，楕円曲線の周期の同値類の集合には代数曲線の構造が入る．これは楕円曲線のモジュライ空間とよばれるもので，そのモジュライ空間の代数曲線としての構造を与えるのが，保型形式とよばれる数論的特殊関数である．ここでは，保型形式の理論の初歩を取り扱うことにする．

11.1　ラマヌジャンと分割数とラマヌジャン関数

　シュリニバーサ・ラマヌジャン (1887–1920)：インドのマドラスで事務官をしている傍ら，いくつもの神秘的な等式を発見する．その後，**ハーディー**にその才能を認められ，ケンブリッジに招聘されるが，イギリスで病に侵され，インドに帰国したのち，短い生涯を終えることになる．現在では，ラマヌジャンにより発見された等式のほとんどは証明されているが，当時は証明が付けられていないという理由により，正当な扱いを受けていなかった．それらの等式の中には現在の保型関数や楕円関数に関連するものも多く含まれている．ラマヌジャンの奇跡に満ちた半生と発見は，『奇跡がくれた数式』として映画化されている．

　自然数 n を $n = \lambda_1 + \lambda_2 + \cdots + \lambda_p$ $(1 \leq p, 1 \leq \lambda_1 \leq \lambda_2 \leq \cdots \leq \lambda_p)$ の形に表す仕方の個数は**分割数**とよばれ，$p(n)$ と書かれる．分割数の母関数は

$$\frac{1}{\prod_{i=0}^{\infty}(1 - q^i)} = 1 + p(1)q + p(2)q^2 + \cdots \tag{11.1}$$

という形で与えられる．ラマヌジャンは，分割数を非常によく近似する近似式を証明した．

　デルタ関数は分割数の母関数と類似の式で，

$$\Delta = (2\pi)^{12}q\{(1 - q)(1 - q^2)(1 - q^3) \cdots\}^{24}$$

と定義される．$\Delta/(2\pi)^{12}$ を展開して得られた級数

$$q\{(1-q)(1-q^2)(1-q^3)\cdots\}^{24} = q + b_2 q^2 + b_3 q^3 + b_4 q^4 + \cdots$$

を考えると，整数の列 $b_1 = 1, b_2, b_3$ が得られる．上のテーラー展開の係数 b_n はラマヌジャン関数とよばれ，$\tau(n)$ と書かれる．n が小さいところの値は下のようになる．

$$\tau(1) = 1, \quad \tau(2) = -24, \quad \tau(3) = 252,$$
$$\tau(4) = -1472, \quad \tau(5) = 4830, \quad \tau(6) = -6048, \quad \ldots$$

ラマヌジャンは次の性質（**ラマヌジャン予想**）を発見した．

(1) m, n を互いに素な自然数とするとき，$\tau(mn) = \tau(m)\tau(n)$

(2) p を素数とするとき，

$$\tau(p^{n+2}) = \tau(p)\tau(p^{n+1}) - p^{11}\tau(p^n) \quad (n = 0, 1, 2, \ldots)$$

　　が成立する．

(3) $|\tau(p)| \leq 2p^{11/2}$

はじめの二つは**モーデル**により証明された．これは現代では**ヘッケ作用素**という群論的な構造との関連で証明される．3 番目の予想は長い間懸案であったが，アイヒラーと志村の理論と久賀 – 志村多様体を用いることにより，**ドリーニュがヴェイユ予想**に帰着できることを発見した．さらに数年後，ドリーニュ自身がヴェイユ予想を証明し，ラマヌジャン予想は完全に解決されたことになった．

　保型関数は楕円曲線と関連が深い．この章の残りで楕円曲線と保型関数の関連について述べることにしよう．

11.2　楕円曲線と平面 3 次曲線

　種数が 1 のコンパクト・リーマン面は楕円曲線といわれる．7.3 節で平面 d 次曲線の種数の公式を証明したが，この公式により，$d = 3$ のときは種数は 1 であり，したがって楕円曲線となる．逆に種数が 1 の曲線は平面 3 次曲線となることを示し，その標準形を求めよう．

命題 11.1 E を楕円曲線とする．$p \in E$ を一つ固定する．

(1) $k \in \mathbf{N}, k > 0$ とする．このとき，$\dim \Gamma(E, \mathcal{O}_E(kp)) = k$ である．

(2) $\Gamma(E, \mathcal{O}_E(2p))$ のうち定数でないものを一つ選び，x とおく．さらに，$\Gamma(E, \mathcal{O}_E(3p))$ で $\Gamma(2p)$ に含まれないものを一つ選び，y とおく．すなわち，

x, y は E 上の有理関数であって，p においてそれぞれ 2 位，3 位の極をもつ．このとき，

$$1, \quad x, \quad y, \quad x^2, \quad xy, \quad x^3$$

は一次独立である．

(3) 上と同じ x, y に対し，

$$y^2 = a_6 x^3 + a_5 xy + a_4 x^2 + a_3 y + a_2 x + a_0 \quad (a_6 \neq 0) \tag{11.2}$$

となる $a_0, a_2, \ldots, a_6$ が存在する．

証明　(1) リーマン–ロッホの定理より，

$$\dim \Gamma(E, \mathcal{O}_E(kP)) = 1 - g + \deg(\mathcal{O}_E(kp)) + \Gamma(E, \mathcal{O}_E(-kp) \otimes \Omega_E^1)$$

となるが，$g = 1$ と $\deg(\mathcal{O}_E(-kp) \otimes \Omega_E^1) = -k + 2g - 2 < 0$ から $\dim \Gamma(E, \mathcal{O}_E(kp)) = \deg(\mathcal{O}_E(kp)) = k$ となり，命題を得る．

(2) $\dim \Gamma(E, \mathcal{O}_E) = 1$, $\dim \Gamma(E, \mathcal{O}_E(2P)) = 2$, $\dim \Gamma(E, \mathcal{O}_E(3P)) = 3$ より，$x \in \Gamma(E, \mathcal{O}_E(2P)) - \Gamma(E, \mathcal{O}_E)$, $y \in \Gamma(E, \mathcal{O}_E(3P)) - \Gamma(E, \mathcal{O}_E(2p))$ ととれば，x, y はそれぞれ p において 2 位，3 位の極をもつ．したがって，x^2, xy, x^3 は 4 位，5 位，6 位の極をもち，$1, x, y, x^2, xy, x^3$ は一次独立となる．

(3) $\dim \Gamma(E, \mathcal{O}_E(3P)) = 6$ であり，$1, x, y, x^2, xy, x^3$ は独立なので，$\Gamma(E, \mathcal{O}_E(3P))$ の基底となる．y^2 は p において 6 位の極をもつので，

$$y^2 = a_6 x^3 + a_5 xy + a_4 x^2 + a_3 y + a_2 x + a_0$$

となる $a_0, a_2, \ldots, a_6$ が存在する．p において x^3 の位数は 6 なので，$a_6 \neq 0$ となる．　□

方程式 (11.2) を書き換える．まず，

$$y^2 - a_5 xy - a_3 y = \left(y - \frac{a_5}{2} x - \frac{a_3}{2} \right)^2 - \frac{a_5^2}{4} x^2 - \frac{a_5 a_3}{2} x - \frac{a_3^2}{4}$$

を用いて，$y' = y - (a_5/2)x - a_3/2$ とおき，

$$a_6' = a_6, \quad a_4' = a_4 + \frac{a_5^2}{4}, \quad a_2' = a_2 + \frac{a_5 a_3}{2}, \quad a_0' = a_0 + \frac{a_3^2}{4}$$

とおけば，方程式 (11.2) は

$$y'^2 = a_6' x^3 + a_4' x^2 + a_2' x + a_0' \quad (a_6' \neq 0)$$

と書き換えられる．さらに $x' = x + a_4'/3a_6'$ とおくと，

$$y'^2 = b_6 x'^3 + b_2 x' + b_0 \quad (b_6 \neq 0)$$

という形に書ける．したがって，次の命題を得る．

命題 11.2 t を p における一意化元とする. p における x, y のローラン展開の t^{-2}, t^{-3} の係数を変えないような変換 $x' = x + c_1, y' = y + c_2 x + c_3$ により, 方程式 (11.2) は

$$y'^2 = b_6 x'^3 + b_2 x' + b_0 \quad (b_6 \neq 0)$$

の形に書け, そのような変換のもとで b_6, b_2, b_0 は一意的である. さらに, x, y の t に関するローラン展開の t^{-2}, t^{-3} の係数がともに 1 となるように $x'' = k_1 x', y'' = k_2 y'$ と取り替えれば,

$$y'^2 = x'^3 + b_2' x' + b_0' \quad (b_6 \neq 0) \tag{11.3}$$

の形に変形される. また, このような基底 x, y のとり方は, 一意化元 t を定めると一意的であり, したがって方程式の係数 b_0', b_2' は一意的に定まる.

定義 11.1 t を p における一意化元とする. x, y のローラン展開の t^{-2}, t^{-3} の係数がともに 1 であって, 楕円曲線 E の方程式が $y^2 = x^3 + b_2 x + b_0$ の形に書けるとき, この方程式を一意化元 t に関する E の**ワイエルシュトラス標準形**という. b_2, b_0 は, 一意化元 t を決めたときに一意的に定まる.

11.3 3次曲線の不変量

前節で述べたように, p における一意化元 t を決め, x, y のローラン展開の t^{-2}, t^{-3} に関する係数を正規化したときにワイエルシュトラス標準形は一意的に定まるが, 一意化元を取り替えたときにどのようにワイエルシュトラスの標準形が変化するかみてみよう.

$$t' = c_1 t + c_2 t^2 + \cdots$$

と変換されたとしよう. $c_1 = c$ とする. x', y' がそれぞれ, 前節の意味で t' に関して正規化された $\Gamma(E, \mathcal{O}_E(2p)), \Gamma(E, \mathcal{O}_E(3p))$ の元であるとすると,

$$y = c^3 y', \quad x = c^2 x'$$

という関係式が成り立つ. したがって, 楕円曲線の方程式 $y^2 = x^3 + ax + b$ は

$$c^6 y'^2 = c^6 x'^3 + ac^2 x' + b, \quad y'^2 = x'^3 + ac^{-4} x' + c^{-6} b$$

と変形される. したがって,

$$a' = c^{-4} a, \quad b' = c^{-6} b$$

とおくことにより, ふたたび同じ形の方程式 $y'^2 = x'^3 + a'x' + b'$ が得られる. この変換において $a^3 : b^2 = a'^3 : b'^2$ は不変であり, したがって, この比の値は一意化元 t

のとり方によらなくなる.

　この比を考えるのに，3 次方程式

$$4x^3 - c_4 x - c_6 = 0$$

の三つの解の差積の 2 乗，つまり，$c_4^3 - 27c_6^2$ を考えると，これは重複解をもたない限り 0 ではないので，これを分母にして考えると都合がよい.

定義 11.2　楕円曲線 E の方程式を変形して

$$C : y^2 = 4x^3 - c_4 x - c_6 \tag{11.4}$$

とする．$j = j(C) = 1728c_4^3/(c_4^3 - 27c_6^2)$ を楕円曲線の j **不変量**という.

定理 11.3　$j(C)$ は p のとり方，および p における一意化元のとり方によらない.

証明　p における一意化元のとり方によらないことはすでにみたので，p のとり方によらないことをみればよい．p' を E の別の点とすると，楕円曲線には加法が定義されているので，$p' - p$ の加法による自己同型を考えれば，方程式は p のとり方によらないことがいえる．□

11.4　楕円曲線の周期格子

　8.3 節の図 8.2 のような，楕円曲線の上の二つサイクル γ_1, ϵ_1 を考える．楕円関数の**基本周期** τ_1, τ_2 を

$$\tau_1 = \int_{\epsilon_1} \frac{dx}{y}, \quad \tau_2 = \int_{\gamma_1} \frac{dx}{y}$$

により定義する．γ を無限遠点と C（式 (11.4)）上の点 (x, y) を結んでできる曲線として，

$$t = \int_{\gamma} \frac{dx}{y}$$

と定める．t の逆関数 $(x, y) = (x(t), y(t))$ は，二つの基本周期 τ_1, τ_2 をもつ周期関数である．つまり，

$$x(t) = x(t + \tau_1), \quad x(t) = x(t + \tau_2)$$
$$y(t) = y(t + \tau_1), \quad y(t) = y(t + \tau_2)$$

となる．これから，整数 a, b に対して

$$x(t) = x(t + a\tau_1 + b\tau_2), \quad y(t) = y(t + a\tau_1 + b\tau_2)$$

が成立することがわかる．このような性質をもつ関数を **2 重周期関数** という．

$$L = L(\tau_1, \tau_2) = \{a\tau_1 + b\tau_2 \mid a, b \in \mathbf{Z}\}$$

は加法について閉じた集合となるが，これを **周期格子** といい，図 11.1 のように表される．

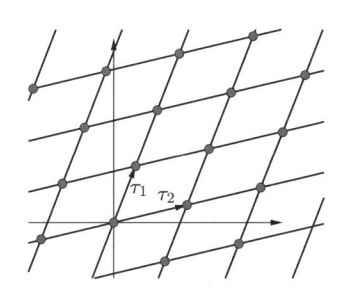

図 11.1　τ_1, τ_2 で生成される格子

　一般に，上の形の集合を **格子** とよび，そのときに用いられる τ_1, τ_2 を格子の基底という．

定義 11.3　L_1, L_2 を二つの格子とする．L_1 と L_2 が **同値** であるとは，ある $c \in \mathbf{C} - \{0\}$ が存在して

$$L_1 = cL_2(= \{cu \mid u \in L_2\})$$

となることである．

　11.2，11.3 節にあげた楕円曲線の方程式の作り方から，次の定理が結論される．

定理 11.4　周期格子が同値であれば，楕円曲線を表す 3 次曲線

$$y^2 = x^3 + ax + b$$

は **射影同値** である．この対応によって，格子の同値類の集合と 3 次曲線の射影同値類は 1 対 1 に対応する．

　この定理の素晴らしいところは，楕円関数の周期から，楕円関数とその微分の軌跡として 3 次曲線が，射影同値の差を除いて定まってしまうところにある．

　次に，E の周期格子と正規化された積分周期を考える．E のシンプレクティック基底 α, β をとる．すなわち，α_1, β_2 は $H^1(E, \mathbf{Z})$ の基底で $\langle \alpha, \beta \rangle = 1$ であるものとする．さらに，ω を E の正則微分形式の空間の基底として

$$\tau_1 = \int_\alpha \omega, \quad \tau_2 = \int_\beta \omega$$

とおく．このとき，周期格子 $L(\tau_1, \tau_2)$ は τ_1, τ_2 で生成された $\mathbf{C}$ 内の加群である．このとき，正規化された周期は $\tau = \tau_1/\tau_2$ となり，リーマンの 2 次関係式より $\mathrm{Im}(\tau) > 0$ となる．したがって，**上半平面**を

$$\mathbf{H} = \{\tau \in \mathbf{C} \mid \mathrm{Im}(\tau) > 0\}$$

と定義すると，正規化された周期 τ は $\mathbf{H}$ の点を与える．

周期格子は ω のとり方による．ω のかわりに $\omega' = k\omega$ を $H^0(E, \Omega_E^1)$ の基底としてとれば，α, β に沿った積分は

$$\tau_1' = \int_\alpha \omega', \quad \tau_2' = \int_\beta \omega'$$

となる．また，$kL(\tau_1, \tau_2) = \{kl \mid l \in L(\tau_1, \tau_2)\}$ とおくと，$L(\tau_1', \tau_2') = kL(\tau_1, \tau_2)$ という関係式が得られ，二つの周期格子 $L(\tau_1, \tau_2)$, $L(\tau_1', \tau_2')$ は同値となる．正規化された周期 $\tau = \tau_1/\tau_2$ を用いると，$L(\tau_1, \tau_2)$ と $L(\tau, 1)$ は同値である．

> **命題 11.5**　$\tau, \tau' \in \mathbf{H}$ とする．$L(\tau, 1)$ と $L(\tau', 1)$ が同値であるとすると，ある $SL(2, \mathbf{Z})$ の元 $g = \begin{pmatrix} a & b \\ c & d \end{pmatrix}$ が存在して
>
> $$\tau = \frac{a\tau' + b}{c\tau' + d}$$
>
> が成り立つ．このとき $\tau = g(\tau')$ と書き，この式で与えられる座標変換を**一次分数変換**，あるいは**メビウス変換**という．

証明　周期格子の同値性の定義より，ある $k \in \mathbf{C} - \{0\}$ が存在して，$L(\tau, 1) = kL(\tau', 1)$ となる．したがって，ある $g = \begin{pmatrix} a & b \\ c & d \end{pmatrix} \in GL(2, \mathbf{Z})$ が存在して

$$\tau = k(a\tau' + b), \quad 1 = k(c\tau' + d) \tag{11.5}$$

つまり，$g = \begin{pmatrix} a & b \\ c & d \end{pmatrix}$ とおくとき，

$$\begin{pmatrix} \tau \\ 1 \end{pmatrix} = kg \begin{pmatrix} \tau' \\ 1 \end{pmatrix}$$

となる．さらに，$(\tau, 1)$ と $(\tau', 1)$ は同じ向きなので，g の行列式は正となる．また，$L(\tau', 1) = k^{-1}L(\tau', 1)$ なので，行列式が正である整数係数行列 $g' = \begin{pmatrix} a' & b' \\ c' & d' \end{pmatrix}$ が存在して，

$$\begin{pmatrix} \tau' \\ 1 \end{pmatrix} = k^{-1} g' \begin{pmatrix} \tau \\ 1 \end{pmatrix}$$

となる．上の二つの式から

$$\begin{pmatrix} \tau \\ 1 \end{pmatrix} = gg' \begin{pmatrix} \tau \\ 1 \end{pmatrix}$$

という等式が得られるが，$\tau, 1$ は **R** 上一次独立なベクトルなので，gg' は単位行列となる．したがって，g は $SL(2, \mathbf{Z})$ の元である．式 (11.5) から $k = 1/(c\tau' + d)$ なので，

$$\tau = \frac{a\tau' + b}{c\tau' + d}$$

となる． □

11.5 保型形式と j 不変量

楕円曲線上のよい性質をもつ有理関数 x, y をとってくることによって，方程式 (11.3) が得られることをみた．他方，楕円曲線のシンプレクティック基底を選ぶことにより，正規化された周期が定まる．ここでは，τ を用いて楕円曲線の定義方程式を書く．そのために，1 と τ を二つの周期とする複素平面上の有理型関数である $\mathfrak{p}$ 関数を定義しよう．

$$\mathfrak{p} = \frac{1}{z^2} + \sum_{a,b \in \mathbf{Z}, (a,b) \neq (0,0)} \left\{ \frac{1}{(z + a\tau + b)^2} - \frac{1}{(a\tau + b)^2} \right\}$$

これを z に関して展開すると，

$$\mathfrak{p}(z) = \frac{1}{z^2} + \frac{g_2}{20} z^2 + + \frac{g_3}{28} z^4 + O(z^6)$$

となる．ここで，**アイゼンシュタイン級数** G_n と g_n を

$$G_n = \sum_{a,b \in \mathbf{Z}, (a,b) \neq (0,0)} \frac{1}{(a\tau + b)^{2n}}, \quad g_2 = 60G_2, \quad g_3 = 140G_3$$

とおいた．上の式を z について微分すると，

$$\mathfrak{p}'(z) = \frac{-2}{z^3} + \frac{g_2}{10} z + + \frac{g_3}{7} z^3 + O(z^5)$$

という式が得られる．この式から

$$\mathfrak{p}'^2 - (4\mathfrak{p}^3 - g_2\mathfrak{p} - g_3) \in O(z^2)$$

が得られる．この式は，全平面で正則な周期関数で，原点では 0 となるので，恒等的に 0 になる．したがって，$\mathbf{C}/\langle 1, \tau \rangle$ で表される楕円曲線は

$$\mathfrak{p}'^2 = 4\mathfrak{p}^3 - g_2\mathfrak{p} - g_3$$

という方程式で定義される．これにより，j 不変量とアイゼンシュタイン級数の関係が得られる．

定理 11.6 格子の同値類に対して，3 次方程式の j 不変量は下の式で計算される．

$$j(C) = \frac{1728g_2^3}{g_2^3 - 27g_3^3}$$

実は，$\Delta = g_2^3 - 27g_3^3$ とおくと，Δ はラマヌジャンのところ（11.1 節）で出てきたものと一致する．

$g = \begin{pmatrix} a & b \\ c & d \end{pmatrix}$ を $SL(2, \mathbf{Z})$ の元とする．上半平面上で定義された τ に関する関数 G に対して，

$$(G_n \mid_g)(\tau) = G_n\left(\frac{a\tau + b}{c\tau + d}\right) \tag{11.6}$$

と定める．

命題 11.7 このとき，

$$(G_n \mid_g)(\tau) = (c\tau + d)^{2n} G_n(\tau) \tag{11.7}$$

となる．したがって，$L(\tau)$ と $L(\tau')$ が同値な周期格子であるとすると，

$$G_2^3(\tau) : G_3^2(\tau) = G_2^3(\tau') : G_3^2(\tau')$$

が成立する．

式 (11.7) の関数等式を満たす関数を **保型形式** という．

格子の不変量として g_2^3/g_3^2（解析幾何学的不変量）という量が得られ，一方，3 次曲線の不変量として a^3/b^2（代数幾何学的不変量）が得られた．これまでの議論から，両者は一致することがわかる．

11.6 最後に──有限体上の楕円曲線と志村 – 谷山予想

1994 年，フェルマーの最終定理がついに **ワイルス** によって証明された．証明の手法は，志村 – 谷山予想を少し条件が付いたもとで解決するというやり方だった．**谷山 – 志村予想** を述べるためにはアイヒラー – 志村対応を述べることが必要で，この対応は

ラマヌジャン予想の解決へのステップにもなった．この対応は，現代の数論において
もっとも基本的かつ重要な対応である．これはラングランズ予想として予想が一般化
されている．しかし，**ラングランズ予想**が解決されるのは，まだまだ遠い未来のこと
であろう．

アイヒラー-志村対応の一つの鍵である，有限体上の楕円曲線の合同ゼータ関数に
ついては初等的に述べることができるので，ここで少し紹介することにしよう．ただ
し，事実を「述べる」ことはできても，その背後に隠された「意味」について説明す
ることはここではしない．決して難しいものではないのだが（むしろとても単純なも
のであるが），新しいものの見方をする訓練が必要だからである．

代数で大切な概念に，「体」という数の概念がある．大まかにいって，和と，交換可
能な積が定義されていて，さらに 0 でないものに関して商が定義されているものであ
る．n を 2 以上の自然数とする．たとえば，整数に対し，n を法として和と積が定義
できることはご存知と思うが，一般に 0 でないものが必ずしも逆元をもつとは限らな
い．したがって，一般にはそのような数体系は「体」ではないが，n が素数 p のとき
に限り，0 でないものは逆元をもつ．よって，そのようなとき，p を法として整数を考
えると「体」になり，多くの代数幾何はこれまでとほぼ平行に展開できる．このよう
な数体系を有限体といい，$\mathbf{F}_p$ と書く．

たとえば，$\mathbf{P}^1$ を $\mathbf{F}_p$ でも考えることができ，それを $\mathbf{P}^1(\mathbf{F}_p)$ と書く．これを比の集
合と考えれば，その個数は $p+1$ となる．同様に，$\mathbf{P}^2$ の個数は p^2+p+1 となる．こ
れは，$(p^3-1)/(p-1)$ と計算しても，あるいは無限遠直線 $\mathbf{P}^1(\mathbf{F}_p)$ とアファイン平
面の和集合として数えても，どちらでも一致する．

$$E : y^2 = x^3 - x$$

を斉次化することにより，E は $\mathbf{P}^2(\mathbf{F}_p)$ の部分集合と考えることができる．これを
$E(\mathbf{F}_p)$ と書くことにする．$E(\mathbf{F}_p)$ の個数 $\#E(\mathbf{F}_p)$ は表 11.1 のようになっている．

表 11.1 有限体上の楕円曲線の点の数

p	3	5	7	11	13	17	19	23	29	31	37	41	43	47
$\#E(\mathbf{F}_p)$	4	8	8	12	8	16	20	24	40	32	40	32	44	48
$\#E(\mathbf{F}_p)-1-p$	0	2	0	0	-6	-2	0	0	10	0	2	-10	0	0

この $\alpha_p = 1 + p - \#E(\mathbf{F}_p)$ は保型形式という関数の係数（の一部分）となってい
るというのが，志村-谷山予想の典型的な例となっている．保型形式とは，関数等式
(11.7) を満たす関数のことである．保型形式は純粋に関数論的に特徴付けられる関数
なのであるが，このような関数の空間は有限次元であり，代数的性格をもつ関数群と
なっている．こういったものの代数性の基礎付けを与えたのが，ヘッケやアイヒラー

であり，**志村五郎**であった．

α_p はある線型写像のトレースとなっている．この線型写像を定義するには二通りの仕方がある．一つはヘッケ作用素という関数論的に導かれるもので，もう一つはフロベニウス作用素という，有限体特有の幾何から生まれるものである．複素多様体の性質から導かれるものと，有限体の性質から導かれるものの一致という不思議な対応は，ヴェイユ予想とあいまって，数学の世界に大変大きな衝撃を与えた．ヴェイユ予想を解決したドリーニュの先生にあたる**グロタンディーク**は，この二つを結び付けることを念頭に，環論を基礎に**エタール・コホモロジー**の理論を切り開いたのである．グロタンディークは，こういった一連の数論の問題に対して，抽象代数幾何学の理論が不可欠であることを初めて提唱した数学者といえる．そういった意味で，グロタンディークは 20 世紀最大の数学者の一人であることは，歴史の判断を待つまでもないだろう．

章末問題

11.1 等式 (11.1) を証明せよ．

11.2 G を上半平面上の正則関数とする．$(G\mid_g)$ を式 (11.6) で定義された関数とする．σ_1, σ_2 を $SL(2, \mathbf{Z})$ の元とするとき，

$$(G\mid_{\sigma_1})\mid_{\sigma_2} = G\mid_{\sigma_1\sigma_2}$$

を確かめよ．

11.3 表 11.1 において，$E(\mathbf{F}_p)$ の個数 $\#E(\mathbf{F}_p)$ には何かの規則性があるだろうか？

付録 A

環と加群の基本事項

　本書では，環と加群については初等的な知識は仮定するが，ここで念のため，本書で用いられる環論に関する基本事項をまとめておく．これらについては，たとえば [H1] などの代数の教科書を参照のこと．

A.1　環とその上の加群

A.1.1　環と加群

定義 A.1（環の定義）　集合 R とその上の二つの算法（2 項算法）である "·"（積）と "+"（和）が定義されていて次の公理を満たすとき，R を**可換環**という（書物によっては，1 をもつ可換環とよばれることもある）．

(1)　R は + に関して可換群である．+ に関する単位元を 0 と書く．

(2)　· は結合法則，交換法則を満たし，任意の $a \in R$ について $a \cdot 1_R = 1_R \cdot a = a$ を満たす元 1_R が存在する．

(3)　分配法則を満たす．すなわち，$r, s, t \in R$ について $r \cdot (s + t) = r \cdot s + r \cdot t$, $(r + s) \cdot t = r \cdot t + s \cdot t$ が成り立つ．

上のような性質をもつ 1_R は R の単位元とよばれ，一意的であることが容易に証明できる．1_R は単に 1 と書かれる．また，r を R の元とし，$rs = 1$ となる $s \in R$ が存在するとき，r は可逆元であるという．R の可逆元全体の集合を $R^{\times}$ と書く．

定義 A.2　K を環とする．K の 0 でない元が可逆であるとき，K は体であるという．K を体とするとき，1 以上の整数 p に対して，$p1_R = 0$ であるとすると，そのような性質を満たす p は素数であることがわかる．実際もし，$ab = p$ で $0 < a, b < p$ なる a, b があるとすると，$a1_R \neq 0$ であるので，K が体であることを用いて $xa1_R = 1_R$ なる x が存在するが，両辺に b を掛けて p の最小性から $bxa1_R = b1_R \neq 0$ となるのに対して，$bxa1_R = ab1_R x = p1_R x = 0$ となり矛盾が起きるからである．このような p を体の標数という．また，任意の 1 以上の整数 p に対して，$p1_R \neq 0$ であるときは標数が 0 である．標数が 0 の体は無限体である．

■**例 A.1**　(1)　$\mathbf{Z}, \mathbf{R}, \mathbf{C}$ は通常の和と積で環である．また，複素数体 $\mathbf{C}$，実数体 $\mathbf{R}$，有理数体 $\mathbf{Q}$ は標数が 0 の体である．

(2)　n 個の変数（不定元）の多項式全体 $\mathbf{C}[x_1, x_2, \ldots, x_n]$ は通常の和と積で可換環となる．これは多項式環とよばれる．

(3)　$r > 0$ とする．収束半径が r 以上のべき級数の環

$$\mathcal{O}(r) = \left\{ \sum_{i=0}^{\infty} a_i x^i \,\middle|\, \lim_{n \to \infty} \sqrt[n]{|a_n|} \leq \frac{1}{r} \right\}$$

は通常の和と積で可換環となる．

(4)　収束べき級数の環

$$\mathcal{O} = \left\{ \sum_{i=0}^{\infty} a_i x^i \,\middle|\, \lim_{n \to \infty} \sqrt[n]{|a_n|} < \infty \right\}$$

は通常の和と積で可換環となる．　　　　　　　　　■

定義 A.3（環の準同型，同型）　R, S を可換環とする．写像 $f : R \to S$ が環の準同型であるとは，

(1)　任意の $r_1, r_2 \in R$ に対し，$f(r_1 + r_2) = f(r_1) + f(r_2), f(r_1 r_2) = f(r_1)f(r_2)$ となり，

(2)　$f(1) = 1$ となる

ことである．さらに，環の準同型が全単射となるとき，同型であるという．このとき，逆写像も環の準同型となる．

■**例 A.2**　(1)　$a_1, \ldots, a_n \in \mathbf{C}$ とする．$\mathbf{C}[x_1, \ldots, x_n]$ の元 $f(x_1, \ldots, x_n)$ に対して，多項式に $(a_1, \ldots, a_n)$ を代入して得られる $\mathbf{C}$ の元 $f(a_1, \ldots, a_n)$ を対応させることによって得られる写像

$$ev_{a_1, \ldots, a_n} : \mathbf{C}[x_1, \ldots, x_n] \to \mathbf{C}$$

は，環の全射準同型となる．

(2)　$0 < r < s$ とするとき，収束半径が s 以上であれば r 以上でもあるので，包含関係により $\mathcal{O}(s) \to \mathcal{O}(r)$ なる写像が定まる．これは環の単射準同型である．■

定義 A.4（R 加群の定義）　R を環とする．加群 M と R の作用

$$\mu : R \times M \to M$$

が下の条件を満たすとき，M は R 加群であるという．ここで，$\mu(r, m) = rm$ と書

く．$r_1, r_2 \in R, m_1, m_2 \in R$ とする．

(1)（結合法則）　$r_1(r_2 m_1) = (r_1 r_2) m_1$

(2)（分配法則）　$(r_1 + r_2) m_1 = r_1 m_1 + r_2 m_1, r_1(m_1 + m_2) = r_1 m_1 + r_1 m_2$

(3)（単位元の作用）　$1m = m$

R 加群に対する，R 部分加群，商加群，R 準同型などの定義について，復習も兼ねて確認しておこう．

定義 A.5（R 部分加群，商加群，R 準同型，核，像，余核） (1) M を R 加群，N を M の部分加群とする．N が R 部分加群であるとは，任意の $r \in R, n \in N$ に対して $rn \in N$ となることである．

(2) M を R 加群，N を M の R 部分加群とする．M の元 m_1, m_2 に対して，同値関係 $m_1 \sim m_2$ を $m_1 - m_2 \in N$ となることによって導入する．この同値関係に関する同値類の集合を M/N と書き，m の属する類を $[m]$ と書く．$[m]$ に対して r の作用 $r[m]$ を $[rm]$ として定義すると，この作用は矛盾なく定義され，この作用によって M/N は R 加群となる．これを M の N による商加群という．

(3) M, N を R 加群とする．加群としての準同型 $f : M \to N$ が R 準同型であるとは，$f(rm) = rf(m)$ となることである．このとき，

$$\mathrm{Ker}(f) = \{m \in M \mid f(m) = 0\} \subset M$$
$$\mathrm{Im}(f) = \{f(m) \mid m \in M\} \subset N$$
$$\mathrm{Coker}(f) = N/\mathrm{Im}(f)$$

と定義すると，$\mathrm{Ker}(f), \mathrm{Im}(f), \mathrm{Coker}(f)$ は R 加群となる．これらはそれぞれ f の核，像，余核という．

定義 A.6（イデアルと環の準同型） (1) R を R 加群とみたときの R の部分加群を R のイデアルという．すなわち，空でない部分集合 $I \subset R$ がイデアルであるとは，

(a) $x, y \in I$ ならば $x + y \in I$ であり

(b) $x \in I, r \in R$ ならば $rx \in I$

となることである．

(2) R を環，I を R のイデアルとして，R/I を R 加群の商とする．このとき，R

の積，和は R/I の積，和を誘導する．R/I を R の I による商環という．

命題 A.1　R, S を可換環として，$f : R \to S$ を環の準同型とする．

(1) f の像 $\mathrm{Im}(f)$ は S の部分環である．

(2) $\mathrm{Ker}(f)$ は R のイデアルとなる．

(3) f によって，R のイデアル I による商環 R/I は，f の像 $\mathrm{Im}(f)$ と同型である．

A.1.2　加群のテンソル積，*Hom*

定義 A.7　R を可換環として，M, N を R 加群とする．このとき，M と N のテンソル積 $M \otimes_R N$ を，$m \otimes n$ の形の元を生成系として，下の形の元を関係式とする R 加群として定義する．

(1) $(m_1 + m_2) \otimes n - m_1 \otimes n - m_2 \otimes n, \, m \otimes (n_1 + n_2) - m \otimes n_1 - m \otimes n_2$

(2) $rm \otimes n - m \otimes rn$

$m \otimes n$ の $M \otimes_R N$ における像もまた，$m \otimes n$ と書く．このとき，テンソル積の定義から次の式が成立する．

$$(m_1 + m_2) \otimes n = m_1 \otimes n + m_2 \otimes n, \quad m \otimes (n_1 + n_2) = m \otimes n_1 + m \otimes n_2$$

$$rm \otimes n = m \otimes rn$$

R, S を可換環とする．$R \to S$ なる環の準同型が与えられているとき，S を R 代数であるという．このとき，S は R の掛け算により R 加群になる．

補題 A.2　R, S が可換環であって，S は R 代数とする．このとき，$S \otimes_R M$ には，S 加群の構造が $t(s \otimes m) = ts \otimes m$ によって定まる．このようにして得られた S 加群 $S \otimes_R M$ を，M を係数拡大して得られた S 加群であるという．

M を R 加群とする．M が R 上有限生成であるとは，ある $m_1, \ldots, m_n \in M$ が存在して，任意の M の元 m が

$$m = a_1 m_1 + \cdots + a_n m_n \quad (a_1, \ldots, a_n \in R)$$

と書けることである．また，R 上の加群 M が有限生成自由加群であるとは，M の元 $e_1, \ldots, e_r$ が存在して，M の任意の元がただ一通りに $a_1 e_1 + \cdots + a_r e_r \, (a_1, \ldots, a_r \in R)$ と書けることである．言い換えれば，

$$R \oplus R \oplus \cdots \oplus R \xrightarrow{\alpha} M : (a_1, \ldots, a_r) \mapsto a_1 e_1 + \cdots + a_r e_r$$

によって定まる R 加群の準同型 α が同型となることである．このとき，r を M の階数と

いい，$e_1, \ldots, e_r$ を M の基底という．M から R への準同型全体の集合 $Hom_A(M, R)$ を $M\check{}$ と書くと，$M\check{}$ にはふたたび R 加群の構造が入る．$M\check{}$ は M の双対加群とよばれる．

> **補題 A.3**　(1)　M を有限生成自由 R 加群とすると，$S \otimes_R M$ は有限生成自由 S 加群になる．
>
> (2)　M を有限生成自由 R 加群とすると，$M\check{} = Hom_R(M, R)$ もまた有限生成自由加群になる．

A.2　PID（主イデアル整域）と離散付値環

A.2.1　PID と離散付値環の定義

> **定義 A.8（部分集合で生成されるイデアル，単項イデアル）**　(1)　$S \subset R$ を R の部分集合とする．$\sum_{s \in S} a_s s \ (a_s \in R)$ のように有限和の形で表される元全体の集合 (S) は，R のイデアルとなる．(S) を S で生成される R のイデアルという．$S = \{r_1, \ldots, r_n\}$ のときは，(S) を $(r_1, \ldots, r_n)$ とも書く．
>
> (2)　一つの元 a で生成されるイデアル (a) を単項イデアルという．

■ **例 A.3**　$ev = ev_{a_1, \ldots, a_n} : \mathbf{C}[x_1, \ldots, x_n] \to \mathbf{C} : f(x_1, \ldots, x_n) \mapsto f(a_1 \ldots, a_n)$ とすると，イデアル $\mathrm{Ker}(ev)$ は $(x_1 - a_1, \ldots, x_n - a_n)$ である．　　　　■

> **定義 A.9（整域，体，主イデアル整域 (PID)）**　R を環とする．
>
> (1)　R の元 r_1, r_2 に対して $r_1 r_2 = 0$ であれば，$r_1 = 0$ または $r_2 = 0$ となるとき，R は整域であるという．
>
> (2)　R の 0 でない元がすべて可逆元であるとき，R は体であるという．体は整域である．
>
> (3)　R を整域とする．R のすべてのイデアルが単項イデアルとなるとき，R を**主イデアル整域 (PID)** という．

PID の例としては，整数環 $\mathbf{Z}$，体 k 上の 1 変数多項式環 $k[X]$ があげられる．一方，n を 2 以上の整数とするとき，n 変数多項式環 $k[X_1, \ldots, X_n]$ は PID ではない．

> **定義 A.10（離散付値環，極大イデアル，局所環）**　(1)　R を整域とする．次の条件を満たす $R - \{0\}$ から $\mathbf{N} = \{0, 1, 2, \ldots\}$ への写像 v が定義されるとき，R は**離散付値環**といい，v を離散付値という．

(a) $r_1, r_2 \in R - \{0\}$ に対して $v(r_1 r_2) = v(r_1) + v(r_2)$ となる.

(b) $r_1, r_2 \in R - \{0\}$ に対して $v(r_1) \leq v(r_2)$ であるとすると, $r_2 = r_1 s$ となる $s \in R$ がある.

(c) $v(r) = 1$ となる r がある.

(2) R の全体とは異なるイデアルの中で, 包含関係に関する極大元を極大イデアルという. また, R のイデアル $\mathcal{P}$ が素イデアルであるとは, $x, y \in R$ に対して $xy \in \mathcal{P}$ であれば, $x \in \mathcal{P}$ または $y \in \mathcal{P}$ となることである. $p \in R$ に対して p で生成されるイデアル (p) が素イデアルとなるとき, p は素元といわれる.

(3) 極大イデアルがただ一つである環を局所環という. これは, $R - R^{\times}$ がイデアルとなることと同値である.

収束べき級数環は, $v(r)$ を r の原点での位数と定めることにより, 離散付値環となる.

命題 A.4 離散付値環は局所環であり, PID でもある.

R を PID とするとき, R 上の有限生成加群に関して次の命題が成り立つ.

命題 A.5 R を PID として, M を R 上の有限生成加群とする. このとき, 整数 $r \geq 0$ と R の素元 $p_1, \ldots, p_k$ および整数 $e_1, \ldots, e_k \geq 1$ が存在して, R 加群の同型

$$M \simeq R^r \oplus \bigoplus_{i=1}^{k} R/(p_i^{e_i})$$

が成り立つ.

A.3 体とその拡大

二つの体 K, L に対して加法, 乗法を保つような包含関係 $L \supset K$ があるとき, L は K の拡大体, K は L の部分体であるといい, このような状態のときに L/K と書く. 体の拡大 L/K が代数拡大であるとは, L の任意の元 x に対して, K 上の X を変数とする 0 でない K 係数多項式 $f = f(X)$ が存在して, $f(x) = 0$ となることである. さらに, $f(x) = 0$ となる多項式 $f(X)$ のうちでその次数が最小であるものを, x 最小多項式という. 最小多項式は K 係数多項式としては既約になっている.

L/K を代数拡大とする. L が K 上のベクトル空間とみて有限次元であるとき, この拡大を有限次代数拡大であるといい, その次元を拡大次数という.

ガロア理論は, 有限次代数拡大の様子を記述する理論として大変有効な理論である.

ここで，ガロア理論における基本事項について，証明は述べずに簡単にまとめておく．ガロア理論については [A2] を参照されたい．以下，体の標数は 0 であると仮定する．

定義 A.11（ガロア拡大，ガロア群） (1) 有限次代数拡大 L/K がガロア拡大であるとは，L の任意の元 x に対して，その最小多項式 $f(X)$ が L の中で 1 次式の積に因数分解されることである（本書では，ガロア拡大は常に有限次であるものを考える）．

(2) L/K をガロア拡大とする．L の体としての自己同型であってその K への制限が恒等写像となっているもの全体は，自己同型の合成に関して群をなす．これを L の K 上のガロア群といい，$\mathrm{Gal}(L/K)$ と書く．

定理 A.6 (1) L/K をガロア拡大とすると $\mathrm{Gal}(L/K)$ は有限群であり，その拡大次数は群 $\mathrm{Gal}(L/K)$ の位数と等しい．

(2) L を標数が 0 の体とし，G を L の自己同型群の有限部分群とする．G のすべての元で固定される L の元全体の集合 K は，L の部分体となり，L/K はガロア拡大となる．L/K の拡大次数は G の位数に等しい．

ガロア拡大 L/L でガロア群が有限巡回群となるとき，この拡大を巡回拡大という．巡回拡大に対しては次の定理がある．

定理 A.7（クンマー拡大） L を標数が 0 の体，n を 2 以上の自然数とする．L の自己同型群の中で，位数が n の元 σ で生成される有限巡回部分群 H を考える．さらに，L の H による固定部分体 K が 1 の n 原始乗根 ζ を含んでいるとする．このとき，

$$\sigma(b) = \zeta b$$

を満たす L の元 b が存在する．特に，$a = b^n$ は K の元となる．さらには $f(X) = X^n - a$ は既約多項式となり，L は K 上 b で生成される．この形の体の拡大をクンマー拡大という．

K を体，L/K を拡大体とする．x を L の元とするとき，x を含む最小の K の拡大を $K(x)$ と書く．ある L の元 x が存在して $L = K(x)$ と書けるとき，L/K は単拡大という．

定理 A.8 K を標数 0 の体として，L/K を有限次拡大とする．このとき，L/K は単拡大である．

証明 ガロア理論を用いる．標数が 0 であることから，L を含む K のガロア拡大が存在す

るので，それを M とおく．このとき，M/K の中間体 F，つまり $M \supset L \supset K$ となる体 F はガロア群 $\mathrm{Gal}(M/K)$ の部分群と対応するので，その個数は有限個である．したがって，L/K の中間体 F の個数も有限個である．L の中間体 F で $F = K(x)$ と書けるもののうち極大であるものを $E = K(x)$ とおく．$E \neq L$ であるとして矛盾を示そう．$y \in L - E$ なる元をとる．このとき，$b \in \mathbf{Q} - \{0\}$ に対して $K(x + by)$ なる L/K の中間体を考えると，標数が 0 であることから $L - K$ は無限集合となること，および中間体の個数が有限個しかないことから，ある $b_1 \neq b_2$ が存在して $E' = K(x + b_1 y) = K(x + b_2 y)$ となる．このとき，$x + b_1 y, x + b_2 y \in E'$ なので $x, y \subset E'$ となり，$K(x) \subset E', K(x) \neq E'$ より E の極大性に反する．したがって，$E = L$ となる．　　　　　　　　　　　　　　　　　　　$\square$

付録 B

多様体と微分形式

B.1　C^∞ 多様体と C^∞ 写像

本書で用いられる C^∞ 多様体の定義と性質を復習しておく．くわしくは教科書 [M1], [T2] を参照のこと．

B.1.1　C^∞ 多様体

X を位相空間でハウスドルフ空間，n を自然数とする．X に開被覆 $X = \cup_{i \in I} U_i$ が与えられていて，さらに $\varphi_i : U_i \to \mathbf{R}^n$ なる $\mathbf{R}^n$ の開集合への同相写像が与えられているとする．i, j を $U_i \cap U_j \neq \emptyset$ となる I の元として，φ_i を $U_i \cap U_j$ に制限した同相写像 $U_i \cap U_j \to \varphi_i(U_i \cap U_j)$ を $\varphi_i|_{U_i \cap U_j}$ と書く．このとき，

$$\varphi_{ji} = \varphi_j|_{U_i \cap U_j} \circ (\varphi_i|_{U_i \cap U_j})^{-1} :$$
$$\varphi_i(U_i \cap U_j) \xrightarrow{(\varphi_i|_{U_i \cap U_j})^{-1}} U_i \cap U_j \xrightarrow{\varphi_j|_{U_i \cap U_j}} \varphi_j(U_i \cap U_j)$$

は $\mathbf{R}^n$ の開集合 $\varphi_i(U_i \cap U_j)$ から開集合 $\varphi_j(U_i \cap U_j)$ への同相写像となっているが，$U_i \cap U_j \neq \emptyset$ となるすべての $i, j \in I$ に対して φ_{ji} が C^∞ 写像となっているとき，これらのデータ $(X, \mathcal{U} = \{U_i\}_i, \{\varphi_i\}_i)$ によって X に C^∞ 多様体の構造が与えられている，あるいは単に X は C^∞ **多様体**であるという．また，n をその次元という．条件が i, j について対称なので，φ_{ij} は微分同相となる．ここに現れる開集合 U_i と φ_i の組 (U_i, φ_i) は，X の局所座標とよばれる．$(X, \mathcal{U}, \{\varphi_i\}_i)$ により X に多様体の構造が与えられているとき，X の開集合 U に対して開被覆 $U = \cup(U \cap U_i)$ を考え，局所座標 φ_i を $U \cap U_i$ に制限することにより，U には自然に C^∞ 多様体の構造が定まる．以下，X の開集合 U には，X の C^∞ 多様体の構造から定まる C^∞ 多様体の構造を考える．

$f : X \to \mathbf{R}$ を X 上の関数とする．φ_i を局所座標，f_{U_i} を f の U_i への制限写像として，その合成 $f_{U_i} \circ \varphi_i^{-1} : \varphi_i(U_i) \to U_i \xrightarrow{f_{U_i}} \mathbf{R}$ がすべての i に対して C^∞ 関数となっているとき，f は X 上の C^∞ 関数であるという．f を X 上の C^∞ 関数とするとき，f の U への制限は C^∞ 多様体 U 上の C^∞ 関数となることがわかる．さらに写像 $f = (f_1, \ldots, f_n) : X \to \mathbf{R}^n$ についても，その成分 $f_1, \ldots, f_n$ が C^∞ 関数であると

き，f は C^∞ 写像であるという．

U を X の開集合，$f : U \to \mathbf{R}^n$ を $\mathbf{R}^n$ のある開集合への同相写像とする．さらに，$U \cap U_i$ が空でない任意の $i \in I$ に対して，合成写像

$$\varphi_i(U \cap U_i) \xrightarrow{(\varphi_i|_{U \cap U_i})^{-1}} U \cap U_i \to f(U \cap U_i)$$

が微分同相となっているとき，(U, f) は U における X の局所座標であるという．先にあげた (U_i, φ_i) は，この意味でも局所座標になっている．

X が C^∞ 多様体で第二可算公理を満たすときは，X はパラコンパクトであることが知られている．

B.1.2　C^∞ 多様体の C^∞ 写像

$(X, \{U_i\}, \{\varphi_i\}), (Y, \{V_j\}, \{\psi_j\})$ をそれぞれ n 次元，m 次元 C^∞ 多様体，$f : X \to Y$ を連続写像とする．任意の j に対して

$$\psi_j \circ f|_{f^{-1}(V_j)} : f^{-1}(V_j) \to V_j \xrightarrow{\psi_j} \mathbf{R}^m$$

が $f^{-1}(V_j)$ 上の C^∞ 関数となっているとき，f は C^∞ 写像であるという．これは，任意の Y の局所座標 (U, ψ) に対して $\psi \circ f|_{f^{-1}(U)}$ が C^∞ 写像であることと同値である．C^∞ 多様体の間の C^∞ 写像は合成について閉じていることが，この言い換えにより容易に導かれる．

B.2　微分形式

B.2.1　外積代数

V を R 上のベクトル空間とするとき，n 個のテンソル積 $V^{\otimes n} = V \otimes \cdots \otimes V$ を考え，その n に関する直和

$$T(V) = \oplus_{k \geq 0} V^{\otimes k} = \mathbf{R} \oplus V \oplus V^{\otimes 2} \oplus \cdots \tag{B.1}$$

をテンソル代数という．$T(V)$ には

$$(v_1 \otimes \cdots \otimes v_i) \cdot (w_1 \otimes \cdots \otimes w_j) = (v_1 \otimes \cdots \otimes v_i \otimes w_1 \otimes \cdots \otimes w_j)$$

という規則で線型写像が定義される．これは結合法則を満たし，この積により $T(V)$ は非可換環になる．さらに，$T(V)$ の R 部分空間で

$$(v_1 \otimes \cdots \otimes v_i \otimes v_{i+1} \otimes \cdots \otimes v_n) + (v_1 \otimes \cdots \otimes v_{i+1} \otimes v_i \otimes \cdots \otimes v_n)$$

という形の元で生成されるものを $R(V)$ とおく. $T(V)$ の $R(V)$ による商空間を $\bigwedge(V)$ と書くと, $T(V)$ の積は $\bigwedge(V)$ の積 "$* \wedge *$" を誘導する. $\bigwedge(V)$ を V の**外積代数**という. $R(V)$ は斉次な関係式なので, $T(V)$ の式 (B.1) の直和分解は, $\bigwedge(V)$ の次数に関する直和分解を誘導する. $V^{\otimes k}$ の像を $\bigwedge^k(V)$ と書き, $v_1 \otimes \cdots \otimes v_n$ の像を $v_1 \wedge \cdots \wedge v_n$ と書く. σ を k 次の置換とすると,

$$v_{\sigma(1)} \wedge \cdots \wedge v_{\sigma(k)} = \mathrm{sgn}(\sigma)(v_1 \wedge \cdots \wedge v_n)$$

という等式が成り立つ. 特に, V が $v_1, \ldots, v_n$ を基底とする有限次元ベクトル空間であれば,

$$\bigwedge^k(V) = \bigoplus_{0 \le i_1 < \cdots < i_k \le n} \mathbf{R}v_{i_1} \wedge \cdots \wedge v_{i_k}$$

となり, 特に $\bigwedge^0(V) = \mathbf{R}, \bigwedge^1(V) = V$ である. また, $\alpha \in \bigwedge^p(V), \beta \in \bigwedge^q(V)$ に対して

$$\alpha \wedge \beta = (-1)^{pq}\beta \wedge \alpha$$

が成り立つ.

これらの構成法から, $\mathbf{R}$ ベクトル空間の同型 $f: V \to W$ に対して次数と積を保つ線型写像 $f: \bigwedge V \to \bigwedge W$ が誘導される. これを言い換えれば, $f \in Hom_{\mathbf{R}}(V, W)$ から $\bigwedge(f) \in Hom_{\mathbf{R}}(\bigwedge V, \bigwedge W)$ が自然に作られることがいえる.

U を C^∞ 多様体 X の開集合とするとき, この構成法を以下のように U でパラメータ付けされた線型写像の族に一般化することができる. $f: U \to Hom_{\mathbf{R}}(V, W)$ を C^∞ 写像であるとする. すなわち, $Hom_{\mathbf{R}}(V, W)$ の基底 $\{b_1, \ldots, b_m\}$ を選び, U の各点 p における f の値 $f(p)$ をその基底の一次結合で

$$f(p) = \sum_{k=1}^{m} c_k(p)b_k$$

と表したとき, $c_k(p)$ がすべての k について C^∞ 関数であるとする. このとき, U の各点において $\bigwedge(f(p))$ を構成することによって得られる写像 $\bigwedge(f): U \to Hom_{\mathbf{R}}(\bigwedge V, \bigwedge W)$ は, C^∞ 写像であることがわかる.

B.2.2 微分形式の定義

X を C^∞ 多様体とする. 局所座標 $\varphi: U \to \mathbf{R}^n$ を, $\mathbf{R}^n$ の座標を用いて $\varphi(p) = (x_1(p), \ldots, x_n(p))$ と書く. 形式的シンボル $dx_1, \ldots, dx_n$ で生成される $\mathbf{R}$ ベクトル空間を

$$T_\varphi^* = \mathbf{R}dx_1 \oplus \cdots \oplus \mathbf{R}dx_n$$

とおく.

定義 B.1 写像 $\omega : U \to \bigwedge T_\varphi^*$ が C^∞ 写像であるとき, ω を局所座標 φ による U 上の微分形式といい, φ による U 上の微分形式の全体の空間を $\mathcal{A}_X(U,\varphi)$ と書く.

X, Y をそれぞれ n, m 次元 C^∞ 多様体, U, V をそれぞれ X, Y の開集合, $f : X \to Y$ を C^∞ 写像で $f(U) \subset V$ を満たすものとし, $\varphi : U \to \mathbf{R}^n = \{x = (x_1, \ldots, x_n)\}$, $\psi : V \to \mathbf{R}^m = \{y = (y_1, \ldots, y_m)\}$ をそれぞれ U, V の局所座標とする. このとき, $T^*f = T^*f_{\varphi,\psi} : U \to Hom_{\mathbf{R}}(T_\psi^*, T_\varphi^*)$ を

$$T^*f(p)(dy_i) = \frac{\partial Y_i}{\partial x_1}(\varphi(p))dx_1 + \cdots + \frac{\partial Y_i}{\partial x_n}(\varphi(p))dx_n$$

により定める. ここで, $\varphi(U)$ 上の関数 $Y_i = Y(x)$ は

$$(Y_1, \ldots, Y_m) = \psi \circ f \circ \varphi^{-1}(x) : \varphi(U) \xrightarrow{\varphi^{-1}} U \xrightarrow{f} V \xrightarrow{\psi} \mathbf{R}^m$$

で定まるものである. $T^*f_{\varphi,\psi}$ は C^∞ 写像なので, 前項の構成法を用いることにより,

$$\bigwedge T^*f_{\varphi,\psi} : U \to Hom_{\mathbf{R}}\left(\bigwedge T_\psi^*, \bigwedge T_\varphi^*\right)$$

なる C^∞ 写像が得られることになる.

$\omega : V \to \bigwedge T_\psi^*$ を $\mathcal{A}_Y(V,\psi)$ とするとき, $p \in U$ に対して

$$f_{\varphi,\psi}^*(\omega)(p) = \left(\bigwedge T^*f_{\varphi,\psi}\right)(p)\big(\omega(f(p))\big)$$

と定めれば, $f_{\varphi,\psi}^*(\omega) : U \to \bigwedge T_\varphi^*$ は C^∞ 写像となる. このようにして ω に対して $f_{\varphi,\psi}^*(\omega)$ を対応させることにより, 線型写像

$$f_{\varphi,\psi}^* : \mathcal{A}_Y(V,\psi) \to \mathcal{A}_X(U,\varphi)$$

が得られる.

次に, X, Y, Z を n, m, l 次元 C^∞ 多様体, U, V, W を X, Y, Z の開集合, $f : X \to Y, g : Y \to Z$ を C^∞ 写像で $f(U) \subset V, g(V) \subset W$ を満たすもの, $\varphi : U \to \mathbf{R}^n, \psi : V \to \mathbf{R}^m, \theta : W \to \mathbf{R}^l$ を U, V, W の局所座標とする. このとき $f(U) \subset W$ なので,

$$f_{\varphi,\psi}^* : \mathcal{A}_Y(V,\psi) \to \mathcal{A}_X(U,\varphi), \quad g_{\psi,\theta}^* : \mathcal{A}_Z(W,\theta) \to \mathcal{A}_Y(V,\psi),$$
$$(g \circ f)_{\varphi,\theta}^* : \mathcal{A}_Z(W,\theta) \to \mathcal{A}_X(U,\varphi)$$

なる写像が得られる. 偏微分に関する鎖公式より,

$$(g \circ f)_{\varphi,\theta}^* = f_{\varphi,\psi}^* \circ g_{\psi,\theta}^*$$

なる関係式が得られる.

さらに，上に定義した f^* を用いて微分形式の貼り合わせを定義しよう．$\{U_i\}_i$ を X の開被覆，$\varphi_i = (x_1^{(i)}, \ldots, x_n^{(i)}) : U_i \to \mathbf{R}^n$ を局所座標とおくと，$T_i^* = T_{\varphi_i}^* = \oplus_{k=1}^n \mathbf{R} dx_k^{(i)}$ で与えられることになる．$\omega_i \in \mathcal{A}_X(U_i, \varphi_i)$ の組 $\omega = \{\omega_i\}_i$ が与えられているとする．$I^{j,i} : U_i \cap U_j \to U_i$ および局所座標 φ_i に対して，前項の構成法を適用すると，

$$(I^{j,i})^*_{\varphi_i, \varphi_i} : \mathcal{A}_X(U_i, \varphi_i) \to \mathcal{A}_X(U_i \cap U_j, \varphi_i)$$

なる写像が自然に定まる．$U_i \cap U_j \neq \emptyset$ であるとき，φ_i, φ_j は $U_i \cap U_j$ 上の二つの局所座標となるので，上の構成を $U_i \cap U_j$ の恒等写像 id に対して用いると，

$$\mathrm{id}^*_{\varphi_j, \varphi_i} : \mathcal{A}_X(U_i \cap U_j, \varphi_i) \to \mathcal{A}_X(U_i \cap U_j, \varphi_j)$$

なる同型が得られる．$U_i \cap U_j \neq \emptyset$ となるとき，ω_i と ω_j が $U_i \cap U_j$ 上で貼り合わされるということを

$$\mathrm{id}^*_{\varphi_j, \varphi_i} \circ (I^{j,i})^*_{\varphi_i, \varphi_i}(\omega_i) = (I^{i,j})^*_{\varphi_j, \varphi_j}(\omega_j)$$

となることとして定める．任意の i, j に対して $U_i \cap U_j$ 上での貼り合わせ条件が満たされるとき（$U_i \cap U_j = \emptyset$ のときは常に満たされていると考える），ω は X 上の局所座標系 $\{\varphi_i\}$ に関する**微分形式**であるといい，局所座標系 $\{\varphi_i\}$ に関する微分形式全体の集合を $\mathcal{A}(X, \{\varphi_i\})$ と書く．X の開被覆 $\mathcal{U} = \{U_i\}_{i \in I}, \mathcal{V} = \{V_j\}_{j \in J}$ が与えられ，$\mathcal{V}$ が $\mathcal{U}$ の細分となっていて，さらに細分写像 $\tau : J \to I$ が $\iota_j : V_j \subset U_{\tau(j)}$ を満たすように与えられているとする．さらに，$\mathcal{U}, \mathcal{V}$ の各開集合における局所座標系 $\{\varphi_i\}, \{\psi_j\}$ が与えられているとする．$\{\varphi_i\}$ に関する微分形式 ω と $\{\psi_j\}$ に関する微分形式 η が同値であるということを，

$$\eta_j = \iota_j^*(\omega_{\tau(j)})$$

がすべての $j \in J$ について成り立つことであるとする．すべての細分とすべての局所座標系に関して，この同値関係で生成される同値関係で微分形式を同一視したものを，単に X 上の微分形式といい，X 上の微分形式全体のなすベクトル空間を $\mathcal{A}(X)$ と書く．細分に関する同値類によって次数と積 $\wedge$ は保たれることから，$\mathcal{A}(X)$ にも次数と積が定義される．

$\bigwedge(I^{j,i})^*_{\varphi_i, \varphi_i}$ は次数を保つ写像なので，$\omega = \{\omega_i\}, \omega_i : U_i \to \bigwedge^k T_i^*$ なる組 ω に対しても貼り合わせ条件が定義され，この条件が満たされるとき，ω は k 次微分形式であるという．X 上の k 次微分形式全体のなすベクトル空間を $\mathcal{A}^k(X)$ と書く．$\bigwedge^0(T_\varphi^*) \simeq \mathbf{R}$ となるので，$\mathcal{A}^0(X)$ は X 上の C^∞ 関数の空間と自然に同一視される．

B.2.3　C^∞ 写像と微分形式

X, Y をそれぞれ n, m 次元 C^∞ 多様体，$f : X \to Y$ を C^∞ 写像，$\mathcal{U} = \{U_i\}_i$, $\mathcal{V} = \{V_j\}_j$ をそれぞれ X, Y の開被覆で任意の $i \in I$ に対してある $j \in J$ が存在して $U_i \subset V_j$ となっているとする．さらに，$\{\varphi_i\}_i, \{\psi_j\}_j (\varphi_i : f(U_i) \to \mathbf{R}^n, \psi_j : V_j \to \mathbf{R}^m)$ をそれぞれ $\mathcal{U}, \mathcal{V}$ の局所座標系として，$\tau : I \to J$ を $f(U_i) \subset V_{\tau(i)}$ となる写像とする．f から誘導される $U_i \to V_{\tau(i)}$ を f_i と書く．

$\omega = \{\omega_j\}_j$ を開被覆 V_j に関する微分形式とするとき $\eta_i = f_i^*(\omega_{\tau(i)})$ とおくと，ω が貼り合わせ条件を満たしていることから，$\eta = \{\eta_j\}$ も貼り合わせ条件を満たしていることがいえ，η は局所座標系 $\{\eta_j\}$ に関する微分形式となる．このようにして $\mathcal{A}(Y, \{\psi_j\})$ から $\mathcal{A}(X, \{\varphi_i\})$ の写像 f^* が定まる．f^* は細分による同値関係を保つことが容易に示され，これから

$$f^* : \mathcal{A}(Y) \to \mathcal{A}(X)$$

なる写像が引き起こされる．この写像を，f によって誘導される写像といい，$f^*\omega$ を ω の f による引き戻しという．これは，積 $\wedge$ と次数を保つ写像である．

B.2.4　外微分

X を C^∞ 多様体，$\mathcal{U} = \{U_i\}$ を開被覆 $\varphi = \{\varphi_i\}$, $\varphi_i = (x_1^{(i)}, \ldots, x_n^{(i)})$ を $\mathcal{U}$ に対する局所座標系とする．X 上の C^∞ 関数 f に対して，$df_{\varphi_i} \in \mathcal{A}_X(U_i, \varphi_i)$ を

$$df_{\varphi_i} = \sum_{k=1}^n \frac{\partial f(x)}{\partial x_k^{(i)}} dx_k^{(i)}$$

と定める．ここで，f は同相 $\varphi_i : U_i \to \varphi_i(U)$ により $\varphi_i(U)$ 上の関数とみなした．このとき，$df_{\{\varphi_i\}} = \{df_{\varphi_i}\}$ は貼り合わせ条件を満たし，$\mathcal{A}^1(X, \{\varphi_i\})$ の元を定める．$df_{\{\varphi_i\}}$ の定める細分に関する同値類は，局所座標系のとり方によらない．この同値類を $df \in \mathcal{A}^1(X)$ と書く．この操作により

$$d : \mathcal{A}^0(X) \to \mathcal{A}^1(X) : f \mapsto df$$

なる $\mathbf{R}$ 線型写像が定まる．この写像を微分という．U_i 上の関数 $x_k^{(i)}$ のこの写像 d による像 $d(x_k^{(i)})$ は，$dx_k^{(i)}$ と一致する．ライプニッツ則から

$$d(fg) = f dg + g df$$

が成り立つ．また，$f : X \to Y$ を C^∞ 写像とすると，$f^* : \mathcal{A}^i(Y) \to \mathcal{A}^i(X)$ $(i = 0, 1)$ は d と協調的である．すなわち，図式

$$\begin{array}{ccc}
\mathcal{A}^0(Y) & \stackrel{d}{\to} & \mathcal{A}^1(Y) \\
f^* \downarrow & & \downarrow f^* \\
\mathcal{A}^0(X) & \stackrel{d}{\to} & \mathcal{A}^1(X)
\end{array}$$

は可換である.

> **命題 B.1** (1) $d : \mathcal{A}^0(X) \to \mathcal{A}^1(X)$ を上に定義した微分とする. d は次の (2)～(4) の性質をもつ線型写像 $d : \mathcal{A}(X) \to \mathcal{A}(X)$ に一意的に延長される. このようにして d を $\mathcal{A}(X)$ にまで延長したものを**外微分**という.
>
> (2) $f : X \to Y$ を C^∞ 写像, $\omega \in \mathcal{A}(Y)$ とすると, $f^* d\omega = d(f^*\omega)$ となる.
>
> (3) $d \circ d = 0$
>
> (4) $f \in \mathcal{A}^0(X), \omega \in \mathcal{A}^i(X)$ $(i = 0,1)$ とするとき, $d(f\omega) = df \wedge \omega + f d\omega$

証明 まず, 局所座標 $\varphi : U \to \mathbf{R}^n = \{(x_1, \dots, x_n)\}$ を固定したときの存在を一意性を述べよう. d が存在したとして, $1 \le i_1 < \cdots < i_k \le n$ とし, $\eta = dx_{i_1} \wedge \cdots \wedge dx_{i_k}$ に対して $d\eta = 0$ であることを帰納法により証明しよう. (2) の性質から得られる等式

$$d(x_{i_1} \wedge dx_{i_2} \wedge \cdots \wedge dx_{i_k}) = \eta + x_{i_1} \wedge d(dx_{i_2} \wedge \cdots \wedge dx_{i_k})$$

の両辺に d を施すと, (3) の性質から左辺は 0 になる. 帰納法の仮定により, 右辺の第 2 項目は 0 なので, $d\eta = 0$ を得る.

d は線型なので, $\omega = f(x)\eta = f(x)dx_{i_1} \wedge \cdots \wedge dx_{i_k}$ に対して $d\omega$ が一意的に定まることをいえばよいが, (4) の性質と $d\eta = 0$ となることから,

$$d\omega = df \wedge \eta + f \wedge d\eta = df \wedge \eta \tag{B.2}$$

となり一意的である. また, 式 (B.2) で定まる写像 $\mathcal{A}(X) \to \mathcal{A}(X)$ は (1), (2) を満たすことは, 計算により確かめられる.

局所座標系 $\{\varphi_i\}$ に対する微分形式 $\omega = \{\omega_i\} \in \mathcal{A}(X, \{\varphi_i\})$ に対して, $d\omega$ を $d\omega = \{d\omega_i\}$ と定義する. このとき $d\omega$ が貼り合わせ条件を満たすことは, 貼り合わせ条件に現れる f^* の形の写像が $d : \mathcal{A}^0(X, \{\varphi_i\}) \to \mathcal{A}^1(X, \{\varphi_i\})$ と交換することと積を保つことから, (1), (2) の性質をもつ d の一意性から得られる. したがって, $d\omega \in \mathcal{A}(X, \{\varphi_i\})$ となる. これは同値関係を保つ.

$\mathcal{A}(X)$ から $\mathcal{A}(X)$ への写像を定めることをいう前に, $X = \cup_{i \in I} U_i, Y = \cup_{j \in J} V_j$ と細分写像 $\tau : I \to J$ を固定したときに得られる自然な写像 $\mathcal{A}(Y, \{\psi_j\}) \to \mathcal{A}(X, \{\varphi_i\})$ が外微分 d と可換となることをいう. これは上と同じ議論で, (1), (2) の性質と $\mathcal{A}^0$ における d と f^* の可換性, および積と f^* の可換性からわかる. また, 細分は $Y = X$ とした特別な場合なので, 細分に関する外微分の協調性もいえて, d は $\mathcal{A}(X)$ から $\mathcal{A}(X)$ への写像を定める.   □

このようにして外微分を定義すると, $a \in \mathcal{A}^p(X), b \in \mathcal{A}^q(X)$ に対して

$$d(\alpha \wedge \beta) = d\alpha \wedge \beta + (-1)^p \alpha \wedge d\beta$$

が成り立つことが確かめられる.

B.2.5 多様体の向き付け

n 次元多様体に対し,開被覆 $X = \cup_i U_i$ と局所座標系 $\varphi_i : U_i \to \mathbf{R}^n$ を考える. $U_i \cap U_j$ において

$$dx_1^{(i)} \wedge \cdots \wedge dx_n^{(i)}|_{U_i \cap U_j} = \rho_{ij} dx_1^{(j)} \wedge \cdots \wedge dx_n^{(j)}|_{U_i \cap U_j}$$

としたとき,任意の i, j に対して ρ_{ij} が $U_i \cap U_j$ 上で常に正となるならば,$\{\varphi_i\}$ は向きに関して協調的な局所座標系であるという. 向きに関して協調的な局所座標系がとれるとき,その多様体は向き付け可能であるといい,この局所座標系は向きを与える局所座標系であるという.

B.3 ポアンカレの双対定理と双一次形式

X をリーマン面とする. 以下,X には有限な単純被覆が存在するものと仮定する. このとき,ド・ラムの定理(命題 8.2)およびポアンカレの双対定理(定理 8.10)により,同型

$$\iota : H_1(X, \mathbf{R}) \xrightarrow{\cong} H_{dR}^1(X, \mathbf{R})$$

が成り立ち,命題 8.4 により,

$$\langle \delta, \gamma \rangle = \int_\delta \iota(\gamma)$$

が成り立つ.

命題 B.2 このとき,$\langle \gamma, \delta \rangle = \int_X \iota(\gamma) \wedge \iota(\delta)$ が成り立つ.

証明 リーマン面を図 B.1 のように分解して,$\alpha_1, \ldots, \alpha_g, \beta_1, \ldots, \beta_g$ を同図の双対基底とする. $\iota(\alpha_i), \iota(\beta_i)$ の代表元,つまり

$$-\int_{\alpha_i} \iota(\beta_j) = \int_{\beta_i} \iota(\alpha_j) = \delta_{ij}, \quad \int_{\alpha_i} \iota(\alpha_j) = \int_{\beta_i} \iota(\beta_j) = 0$$

が成り立つ微分形式を次のように構成する. まず,図 B.2 のように $\mathbf{R}^2$ 上に $D = [0,1] \times [0,1]$ をとり,$[2/5, 3/5] \times [2/5, 3/5]$ で 0 を,$[1/5, 4/5] \times [1/5, 4/5]$ の外側で 1 をとる滑らかな関数 φ をとる. 微分形式 ω, η を $\omega = d(\varphi x)$,$\eta = -d(\varphi y)$ と定める. 図 B.2 のように $\alpha_i, \alpha_i', \beta_i, \beta_i'$

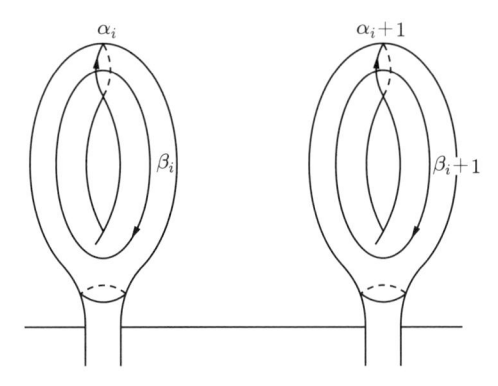

図 B.1 リーマン面の分解

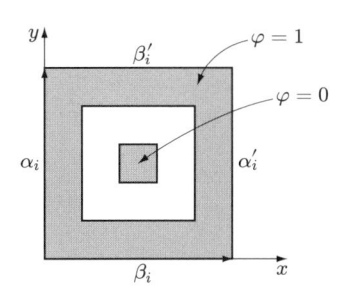

図 B.2 関数 φ の定義域

と道をとり，α_i と α'_i，β_i と β'_i を貼り合わせてトーラスを作る．このとき，α_i, β_i 上では $\omega = dx, \eta = -dy$ と思ってよいので，ω, η はトーラス上の微分形式に貼り合わされて，

$$\int_{\beta_i} \omega = -\int_{\alpha_i} \eta = 1, \quad \int_{\beta_i} \eta = \int_{\alpha_i} \omega = 0$$

となる．$[2/5, 3/5] \times [2/5, 3/5]$ の中では微分形式は 0 なので，貼り合わせをこの領域をくりぬいたところで行うことにして，微分形式 ω, η をリーマン面内の穴あきトーラスの補集合の上に 0 で拡張すると，$\omega = \iota(\alpha_i), \eta = \iota(\beta_i)$ としてよい．そこで，次のようになる．

$$\int_X \iota(\beta_i) \wedge \iota(\alpha_i) = \int_X \eta \wedge \omega = \int_{[0,1] \times [0,1]} -d(\varphi y) \wedge \omega$$

$$= \int_{\partial([0,1] \times [0,1])} -\varphi y \omega = \int_{\partial([0,1] \times [0,1])} -y dx = 1$$

$\square$

付録 C

ホモロジー代数

この付録では，本書で用いられるホモロジー代数の基本事項についてまとめてお
く．より進んだトピックスについては，[Sh] を参照されたい．

C.1 複 体

加群の集合 $\{K^i\}_{i \in 0,1,2,\dots}$ と準同型の集合 $\{d_i : K^i \to K^{k+1}\}_{i=0,1,2,\dots}$ が与えられ
ているとする．この状況を

$$0 \to K^0 \xrightarrow{d_0} K^1 \xrightarrow{d_1} K^2 \xrightarrow{d_2} \cdots$$

と表す．

定義 C.1 (1) この加群の集合と準同型の集合の組 $K^{\bullet} = (\{K^i\}_i, \{d_i\}_i)$ が $d_{i+1} \circ d_i = 0$ $(i = 0, 1, 2)$ を満たすとき，$K^{\bullet}$ を**複体**といい，d_i を複体の微分という．加群 K^i は複体の i 次成分とよばれる．場合によっては，

$$\cdots \xrightarrow{\partial_3} C_2 \xrightarrow{\partial_2} C_1 \xrightarrow{\partial_1} C_0 \to 0$$

なる加群と準同型の集合が与えられているときもある．このときも，$\partial_{i-1} \circ \partial_i = 0$ $(i = 1, 2, \dots)$ となっているとき，この加群と準同型の組 $C_{\bullet} = (\{C_i\}_i, \{\partial_i\}_i)$ も複体という．特に番号が下がる方向に微分が定義されていることを強調したいときには，このタイプの複体を鎖複体という．

(2) $K^{\bullet}$ を複体とする．**完全部分群** $B^i(K)$，**閉部分群** $Z^i(K)$ を

$$B^i(K) = \mathrm{Im}(d_{i-1} : K^{i-1} \to K^i)$$
$$Z^i(K) = \mathrm{Ker}(d_i : K^i \to K^{i+1})$$

と定義する．B_i の元を i 次のコバウンダリーといい，Z_i の元を i 次のコサイクルという．K^i が複体であることから，$B^i(K) \subset Z^i(K)$ が成り立つ．$C_{\bullet}$ が鎖複体のときは，

$$B_i(C) = \mathrm{Im}(d_{i-1} : C_{i+1} \to C_i)$$

$$Z_i(C) = \mathrm{Ker}(d_i : C_i \to C_{i-1})$$

と定義する.

(3) $K^\bullet$ の i 次**コホモロジー群** $H^i(K^\bullet)$ を

$$H^i(K^\bullet) = Z^i(K)/B^i(K)$$

と定義する.$C_\bullet$ が鎖複体のときにも,i 次**ホモロジー群** $H_i(C_\bullet)$ を

$$H_i(C_\bullet) = Z_i(C)/B_i(C)$$

と定義する.

(4) $K^\bullet$ を複体とし,$H^*(K^\bullet)$ を $K^\bullet$ のコホモロジーとする.任意の i について $H^i(K^\bullet) = 0$ となるとき,$K^\bullet$ は完全列という.特に,

$$0 \to K \xrightarrow{f} L \xrightarrow{g} M \to 0$$

が完全列であるとは,f が単射,g が全射であり,$\mathrm{Ker}(g) = \mathrm{Im}(f)$ となることである.このような完全列を**短完全列**という.

複体の代表的な例として,C^∞ 多様体の C^∞ 微分形式のなす複体

$$\mathcal{A}^\bullet(X) : 0 \to \mathcal{A}^0(X) \xrightarrow{d} \mathcal{A}^1(X) \xrightarrow{d} \mathcal{A}^2(X) \xrightarrow{d} \cdots$$

がある.この複体をド・ラム複体という.$\mathcal{A}^\bullet(X)$ のコホモロジー $H^i(\mathcal{A}^\bullet(X))$ を i 次ド・ラム・コホモロジーといい,$H^i_{dR}(X, \mathbf{R})$ と書く.鎖複体の代表的な例として,C^∞ 多様体の特異鎖複体 $C_\bullet(X)$ がある.特異鎖複体の i 次ホモロジー $H_i(C_\bullet)$ を特異ホモロジーという.

X, Y を C^∞ 多様体として,$f : X \to Y$ を C^∞ 写像とするとき,X の微分形式を Y に引き戻すことにより,微分形式の空間の間の準同型 $\mathcal{A}^i(Y) \to \mathcal{A}^i(X)$ が引き起こされるが,これは外微分 d と交換する.このような状況は,複体を扱うときしばしば現れる.より一般の状況で,複体の準同型を下のように定義する.

定義 C.2 (1) $K^\bullet$ と $L^\bullet$ を二つの複体とするとき,各 i 次成分の間の写像 $f^i : K^i \to L^i$ の組 $f^\bullet = \{f^i\}_i$ であって下の図式が可換になるものを,複体の準同型という.

$$
\begin{array}{ccccccc}
\cdots & \xrightarrow{d} & K^i & \xrightarrow{d} & K^{i+1} & \xrightarrow{d} & \cdots \\
& & \downarrow f^i & & \downarrow f^i & & \\
\cdots & \xrightarrow{d} & L^i & \xrightarrow{d} & L^{i+1} & \xrightarrow{d} & \cdots
\end{array}
$$

複体の準同型を $f^\bullet : K^\bullet \to L^\bullet$ と書く.

(2) $K^\bullet, L^\bullet, M^\bullet$ を三つの複体として，$f^\bullet : K^\bullet \to L^\bullet$, $g^\bullet : L^\bullet \to M^\bullet$ を二つの複体の準同型とする．各 i について

$$0 \to K^i \xrightarrow{f^i} L^i \xrightarrow{g^i} M^i \to 0$$

が短完全列であるとき，

$$0 \to K^\bullet \xrightarrow{f^\bullet} L^\bullet \xrightarrow{g^\bullet} M^\bullet \to 0$$

は複体の短完全列という.

命題 C.1　(1)　$K^\bullet, L^\bullet$ を二つの複体として，$f^\bullet : K^\bullet \to L^\bullet$ を複体の準同型とする．このとき，$f = f^\bullet$ は自然な準同型

$$H^i(K^\bullet) \xrightarrow{H(f)} H^i(L^\bullet)$$

を誘導する．また，$f : K^\bullet \to L^\bullet$, $g : L^\bullet \to M^\bullet$ を二つの複体の準同型とするとき，

$$H(g \circ f) = H(g) \circ H(f) : K^\bullet \to M^\bullet$$

である（関手性）.

(2)　$f : K^\bullet \to L^\bullet$ を複体の準同型とする．$\{\theta^n\}$ を $\theta^n : K^n \to L^{n-1}$ なる準同型の組で，$f = d\theta + \theta d$ であるとすると，$H(f) : H^n(K^\bullet) \to H^n(L^\bullet)$ は 0 写像である（ホモトピー不変性）.

定理 C.2（ポアンカレの補題）　X を n 次元開球 $\{(x_1,\ldots,x_n) \in \mathbf{R}^n \mid x_1^2 + \cdots + x_n^2 < 1\}$ とする．このとき，次の列は完全列である.

$$0 \to \mathbf{R} \xrightarrow{\iota} \mathcal{A}^0(X) \xrightarrow{d} \mathcal{A}^1(X) \xrightarrow{d} \cdots \xrightarrow{d} \mathcal{A}^n(X) \to 0$$

ここで，ι は自然な単射である.

C.2　連結準同型と複体の長完全列

複体の短完全列

$$0 \to K^\bullet \xrightarrow{f^\bullet} L^\bullet \xrightarrow{g^\bullet} M^\bullet \to 0 \tag{C.1}$$

を考える.

$H^i(M)$ から $H^{i+1}(K)$ への準同型 δ を以下のようにして定義する.

$$
\begin{array}{ccccc}
& & (l_{i-1} \in L^i) & \xrightarrow{g} & (m_{i-1} \in M^i) \\
& & d \downarrow & & d \downarrow \\
(k_i \in K^i) & \xrightarrow{f} & (l_i, l_i' \in L^i) & \xrightarrow{g} & (m_i \in M^i) \\
d \downarrow & & d \downarrow & & d \downarrow \\
(k_{i+1} \in K^i) & \xrightarrow{f} & (dl_i, dl_i' \in L^i) & \xrightarrow{g} & (0 \in M^i)
\end{array}
$$

以下の説明において,加群とその元の関係は上の図式で与えられている.$\overline{m_i}$ を $H^i(M)$ の元として,その $Z^i(M)$ における代表元 m_i を考える.まず,$g(l_i) = m_i$ となる $l_i \in L^i$ をとる.このとき dl_i が $\mathrm{Ker}(g)$ に入ることは,$gd(l_i) = dg(l_i) = dm_i = 0$ となることからわかる.したがって,$f(k_{i+1}) = dl_i$ となる $k_{i+1} \in K^{i+1}$ が存在する.$k_{i+1} \in Z^{i+1}(K)$ であること,つまり $dk_{i+1} = 0$ であることは,$fdk_{i+1} = df(k_{i+1}) = ddl_i = 0$ となることと f の単射性からわかる.$\delta([m_i]) = [k_{i+1}] \in H^{i+1}(M)$ と定める.この定め方において,選んだ l_i のとり方によらないことを確かめる.$g(l_i) = g(l_i')$ とすると $f(k_i) = l_i - l_i'$ となる k_i が存在するので,$dl_i - dl_i' = df(k_i) = fdk_i$ となる.したがって,$f(k_{i+1}') = dl_i'$ となる k_{i+1}' を考えると,$f(k_{i+1} - k_{i+1}') = dl_i - dl_i' = fd(k_i)$ となり $k_{i+1} - k_{i+1}' = dk_i$ であるので,$H^{i+1}(K)$ 内で同じコホモロジー類を定める.

さらに,写像 δ は $[m_i]$ の代表元のとり方によらないことを確かめよう.実際,$m_i = dm_{i-1}$ とすると,$g(l_{i-1}) = m_{i-1}$ となるようにとれば,$gdl_{i-1} = dg(l_{i-1}) = dm_{i-1}$ なので,上の定義における l_i として dl_{i-1} をとることができる.このとき $dl_i = ddl_{i-1} = 0$ なので,定義における $k_i = 0$ となる.したがって,$\overline{m_i}$ の代表元 m_i のとり方によらない.

▌**定義 C.3** 上のようにして定まる $\delta: H^i(M) \to H^{i+1}(K)$ を連結準同型という.

▌**定理 C.3** 複体の完全列 (C.1) を考える.このとき,次の列は完全列である.

$$
\begin{array}{ccccccc}
\cdots \to & H^i(K^{\bullet}) & \xrightarrow{H(f)} & H^i(L^{\bullet}) & \xrightarrow{H(g)} & H^i(M^{\bullet}) & \xrightarrow{\delta} \\
& H^{i+1}(K^{\bullet}) & \xrightarrow{H(f)} & H^{i+1}(L^{\bullet}) & \xrightarrow{H(g)} & H^{i+1}(M^{\bullet}) & \to \cdots
\end{array}
$$

▌この完全列を,複体の短完全列に付随する**長完全列**という.

証明 (1) $H^i(K^{\bullet}) \xrightarrow{H(f)} H^i(L^{\bullet}) \xrightarrow{H(g)} H^i(M^{\bullet})$ の完全性.

次の図式を考える.

$$(l_{i-1} \in L^{i-1}) \xrightarrow{g} (m_{i-1} \in M^{i-1})$$
$$d \downarrow \qquad\qquad d \downarrow$$
$$(k_i \in K^i) \xrightarrow{f} (l_i \in L^i) \xrightarrow{g} (m_i \in M^i)$$
$$d \downarrow \qquad\qquad d \downarrow$$
$$(dk_i \in K^{i+1}) \xrightarrow{f} (d(dl_{i-1} - l_i) \in L^{i+1})$$

$K^\bullet \to L^\bullet \to M^\bullet$ が 0 写像であることから，$H(g) \circ H(f) = 0$ は関手性より明らかである．$\mathrm{Ker}(H(g)) \subset \mathrm{Im}(H(f))$ を示す．$l_i \in Z^i L$ として $gl_i \in B^i K$ とすると，ある $m_{i-1} \in M^{i-1}$ が存在して $gl_i = dm_{i-1}$ となる．そこで，全射性を用いて $gl_{i-1} = m_{i-1}$ なる l_{i-1} をとれば $gdl_{i-1} = dgl_{i-1} = dm_{i-1} = gl_i$ となり，$dl_{i-1} - l_i \in \mathrm{Ker}(g)$ となるので，ある k_i が存在して $fk_i = dl_{i-1} - l_i$ となる．k_i が $Z^i K$ の元であることは，$fdk_i = dfk_i = ddl_{i-1} - dl_i = 0$ と f の単射性によりわかる．

(2) $H^i(L^\bullet) \xrightarrow{H(g)} H^i(M^\bullet) \xrightarrow{\delta} H^{i+1}(K^\bullet)$ の完全性．

次の図式を考える．

$$(k_i \in K^i) \xrightarrow{f} (l_i \in L^i) \xrightarrow{g} (m_i \in M^i)$$
$$d \downarrow \qquad\qquad d \downarrow$$
$$(k_{i+1} \in K^{i+1}) \xrightarrow{f} (dl_i \in L^{i+1})$$

$\delta \circ H(g) = 0$ を示す．$l_i \in Z^i(L), m_i = gl_i$ として，$\delta([m_i])$ を計算するために，$gl_i = m_i$ および $dl_i = fk_{i+1}$ となる k_{i+1} を用いて $\delta([m_i]) = [k_{i+1}]$ とすればよい．ところが，$dl_i = 0$ と f の単射性から $k_{i+1} = 0$ であるので，$\delta[m_i] = 0$ である．次に，$\mathrm{Ker}(\delta) \subset \mathrm{Im}(H(g))$ を示す．$\delta[m_i] = 0$ とすると，$gl_i = m_i, dl_i = fk_{i+1}$ が存在して $k_{i+1} \in B^{i+1}K$ となる．したがって，ある k_i が存在して $k_{i+1} = dk_i$ となるので，$d(fk_i - l_i) = fdk_i - dl_i = fk_{i+1} - dl_i = 0$ となり $fk_i - l_i \in Z^i L$ となる．よって，$m_i = gl_i = g(fk_i - l_i)$ なので $[m_i] \in \mathrm{Im}\, H(g)$ となる．

(3) $H^{i-1}(M^\bullet) \xrightarrow{\delta} H^i(K^\bullet) \xrightarrow{H(f)} H^i(L^\bullet)$ の完全性．

次の図式を考える．

$$(l_{i-1} \in L^{i-1}) \xrightarrow{f} (m_{i-1} \in M^{i-1})$$
$$d \downarrow$$
$$(k_i \in K^i) \xrightarrow{f} (dl_{i-1} \in L^i)$$

$H(f) \circ H(\delta) = 0$ を示そう．$\delta([m_{i-1}])$ を計算するためには，$gl_{i-1} = m_{i-1}, dl_{i-1} = fk_i$ となる l_{i-1}, k_i を選んで，$\delta([m_{i-1}]) = [k_i]$ とすればよい．したがって，$H^i(L)$ では $H(f) \circ \delta([m_{i-1}]) = [fk_i] = [dl_{i-1}] = 0$ となるので，$H(f) \circ \delta = 0$ となる．次に，$\mathrm{Ker}(H(f)) \subset \mathrm{Im}(\delta)$ を示す．$[k_i] \in \mathrm{Ker}(H(f))$ とすると，$fk_i = dl_{i-1}$ となる l_{i-1} が存在する．$m_{i-1} = gl_{i-1}$ とおけば $dm_{i-1} = dgl_{i-1} = gdl_{i-1} = gfk_i = 0$ となるので，$m_{i-1} \in Z^{i-1}M$ となる．したがって，$\delta([m_{i-1}]) = [k_i]$ となり，$[k_i] \in \mathrm{Im}(\delta)$ となる． $\qquad\square$

C.3 二重複体と全複体

$i = 0, 1, \ldots$ それぞれに対して,複体

$$K^{i\bullet} = (K^{i0} \xrightarrow{d} K^{i1} \xrightarrow{d} K^{i2} \to \cdots)$$

と複体の写像 $\delta_i : K^{i\bullet} \to K^{i+1,\bullet}$ が与えられているとする.すなわち,下の可換図式

$$
\begin{array}{ccccccc}
K^{i0} & \xrightarrow{d} & K^{i1} & \xrightarrow{d} & K^{i2} & \to \cdots \\
\downarrow \delta_i & & \downarrow \delta_i & & \downarrow \delta_i & \\
K^{i+1,0} & \xrightarrow{d} & K^{i+1,1} & \xrightarrow{d} & K^{i+1,2} & \to \cdots
\end{array}
$$

が与えられているとする.さらに $\delta_{i+1} \circ \delta_i = 0$ が成り立つとき,組 $((K^{i\bullet})_i, \delta_i)$ は二重複体とよばれ,$K^{\bullet\bullet}$ と書く.二重複体 $K^{\bullet\bullet}$ に対して,次数付き加群 $\mathrm{tot}(K^{\bullet\bullet})$ を $\mathrm{tot}(K^{\bullet\bullet})^p = \oplus_{i+j} K^{ij}$ と定める.さらに,次数を一つ上げる線型写像 $d_{\mathrm{tot}} : \mathrm{tot}(K^{\bullet\bullet})^p \to \mathrm{tot}(K^{\bullet\bullet})^p$ を,$k \in K^{ij}$ に対して

$$d_{\mathrm{tot}}(k) = \delta_i(k) + (-1)^i d(k) \in K^{i+1,j} \oplus K^{i,j+1}$$

によって定義すると,$d_{\mathrm{tot}} \circ d_{\mathrm{tot}} = 0$ となり,$(\mathrm{tot}(K^{\bullet\bullet}), d_{\mathrm{tot}})$ は複体となる.これを二重複体の全複体といい,$\mathrm{tot}(K^{\bullet\bullet})$ と略記する.

定理 C.4 $K^{i\bullet}$ を次数が 0 から始まる複体,$\cdots \to K^{i\bullet} \xrightarrow{\delta} K^{i+1,\bullet} \to \cdots$ を二重複体とする.さらに,次数が 0 以上の複体

$$(L^\bullet, \delta) = (L^0 \to L^1 \to \cdots \to L^i \to)$$

と,

$$
\begin{array}{ccc}
L^i & \xrightarrow{\epsilon_i} & K^{i0} \\
\delta \downarrow & & \downarrow \delta \\
L^{i+1} & \xrightarrow{\epsilon_{i+1}} & K^{i+1,0}
\end{array}
$$

が可換になるような ϵ_i が与えられていて,

$$0 \to L^i \xrightarrow{\epsilon_i} K^{i0} \to K^{i1} \to K^{i2} \to \tag{C.2}$$

が複体となっているとする.さらに,すべての i に対して,式 (C.2) が完全であるとする.このとき,自然な複体の写像

$$L^\bullet \to \mathrm{tot}(K^{\bullet\bullet})$$

が定義され，誘導されるコホモロジーの写像

$$H^i(L^\bullet) \to H^i(\text{tot}(K^{\bullet\bullet}))$$

は同型である．

証明 $k \geq 0$ として，式 (C.2) で定義される複体を $M^{i\bullet}$ とおき，2 重複体

$$M_k^{\bullet\bullet} = (M^{0\bullet} \to M^{1\bullet} \to \cdots \to M^{k\bullet})$$

を考える．この 2 重複体の全複体は完全であることを，k に関する帰納法で証明する（この主張は，$L^\bullet = 0$ としたときの定理の主張の特別な場合である）．$k = 0$ のときは $\text{tot}(M_0^{**})$ が完全であることは，式 (C.2) の仮定により成り立つ．また，

$$0 \to \text{tot}(M_{k-1}^{\bullet\bullet}) \to \text{tot}(M_k^{\bullet\bullet}) \to M^{k\bullet} \to 0$$

が複体の完全列であることから，コホモロジーの完全列

$$\to H^i(\text{tot}(M_{k-1}^{\bullet\bullet})) \to H^i(\text{tot}(M_k^{\bullet\bullet})) \to H^i(\text{tot}(M^{k\bullet})) \to H^{i+1}(\text{tot}(M_{k-1}^{\bullet\bullet}))$$

より，式 (C.2) の仮定と帰納法の仮定により $H^i(\text{tot}(M_k^{\bullet\bullet})) = 0$ が成り立ち，k のときの完全性もいえる．i を固定するとき，k を十分大きくとると $H^i(\text{tot}(M^{\bullet\bullet})) = H^i(\text{tot}(M_k^{\bullet\bullet})) = 0$ となるので，$\text{tot}(M^{\bullet\bullet})$ は完全列となる．

今度は

$$0 \to \text{tot}(K^{\bullet\bullet})[-1] \to \text{tot}(M^{\bullet\bullet}) \to L^\bullet \to 0$$

という複体の完全列を考える．ここで，複体 $N^\bullet$ に対して，$N^\bullet[m]$ は次数付けを $(N[m])^p = N^{m+p}$ として，微分 d をそのまま用いた複体である．コホモロジーの完全列

$$\begin{array}{ccccccccc}
\to & H^i(\text{tot}(M^{\bullet\bullet})) & \to & H^i(L^\bullet) & \to & H^i(\text{tot}(K^{\bullet\bullet})) & \to & H^{i+1}(\text{tot}(M^{\bullet\bullet})) & \to \\
 & \| & & & & & & \| & \\
 & 0 & & & & & & 0 &
\end{array}$$

により，定理を得る． $\square$

付録 D

楕円型作用素のフレドホルム性

D.1 主定理とその証明に使われる命題

D.1.1 二つの主定理

X を n 次元 C^∞ コンパクト多様体，E, F をともに階数が r の C^∞ 実ベクトル束，$C^\infty(X, E), C^\infty(X, F)$ を可微分切断のなすベクトル空間とする．さらに，

$$P : C^\infty(X, E) \to C^\infty(X, F)$$

を k 階楕円型 C^∞ 微分作用素とする．この章の目的は，次の定理の概略を述べることである．

定理 D.1（フレドホルム性） $\mathrm{Ker}(P), \mathrm{Coker}(P)$ は有限次元である．

この定理の証明のために次の定理 D.2 を示す．これを述べるには，内積を定義する必要がある．$C^\infty(X, E)$ 上の内積を定義するために，二つの有限被覆 $\cup_{i \in I} U_i$ と $\cup_{i \in I} V_i$ で次の性質をもつものをとる．

(1) 任意の $i \in I$ について $\overline{U_i} \subset V_i$ となる．

(2) $(E, | * |_E), (F, | * |_F)$ は開集合 V_i 上で自明化される．

(3) V_i は $[0, 2\pi]^n \subset \mathbf{R}^n$ の開集合と向きを保つ微分同相で，これが写像 $\varphi_i : V_i \to \mathbf{R}^n$ で与えられる．

さらに，この有限被覆に対して，実数値 C^∞ 関数族 $\{\omega_i\}_{i \in I}$ で次の性質をもつものをとる．

(1) $\mathrm{supp}(\omega_i) \subset V_i$ である．

(2) $x \in U_i$ であれば $\omega_i(x) = 1$ である（$\{\omega_i\}$ は 1 の分解ではない）．

(3) すべての x について，$0 \le \omega_i(x) \le 1$ である．

大域的 n 次 C^∞ 微分形式 ω_X を

$$\omega_X = \sum_i \omega_i^2 \varphi_i^*(dx_1 \wedge \cdots \wedge dx_n) \tag{D.1}$$

とおく．ω_X は体積形式とよばれる．さらに，E, F 上に C^∞ な内積 $(,)_E, (,)_F$（各点

ごとの内積であって，座標に関して係数が C^∞ で書けるもの）を固定する．このとき，$C^\infty(X, E)$ には，

$$\langle s, t \rangle = \int_X (s, t)_E \omega_X \tag{D.2}$$

により内積が定まる．この内積から，$\|s\| = \sqrt{(s, s)}$ によりノルムが定まる．また，E, F の内積と X の体積形式 ω_X を定めると，P の形式的随伴 P^*

$$P^* : C^\infty(X, F) \to C^\infty(X, E)$$

が定まり，P^* も楕円型作用素となる．このとき，次が成り立つ．

定理 D.2

$$C^\infty(X, E) = \mathrm{Ker}(P) \oplus \mathrm{Im}(L^*)$$
$$C^\infty(X, F) = \mathrm{Ker}(P^*) \oplus \mathrm{Im}(L)$$

P と P^* はまったく対称なので，上の式と $\mathrm{Ker}(P)$ の有限次元性が示されれば，$\mathrm{Coker}(P)$ の有限次元性が示されたことになる．また，内積 $\langle *, * \rangle$ により $C^\infty(X, E)$ は前ヒルベルト空間となるので，完備化をすることにより，ヒルベルト空間 $L^2(X, E)$ が得られる．

　D.2 節からの証明には関数解析の手法が用いられる．D.1 節の残りでは，そこで用いられるソボレフ空間などの定義および，定理 D.1, D.2 の証明で用いられる命題 D.4〜D.6 について述べる．これらの命題の証明は D.3 節以降で行われる．

D.1.2 多様体のソボレフ・ノルム

C^∞ 多様体 X とその C^∞ ベクトル束 E に関する**ソボレフ・ノルム**，および**ソボレフ空間**を定義する．まず，ソボレフ・ノルムを定義しよう．X の二つの有限被覆 $\cup_{i \in I} U_i$ と $\cup_{i \in I} V_i$ と実数値 C^∞ 関数族 $\{\omega_i\}_{i \in I}$ で，$L^2(X, E)$ を定義したものをとる．E の階数を r として，$V = \mathbf{C}^r$ とおく．さらに，E の V_i における自明化を与える局所基底を取り替えることにより，開集合 V_i 上で，$(E, | * |_E)$ は $(V, | * |_V)$ と内積空間として同型となるようにする．

定義 D.1 (1) f をコンパクト台をもつ $A = \mathbf{R}^n$ 上の V 値 C^∞ 関数とする．f の k ソボレフ・ノルム $\| * \|_k^{st}$ を

$$\|f\|_k^{st} = \sum_{|\alpha| \le k} \int_{\mathbf{R}^n} |D^\alpha f(x)|_V^2 dx_1 \cdots dx_n$$

と定義する．ここで，$|*|_V$ は V の標準ノルム，$\alpha = (\alpha_1, \ldots, \alpha_n)$ は 0 以上の整数を成分とするベクトル，$|\alpha| = \alpha_1 + \cdots + \alpha_n$，$D^\alpha$ は高階の偏微分

$$D^\alpha f(x) = \frac{\partial^{|\alpha|}}{\partial x_1^{\alpha_1} \cdots \partial x_n^{\alpha_n}} f(x)$$

である．

(2) X のソボレフ・ノルムを $f \in C^\infty(X, E)$ に対して

$$\|f\|_k = \sum_i \|\omega_i f\|_k^{st}$$

と定義する．ここで，ω_i は式 (D.1) で用いられたもの，$\omega_i f$ は台が V_i に含まれている $C^\infty(X, E)$ の元なので，V_i 上の局所座標と $(E, |*|_E)$ の自明化を用いて，f を V_i 以外では値 0 をとる $\mathbf{R}^n$ 上の V 値 C^∞ 関数とみなした．

(3) ソボレフ・ノルム $\|*\|_k$ に関する $C^\infty(X, E)$ の完備化をソボレフ空間といい，$W_k(X, E)$ と書く．ソボレフ空間はヒルベルト空間となる．

補題 D.3 (1) 自然数 r に対して，ある $C > 0$ が存在して $\|v\|_r \leq C\|v\|_{r+1}$ となる．特に，$W_{r+1}(X, E) \subset W_r(X, E)$ なる単射がある．

(2) $C^\infty(X, E)$ 上において，二つのノルム $\|*\|_0$ と $\|*\|$ は等しい．したがって，$W_0(X, E) = L^2(X, E)$ となる．

証明 (1) は定義により明らかである．

(2)

$$\|f\|_0 = \sum_i \|\omega_i f\|_0^{st} = \sum_i \int_{\mathbf{R}^n} |\omega_i f|_V^2 \, dx_1 \cdots dx_n$$
$$= \int_X |f|_E^2 \sum_i \varphi_i^*(\omega_i^2 \, dx_1 \wedge \cdots \wedge dx_n) = \int_X |f|_E^2 \, \omega_X$$

$\square$

D.1.3 証明に用いられる命題

ソボレフ・ノルムを用いて，定理 D.1, D.2 の証明に使われるいくつかの命題を述べる．これらの命題の証明は D.3 節以降に述べる．

命題 D.4 $W_0(X, E) = L^2(X, E)$ で，$\|*\|_0$ は $\|*\|$ と同値である．$0 < r < r'$ とすると，$W_{r'}(X, E)$ のノルム $\|*\|_{r'}$ に関する任意の有界列は，$W_r(X, E)$ のノルム

によるトポロジーでのコーシー列を含む（レリッヒの定理）．

任意の無限点列が収束する無限部分列を含むとき，相対コンパクトであるという．

命題 D.5（微分作用素の延長，アプリオリ評価，楕円型評価） P, P^* を k 階の楕円型偏微分作用素と，その形式的随伴作用素とする．これらは，$W_{k+l}(X, E) \to W_l(X, F)$，$W_{k+l}(X, F) \to W_l(X, E)$ なる連続線型写像 P_{k+l}, P^*_{k+l} に拡張される．また，ある $c > 0$ が存在して，$u \in W_{r+k}$ に対して

$$||u||_{l+k} < c(||P(u)||_l + ||u||_l) \tag{D.3}$$

が成り立つ．この評価は楕円型評価（あるいはアプリオリ評価）といわれる．

以上の命題を用いて，P を $W_k(E) \to W_0(F)$ に拡張した P_k に関して，$\mathrm{Ker}(P_k)$ の有限次元性と直和分解を次節で証明する．実際にそれらが C^∞ 切断上における有限次元性を導くことをいうには，次の正則性の定理が必要となる．

命題 D.6（正則性定理） (1) α が $W_k(E)$ の元で $P_k(\alpha)$ が $C^\infty(E)$ の元であれば，α は $C^\infty(E)$ の元である．

(2) $\alpha \in W_0(E), \beta \in W_0(F)$ が任意の $x \in C^\infty(E)$ に対して

$$(x, \alpha)_E = (P(x), \beta)_F$$

を満たせば，$\beta \in W_k(F)$ であって $\alpha = P^*(\beta)$ である．

D.2 命題を仮定した定理の証明

前節の命題 D.4〜D.6 の仮定のもとで，定理 D.1, D.2 の証明を述べる．ここで使われるヒルベルト空間における一般論については，[K1] を参照のこと．

定理 D.1 の証明

命題 D.7 (1) P の拡張

$$P_k : W_k(E) \to W_0(F)$$

に対して，$\mathrm{Ker}(P_k)$ は有限次元である．

(2) $\mathrm{Ker}(P) = \mathrm{Ker}(P_k)$ である．

証明 (1) $v \in \mathrm{Ker}(P_k)$ とすると，楕円型評価により，

$$||v||_k \leq c(||P_k(v)||_0 + ||v||_0) = c||v||_0$$

となる．ベクトル空間 $\mathrm{Ker}(P_k)$ の中で $||*||_0$ ノルムに関する有界集合は，上の不等式により，$||*||_k$ ノルムに関する有界集合となり，レリッヒの定理により，これは $||*||_0$ 位相で相対コンパクトになる．したがって，$\mathrm{Ker}(P_k)$ は有限次元[†]となる．

(2) $\mathrm{Ker}(P) = C^\infty(E) \cap \mathrm{Ker}(P_k)$ より，$\mathrm{Ker}(P) \subset \mathrm{Ker}(P_k)$ となる．逆に $\alpha \in W_k(E)$ に対して，$P_k(\alpha) = 0$ であれば，命題 D.6(1) により，$\alpha \in \mathrm{Ker}(P)$ となる． □

定理 D.2 の証明の前に，いくつか補題を証明する．$T = L^2(E) \oplus L^2(F)$ は，直交内積 $||(e,f)||_T = ||e||_L^2 + ||f||_L^2$ $(e \in E, f \in F)$ によりヒルベルト空間になる．線型写像

$$(\mathrm{id}, P) : C^\infty(E) \to L^2(E) \oplus L^2(F) : \alpha \mapsto (\alpha, P(\alpha))$$

$$(-P^*, \mathrm{id}) : C^\infty(F) \to L^2(E) \oplus L^2(F) : \beta \mapsto (P^*(\beta), \beta)$$

の像の，$||*||_T$ に関する閉包 $\Gamma(P), \Gamma(-{}^tP^*)$ を，グラフ閉包という．

補題 D.8 (1) $(\mathrm{id}, P), (-P^*, \mathrm{id})$ は同型

$$(\mathrm{id}, P_k) : W_k(E) \to \Gamma(P), \quad (-P_k^*, \mathrm{id}) : W_k(F) \to \Gamma(-{}^tP^*)$$

を引き起こし，$W_k(E), W_k(F)$ における $||*||_k$ ノルムと $\Gamma(P), \Gamma(-{}^tP^*)$ 上の直積ノルムから引き起こされたノルムは同値である．

(2) $\Gamma(P)$ と $\Gamma(-{}^tP^*)$ は互いに直交補空間である．

証明 (1) 楕円型評価の言い換えである．

(2) 命題 D.6(2) の言い換えである． □

補題 D.9 (1) $\mathrm{Ker}(P_k)$ は $L^2(X)$ のノルムに関して閉部分空間である．

(2) $\alpha \in \mathrm{Ker}(P_k^*)^\perp \cap W_k(F)$ であれば，$||\alpha||_k \leq c||P_k^*(\alpha)||_0$

(3) $\mathrm{Im}(P_k^*) \subset W_0$ は $||*||_0$ のノルムに関して閉空間である．特に，$\mathrm{Im}(P_k^*)$ は $L^2(E)$ の閉部分空間である．

(4) $\mathrm{Im}(P_k^*)^\perp = \mathrm{Ker}(P_k)$. ここで，$(*)^\perp$ は $L^2(E)$ 内積に関する直交補空間である．

(5) $L^2(E)$ の中で，$\mathrm{Im}(P_k^*) = \mathrm{Ker}(P_k)^\perp$ が成り立つ．

証明 (1) $u_i \in \mathrm{Ker}(P_k)$ $(\subset W_k(E))$ と $u \in L^2(E)$ が $||u_i - u||_0 \to 0$ を満たすとき，$u \in \mathrm{Ker}(P_k)$ をいう．楕円型評価により，

$$||u_j - u_i||_k \leq C(||P_k(u_i - u_j)||_0 + ||u_i - u_j||_0) = C||u_i - u_j||_0$$

[†] 任意の有界集合が相対コンパクトである前ヒルベルト空間は，有限次元である．

であり，$\{u_i\}$ は $||*||_0$ ノルムに関するコーシー列であることから，$\{u_i\}$ は $||*||_k$ ノルムに関するコーシー列であることが帰結され，$u \in W_k$ に収束する．P_k の $||*||_k$ ノルムに関する連続性から $||P_k(u_i) - P_k(u)||_0 \to 0$ となるが，$P_k(u_i) = 0$ なので，$u \in \mathrm{Ker}\, P_k$ となる．

(2) 背理法で証明する．命題の定数 c が存在しなければ，$\alpha_i \in \mathrm{Ker}(P^*)^{\perp} \cap W_k(F)$ で

$$||\alpha_i||_k = 1, \quad ||P^*(\alpha_i)||_0 \leq \frac{1}{i}$$

となる α_i $(i = 1, 2, 3, \dots)$ が存在する．レリッヒの定理を用いると，α_i から $W_0(F)$ のノルムで α に収束する部分列をとることができる．このとき，$(-P_k^*\alpha_i, \alpha_i)$ は $\Gamma(-{}^tP^*) \subset L^2(E) \oplus L^2(F)$ の収束列となり，その収束先は $(0, \alpha)$ と書ける．$\Gamma(-{}^tP^*)$ の位相は $W_k(F)$ の位相と一致するので，α_i は $W_k(F)$ において α に収束する．さらに，$\mathrm{Ker}(P^*)$ は $W_0(F)$ で閉集合なので，$\alpha \in \mathrm{Ker}(P^*)^{\perp} \cap \mathrm{Ker}(P^*)$ となるので $\alpha = 0$ となる．これは $||\alpha_i||_k = 1$ に矛盾する．

(3) $\mathrm{Ker}(P_k^*)$ は有限次元なので，$\mathrm{Ker}(P_k^*)$ の正規直交基底 $\{b_i\}$ をとることにより，$\alpha \in W_k(F)$ のかわりに $\alpha' = \alpha - \sum_i (\alpha, b_i) b_i \in \mathrm{Ker}(P_k^*)^{\perp} \cap W_k(F)$ を考えると $P_k^*(\alpha) = P_k^*(\alpha')$ となる．したがって，$\mathrm{Im}(P_k^*)$ が $W_0(F)$ で閉部分空間であることをいうには，

$\alpha_i \in W_k(F)$ なる列に対して，$||P_k^*(\alpha_i) - \beta||_0 \to 0$ であれば
$\beta = P_k^*(\alpha)$ となる $\alpha \in W_k(F)$ が存在する

ということをいえばよいが，そのためには，すべての i について $\alpha_i \in \mathrm{Ker}(P_k^*)^{\perp} \cap W_k(F)$ であると仮定してかまわない．したがって，その仮定のもとでは (2) を用いれば，α_i は $||*||_k$ ノルムに関するコーシー列なので，$\alpha \in W_k(F)$ に収束する．P_k^* は連続なので，$P_k^*(\alpha) = \beta$ となる．

(4) $\mathrm{Im}(P^*)^{\perp} \subset \mathrm{Ker}(P)$ を示す．$\alpha \in \mathrm{Im}(P^*)^{\perp}$ とすると，任意の $\beta \in C^{\infty}(F)$ に対して $((\alpha, 0), (P^*(\beta), \beta)) = 0$，したがって $(\alpha, 0) \in \Gamma(-{}^tP^*)^{\perp}$ であるが，補題 D.8(2) により $(\alpha, 0) \in \Gamma(P)$ となる．逆に $\alpha \in \mathrm{Ker}(P)$ であれば，$(\alpha, 0) \in \Gamma(P)$ なので，$(\gamma, \beta) \in \Gamma(-{}^tP^*)$ について $(\alpha, \gamma) = ((\alpha, 0), (\gamma, \beta)) = 0$，したがって $\alpha \in \mathrm{Im}(P^*)^{\perp}$ である．

(5) ヒルベルト空間の閉部分空間の直交補空間に関する一般論により，(4) で示された $\mathrm{Im}(P^*)$ が閉集合であることから帰結される． $\square$

定理 D.2 の証明

定理 D.2 の直後に述べたことにより，$\mathrm{Ker}(P)$ について示せばよい．

命題 D.7(2) より $\mathrm{Ker}(P) = \mathrm{Ker}(P_k)$ となるので，L^2 において $\mathrm{Ker}(P)^{\perp}$ は $\mathrm{Im}(P_k^*)$ と一致する．さらに正則性定理（命題 D.6）から，$\mathrm{Im}(P_k^*) \cap C^{\infty}(E)$ の元は $\mathrm{Im}(P^* : C^{\infty}(F) \to C^{\infty}(E))$ に属する．これから，$C^{\infty}(E)$ に関する定理の直和分解を得る．

D.3　周期的関数とソボレフ・ノルム

$\mathbf{R}^n = \{(x_1, \dots, x_n)\}$ とおき，$T = \mathbf{R}/(2\pi i \mathbf{Z})^n$ とおく．$X = T^n$ とする．この節

では，T における種々の関数空間の性質について述べる．T^n 上の複素係数 C^∞ 関数 $\varphi \in C^\infty(T^n, \mathbf{C})$ は，次のフーリエ展開をもつ．

$$\varphi = \sum_{\xi} \varphi_\xi \exp(\xi \cdot x)$$

このとき，φ_ξ はフーリエ係数とよばれる．整数 s に対して，（フーリエ係数による）ソボレフ・ノルム $\|\varphi\|_s^T$ を

$$(\|\varphi\|_s^T)^2 = \sum_{\xi \in \mathbf{Z}^n} (1 + \|\xi\|^2)^s \|\varphi_\xi\|^2$$

と定義する．この節において，$\|\varphi\|_s^T$ は単に $\|\varphi\|_s$ と書くことにする．$s = 0$ のとき は，$\|\varphi\|_s$ は $C^\infty(T^n, \mathbf{C})$ の L^2 ノルムと一致する．さらに，次の補題が成り立つ．

補題 D.10 k を 0 以上の整数とする．このとき，周期的複素数値 C^∞ 関数 f に対して

$$\|f\|_k^{st} = \sum_{|\alpha| \le k} \int_{[0,2\pi]^n} |D^\alpha f|^2 dx_1 \cdots dx_n$$

と定義すると，これは（フーリエ係数による）ソボレフ・ノルム $\| * \|_k^T$ と同値である．

したがって，（フーリエ係数による）ソボレフ・ノルムは，ソボレフ・ノルムを自然に 負の整数にまで拡張したものといえる．ソボレフ・ノルム $\| * \|_s$ に関する $C^\infty(T^n, \mathbf{C})$ の完備化を $W_s(T^n, \mathbf{C})$ と書き，T^n のソボレフ空間という．整数 s, t が $s < t$ であれ ば，$(1 + \|\xi\|^2)^s < (1 + \|\xi\|^2)^t$ なので，

$$\|\varphi\|_s < \|\varphi\|_t$$

となる．この不等式より，$\| * \|_t$ に関するコーシー列は $\| * \|_s$ に関するコーシー列 なので，$W_t(T^n, \mathbf{C}) \subset W_s(T^n, \mathbf{C})$ なる包含写像が得られる．また，$|\alpha| = k$ であれ ば，$\| * \|_{s+k}$ ノルムに関する有界集合は $\| * \|_s$ に関する有界集合に写されるので，$D^\alpha : C^\infty(T^n) \to C^\infty(T^n)$ は $W_{s+k}(T^n) \to W_s(T^n)$ という連続線型写像に延長され る．次の命題は，一般の多様体におけるソボレフ・ノルムとの比較をするときに用い られる．

命題 D.11（T に関するレリッヒの定理） 整数 s, t が $s < t$ を満たしているとき，包 含写像 $W_t(T^n, \mathbf{C}) \subset W_s(T^n, \mathbf{C})$ はコンパクト作用素である．ここに現れる t, s をソ ボレフ指数という．

証明 実数 u，正数 r，$\psi \in W_u(T^n, \mathbf{C})$ に対して，原点 ψ，半径 r のソボレフ球 $B_u(\psi, r)$ を

$$B_u(\psi, r) = \{\varphi \in W_u \mid \|\varphi - \psi\|_u \le r\}$$

と定義する．このとき，任意の ϵ に対して有限個の $\psi_1, \ldots, \psi_m \in W_s$ が存在して，$B_t(0,1)$ は有限個の $B_s(\psi_i, \epsilon)$ で覆われることを示せばよい． $\square$

命題 D.12（T に関するソボレフの埋め込み定理） s を 0 以上の整数とし，$l = [n/2]+1$ とする．このとき，任意の $W_{s+l}(T^n, \mathbf{C})$ の元 φ に対してある C^s 級関数 ψ が存在して，任意の $\eta \in L_2(T)$ に対して $\langle \psi - \varphi, \eta \rangle = 0$ となる．

証明 $t = l$ のときを考える．シュワルツの不等式より，

$$\left(\sum_{\xi} |\varphi_{\xi}| \right)^2 \le \left\{ \sum_{\xi} (1 + \|\xi\|^2)^{-t} \right\} \left\{ \sum_{\xi} (1 + \|\xi\|^2)^t |\varphi_{\xi}|^2 \right\}$$

となる．したがって，$\| * \|_l$ ノルムに関する連続関数のコーシー列は一様収束するので，その収束先は連続関数となり，φ は $C^0(X, E)$ の元である．したがって，$W_t(T^n, \mathbf{C})$ の元は連続関数になる．一般の場合は，D^α が $W_{s+k}(T^n) \to W_s(T^n)$ という連続線型写像に延長されることからわかる． $\square$

命題 D.13（ピーター – ポール不等式） $s < t < u$ とする．このとき，任意の ϵ に対して $C(\epsilon)$ が存在して，任意の $\varphi \in C^\infty(T^n, \mathbf{C})$ に対して次の式が成り立つ．

$$\|\varphi\|_t \le \epsilon \|\varphi\|_u + C(\epsilon) \|\varphi\|_s$$

つまり，$\| * \|_u$ ノルムは，補正項として $\| * \|_s$ を許すことにすると，どんなに小さい定数倍で置き換えても $\| * \|_t$ ノルムより強いということである．

命題 D.14（差分商とソボレフ指数） $f \in W_k(T)$ と $h \in \mathbf{R}^n$ に対して，$\Delta_h(f)(x) = f(x + h) - f(x)$ とおく．ある正数 $\epsilon > 0$ が存在して，$(1/|h|)\|\Delta_h(f)\|_k$ が $|h| < \epsilon$ において有界であるとする．このとき，$f \in W_{k+1}(T)$ である．

D.4 多様体上のソボレフ・ノルムに関する定理

周期的関数のソボレフ・ノルム $\| * \|_k^T$ と多様体のソボレフ・ノルム $\| * \|_k$ を比較することにより，コンパクト多様体におけるソボレフの埋め込み定理とレリッヒの定理を証明する．$h \in C^\infty(\mathbf{R}^n)$ とする．ライプニッツの公式による微分作用素の公式

$$D_i \cdot h - h \cdot D_i = D_i(h)$$

を繰り返し用いることで，係数関数の掛け算を項の左側にもってくることができる．その結果，微分作用素 $D^\alpha h$ は $hD^\alpha + \sum_{|\beta| \le k-1} a_\beta(x) D^\beta$ の形に書き換えられる．ここで，$k = |\alpha|$ である．このとき，$a_\beta(x)$ は $h(x)$ の偏微分たちの線型結合となること

に注意しよう.

定義 D.2（多様体上の負の次数をもつソボレフ・ノルム） X をコンパクト多様体とし，開被覆 $X = \cup_i U_i = \cup_i V_i$，および V_i に台をもつ C^∞ 関数 ω_i を，定義式 (D.1) で用いたものとする．$C^\infty(E)$ 上の（局所フーリエ係数を用いた）ソボレフ・ノルム $|| * ||_s^T$ を

$$||f||_k^T = \sum_i ||\omega_i f||_k^T$$

と定義する．補題 D.10 より，0 以上の整数 s に対して，$|| * ||_s$ と $|| * ||_s^T$ は同値なノルムを定めている．ソボレフ・ノルム $|| * ||_s^T$ に関する $C^\infty(X, E)$ の完備化を $W_s(E) = W_s(X, E)$ と書くと，0 以上の整数 k に対しては，定義 D.1 で定義された W_k と一致する．一般の整数 s に対しても，$W_s(E)$ はヒルベルト空間となる．

補題 D.15 (1) h を T 上の周期的な C^∞ 関数とする．$C^\infty(T, V) \to C^\infty(T, V) : f \mapsto hf$ は $|| * ||_s^T$ ノルムに関して有界作用素である．したがって，この作用素は $\mu_h : W_s(T, V) \to W_s(T, V) : f \mapsto hf$ なる有界作用素として延長される.

(2) $h \in C^\infty(X)$ とすると，$C^\infty(X, E)$ 上で h を掛ける作用素は，$|| * ||_s^T$ ノルムに関して有界作用素となる．したがって，この作用素はソボレフ空間の有界作用素 $W_s(X, E) \to W_s(X, E)$ として延長される.

(3) $P : C^\infty(T) \to C^\infty(T)$ を高々 k 階の微分作用素とすると，有界作用素 $P : W_{k+l} \to W_l$ に延長される．また，P を X 上の C^∞ 切断の間の高々 k 階の微分作用素とすると，$P : C^\infty(E) \to C^\infty(F)$ は有界作用素 $P : W_{k+l}(E) \to C_l(F)$ に延長される.

証明 (1) W_s における正規直交基底

$$b_\xi = \frac{\mathbf{e}(\xi x)}{(1 + ||\xi||^2)^{2/s}} \quad (\xi \in \mathbf{Z}^n)$$

を考える．$h = \sum_\eta \psi_\eta \mathbf{e}(\eta x)$ とフーリエ展開しておき，h の掛け算作用 μ_h による b_ξ の像 hb_ξ のソボレフ・ノルムを評価する.

$$||hb_\xi||_s^2 = \sum_\eta \frac{|\psi_\eta|^2}{(1 + ||\xi||^2)^s} ||\mathbf{e}(\eta x)\mathbf{e}(\xi x)||_s^2 = \sum_\eta \frac{|\psi_\eta|^2 (1 + ||\eta + \xi||^2)^s}{(1 + ||\xi||^2)^s}$$

$$\leq \begin{cases} \sum_\eta |\psi_\eta|^2 (1 + ||\eta||^2)^s = ||h||_s^2 & (s > 0 \text{ のとき}) \\ \sum_\eta |\psi_\eta|^2 = ||h||_0^2 & (s \leq 0 \text{ のとき}) \end{cases}$$

したがって，μ_h は有界作用素である.

(2) これは (1) の帰結である.

(3) 一般の微分作用素は，定数係数微分作用素を C^∞ 関数の積との合成に書けるので，(1) と (2) からわかる. □

命題 D.16 （レリッヒの定理） $W_{k+1}(X, E)$ の有界な無限列は，$W_k(X, E)$ の中でコーシー部分列をもつ.

証明　有限開被覆 $\{V_i\}_{i \in I}$ に番号を付けて，$I = \{1, \ldots, m\}$ とする. $\{f_p\}_p$ を $W_{k+1}(X, E)$ の有界無限列とする. 補題 D.15 より，$\mu_i : W_{k+1}(X, E) \to W_{k+1}(T, V) : f \mapsto \omega_i f$ は有界作用素なので，$\{\mu_i(f_p)\}_p$ は $W_{k+1}(T, V)$ の有界列となる. T に関するレリッヒの定理（命題 D.11）より，それぞれの i について，$\{\mu_i(f_p)\}_p$ には $W_k(T, V)$ におけるコーシー部分列が存在する. 部分列をとる操作を有限回繰り返し，対角線論法により，すべての $i = 1, \ldots, m$ に対して $W_k(T, V)$ におけるコーシー列となるような $\{\mu_i(f_p)\}_p$ の部分列 $\{\mu_i(g_q)\}_q$ がとれる. したがって，このとき

$$\|g_q - g_r\|_k = \sum_{i \in I} \|\mu_i(g_q) - \mu_i(g_r)\|_k^T$$

はコーシー列となる. □

命題 D.17 （ソボレフの埋め込み定理） $l = [n/2] + 1$ とする. このとき，$W_{l+r}(X, E)$ の元 f に対して $C^r(X, E)$ の元 $\widehat{f}$ が存在して，任意の $\eta \in C^\infty(X, E)$ に対して $(f - \widehat{f}, \eta) = 0$ となる.

証明　U_i に付随する 1 の分解 ρ_i を考える. $\mathrm{supp}(\rho_i) \subset U_i$ なので $\omega_i \rho_i = \rho_i$ となることに注意しよう. ν_i を

$$\nu_i : C^\infty(T, V) \to C^\infty(X, E) : g \mapsto \rho_i g$$

によって定義する. 掛け算作用素が $\| * \|_k$ ノルムに関して有界作用素であることから，ν_i は $\nu_i : W_{l+r}(T, V) \to W_{l+r}(X, E) : g \mapsto \rho_i g$ なる有界作用素に延長される. $f \in C^r(T, V)$ に対しては $\nu_i(f) = \rho_i(f)$ である. ρ_i は 1 の分解なので，$\sum_i \nu_i \mu_i(f) = f$ となる. いま $f \in W_{l+r}(X, E)$ とすると，T の場合のソボレフの埋め込み定理（命題 D.12）より，$\widehat{f_i} \in C^r(T, V)$ が存在して任意の $\widehat{\eta} \in C^\infty(T, V)$ に対して $\langle \mu_i(f), \widehat{\eta} \rangle = \langle \widehat{f_i}, \widehat{\eta} \rangle$ となる. そこで，$\widehat{f} = \sum_i \rho_i \widehat{f_i} \in C^r(X, E)$ とおくと，$\eta \in C^\infty(X, E)$ に対して

$$\langle f, \eta \rangle = \sum_i \langle \nu_i \mu_i(f), \eta \rangle = \sum_i \langle \mu_i(f), \nu_i \eta \rangle = \sum_i \langle \widehat{f_i}, \nu_i \eta \rangle$$

$$= \sum_i \langle \nu_i \widehat{f_i}, \eta \rangle = \left\langle \sum_i \rho_i \widehat{f_i}, \eta \right\rangle = \langle \widehat{f}, \eta \rangle$$

となり，命題を得る. □

D.5 楕円型評価

まず，T^n 上の整数次数のソボレフ空間と，定数係数偏微分作用素 P に関する楕円型評価についての次の命題を証明する．

命題 D.18 l を整数とする．$X = T^n, E = \mathbf{C}^r$ であり，P を k 階の定数係数楕円型偏微分作用素とすると，ある定数 c が存在して，任意の $u \in W(T)$ に対して次の楕円型評価が成り立つ．

$$||u||_{l+k} < c(||P(u)||_l + ||u||_l) \tag{D.4}$$

証明 フーリエ展開を考えると，微分作用素 P を施すことはフーリエ係数 a_ξ に P のシンボル ξ の多項式を掛けることになり，その主要項は $\sigma_m(\xi)$ であることから導かれる． $\square$

それでは，一般の多様体上の楕円型偏微分作用素に関する楕円型評価を証明しよう．

定理 D.19（命題 D.5） $f \in C^\infty(X, E)$ に対して楕円型評価 (D.3) が成立する．

証明 $x \in X$ に対して $x \in U_i$ なる i を選び，これを $i(x)$ と書く．$P(x)$ を，$V_{i(x)}$ における自明化による微分作用素において，係数に x を代入して得られる定数係数偏微分作用素とする．このとき命題 D.18 より，$C_x > 0$ が存在して，$f \in C^\infty(T_i, V)$ に対して

$$||f||_{k+l} \leq C_x(||P(x)f||_l + ||f||_l)$$

が成り立つ．さらに，ある x に対する $U_{i(x)}$ に含まれる近傍 U_x を十分小さく選べば，台が U_x に含まれるような $f \in C^\infty(X, E)$ の元に対して，

$$||(P(x) - P)f||_l \leq \frac{1}{2C_x}||f||_{k+l}$$

となる．ここで，U_x を k 個の有限被覆 $\{U_x\}_{x \in \Sigma}$ で置き換えて，$C = \max_{x \in \Sigma} C_x$ とする．さらに，ρ_x を有限被覆 $\{U_x\}$ に関する 1 の分解とする．ピーター–ポール不等式を用いて，

$$||(P\rho_x - \rho_x P)f||_l \leq \frac{1}{4kC}||f||_{k+l} + d||f||_l$$

が $f \in C^\infty(X, E)$ に対して成り立つように $d > 0$ をとることができる．また，ρ_x 倍作用は有界作用素なので，任意の $f \in C^\infty(X, E)$ に対して

$$\sum_{x \in \Sigma} ||\rho_x f||_l \leq K||f||_l$$

が成り立つような $K > 0$ が存在する．このとき，

$$||\rho_x f||_{k+l} \leq C_x(||P(x)\rho_x f||_l + ||\rho_x f||_l)$$
$$\leq C_x(||(P(x) - P)\rho_x f||_l + ||(P\rho_x - \rho_x P)f||_l + ||\rho_x Pf||_l + ||\rho_x f||_l)$$

$$\leq C_x \left(\frac{1}{2C_x} \|\rho_x f\|_{k+l} + \frac{1}{4kC} \|f\|_{k+l} + d\|f\|_l + \|\rho_x Pf\|_l + \|\rho_x f\|_l \right)$$

となる．この式を移項して 2 倍することにより，

$$\|\rho_x f\|_{k+l} \leq \frac{1}{2k} \|f\|_{k+l} + 2C(\|\rho_x Pf\|_l + \|\rho_x f\|_l)$$

という不等式が得られる．これを $x \in \Sigma$ について加えれば，

$$\|f\|_{k+l} \leq \sum_{x \in \Sigma} \|\rho_x f\|_{k+l} \leq \frac{1}{2} \|f\|_{k+l} + 2C \sum_{x \in \Sigma} (\|\rho_x Pf\|_l + \|\rho_x f\|_l)$$

$$\leq \frac{1}{2} \|f\|_{k+l} + 2CK(\|Pf\|_l + \|f\|_l)$$

となるので，次の不等式が得られる．

$$\|f\|_{k+l} \leq 4CK(\|Pf\|_l + \|f\|_l)$$

$\square$

D.6　楕円型偏微分方程式に関する正則性定理（命題 D.6 の証明）

ソボレフの埋め込み定理により，命題 D.6(1) を証明するためには，次の命題 D.20 を証明すればよい.

命題 D.20　l を整数とする．f が $W_{k+l}(E)$ の元で $u = Pf$ が $W_{l+1}(E)$ の元であれば，f は $W_{k+l+1}(E)$ の元である．

証明　$f \in W_{k+l}(X, E)$, $u \in W_{l+1}(X, E)$ が $Pf = u$ を満たしていると仮定して，$f \in W_{k+l+1}(X, E)$ を示そう.

$$P\omega_i f = (P\omega_i - \omega_i P)f + \omega_i Pf = (P\omega_i - \omega_i P)f + \omega_i u$$

となり，$P\omega_i - \omega_i P$ は $k-1$ 階の微分作用素となるので，$u_i = (P\omega_i - \omega_i P)f + \omega_i u \in W_{l+1}(T, V)$ となる．P を V_i に制限したものを T 上に楕円型偏微分作用素として拡張したものを P_i と書く．$P_i: W_{k+l} \to W_l$ とソボレフ空間にも拡張しておく．$f_i = \omega_i f \in W_{k+l}(T, V)$ とおくと，

$$P_i f_i = u_i$$

という方程式を満たしている．T 上の関数 f に対して，平行移動作用素 $T^h(f)$ を $T^h(f)(x) = f(x+h)$ によって定め，微分作用素 P についてはその係数の関数に T^h を施したものとする．P_i に関する楕円型不等式から

$$\|T^h f_i - f_i\|_{k+l} \leq C(\|P_i(T^h f_i - f_i)\|_l + \|T^h f_i - f_i\|_l)$$

$$\leq C(\|(P_i - T^h P_i)(T^h f_i) + T^h(Pf_i) - Pf_i\|_l + \|T^h f_i - f_i\|_l)$$

$$\leq C(||(P_i - T^h P_i)(T^h f_i)||_l + ||T^h(Pf_i) - Pf_i||_l + ||T^h f_i - f_i||_l)$$

$$\leq C(||(T^{-h} P_i - P_i)(f_i)||_l + ||T^h u_i - u_i||_l + ||T^h f_i - f_i||_l)$$

となる．ここで，

$$\frac{1}{h}(T^{-h} P_i - P_i) = \sum_{|\alpha| \leq k} a_\alpha(h, x) D_\alpha$$

とおくと，$a_\alpha(h, x)$ は C^∞ 関数となる．したがって，$f_i \in W_{k+l}(T, V)$ なので，$(1/h)||(T^{-h} P_i - P_i)(f_i)||_l$ は $h \to 0$ で有界である．また，$u_i \in W_{l+1}(T, V)$ なので，$(1/h)||T^h u_i - u_i||_l$ は $h \to 0$ で有界になる．したがって，$(1/h)||T^h(f_i) - f_i||_{k+l}$ は $h \to 0$ で有界となり，$f_i \in W_{k+l+1}(T, V)$ となる．　　　　　□

　定理 D.6(2) の証明の前に，ソボレフ空間と内積 $\langle *, * \rangle$ に関する次の命題が必要となる．

命題 D.21　式 (D.2) で定まる内積 $\langle *, * \rangle$ は $W_k \times W_{-k} \to \mathbf{C}$ に延長され，第 1 変数，第 2 変数に関して連続である．さらに $y \in W_{-k}$ とするとき，任意の $x \in W_k(E)$ に対して $\langle x, y \rangle = 0$ であれば，$y = 0$ となる．

証明　トーラスの場合に帰着する．トーラスの場合は

$$|\langle x, y \rangle| \leq ||x||_k \cdot ||y||_{-k}$$

であることが，次のシュワルツの不等式より得られる．

$$\left| \sum_\xi \varphi_\xi \overline{\psi_\xi} \right|^2 \leq \left\{ \sum_\xi (1 + ||\xi||^2)^k |\varphi_\xi|^2 \right\} \left\{ \sum_\xi (1 + ||\xi||^2)^{-k} |\psi_\xi|^2 \right\}$$

　　　　　□

命題 D.6(2) の証明　$\alpha \in W_0(E), \beta \in W_0(F)$ とし，任意の $x \in C^\infty(E)$ に対して $(x, \alpha) + (P(x), \beta) = 0$ とする．さらに，$\alpha_n \xrightarrow{W_0} \alpha, \beta_n \xrightarrow{W_0} \beta$ となる $\alpha_n \in C^\infty(E), \beta_n \in C^\infty(F)$ をとる．このとき，

$$(x, \alpha_n) + (P(x), \beta_n) = (x, \alpha_n) + (x, P^*(\beta_n)) = (x, \alpha_n + P^*(\beta_n))$$

となるので，$(x, \alpha_n + P^*(\beta_n)) \to 0$ となる．他方，$P^*(\beta_n) \xrightarrow{W_{-k}} P^*(\beta)$ なので，

$$W_k \times W_{-k} \to \mathbf{C} : (x, y) \mapsto \langle *, * \rangle$$

が二つ目の変数について連続であること（命題 D.21）を用いれば，$\alpha_n + P^*(\beta_n) \xrightarrow{W_{-k}} \alpha + P^*(\beta)$ がわかっているので，$(x, \alpha + P^*(\beta)) = 0$ となる．ここで，$x \in C^\infty$ は任意であったことと C^∞ が $W_k(E)$ で稠密であることに注意すると，$\alpha + P^*(\beta) = 0$ となる．さらに，命題 D.20 を用いれば，$\beta \in W_k$ であることがわかる．　　　　　□

章末問題解答

第1章

1.1 楕円曲線の方程式と接線の方程式を連立させる.

$$\begin{cases} y^2 = x^3 + ax + b \\ y = \dfrac{3x_1^2 + a}{2y_1}(x - x_1) + y_1 \end{cases}$$

二つ目の式を $y = px + q$ と書くと,$p = (3x_1^2 + a)/(2y_1)$ であり,上の方程式から y を消去して

$$(px + q)^2 = x^3 + ax + b$$

という方程式が得られる.解と係数の関係と,x_1 が重複解であることから,

$$2x_1 + x_3 = p^2 = \frac{(3x_1^2 + a)^2}{4y_1^2}$$

である.なので,

$$x_3 = \frac{(3x_1^2 + a)^2}{4y_1^2} - 2x_1, \quad y_3 = \frac{3x_1^2 + a}{2y_1}(x_3 - x_1) + y_1$$

となる.

1.2 射影座標における楕円曲線の無限遠点 $(0:1:0)$ を原点にとると,定理 1.2 の証明の直後に述べた計算により,原点以外の点 (x, y) の加法に関する逆元は $(x, -y)$ となる.したがって,原点以外の点 (x, y) が 2 分点であることは,$(x, y) = (x, -y)$ となることと同値になる.よって,$y = 0$ でなくてはならず,このとき $x^3 + ax + b = 0$ となるので,その解を α, β, γ とすると,原点以外の 2 分点は $(\alpha, 0), (\beta, 0), (\gamma, 0)$ の 3 個である.これに原点である無限遠点を加えて,四つの 2 分点が存在する.

1.3 P の定義により,

$$P = 2\int_0^1 \frac{dx}{\sqrt{x(1-x)(1+x)}} = 2\int_0^1 x^{-1/2}(1 - x^2)^{-1/2}dx$$

となる.ここで,変数変換をして,$t = x^2$ として $dx = t^{-1/2}/2\,dt$ なので,

$$P = \int_0^1 t^{-3/4}(1 - t)^{-1/2}dt = B\left(\frac{1}{4}, \frac{1}{2}\right)$$

となる.P' のほうは $x = -t$ と変換すると,

$$P' = 2\int_{-1}^0 \frac{dx}{\sqrt{-x(1-x)(1+x)}} = -2\int_1^0 \frac{dt}{\sqrt{t(1-t)(1+t)}} = P$$

となる.したがって,二つの基本周期は $P = B(1/4, 1/2)$,$iP' = iB(1/4, 1/2)$ となる.

第2章

2.1 $f(x)$ は有理型関数なので，$x = b$ で次の形のローラン展開をもつ．

$$f(x) = \sum_{k=1}^{n_b} \frac{c'_{b,k}}{(x-b)^k} + h_b(x)$$

ここで，$h_b(x)$ は a において正則な関数である．また，$c'_{b,k}$ は $f(x)$ の b におけるローラン展開の係数なので，$c'_{b,k} = \text{Res}_{x=b}(x-b)^{k-1}f(x) = c_{b,k}$ となる．さて，

$$g(x) = \sum_{a \in \mathbf{C}} \sum_{k=1}^{n_a} \frac{c_{a,k}}{(x-a)^k}$$

とおくと，$g(x)$ は b において

$$g(x) = \sum_{k=1}^{n_b} \frac{c_{b,k}}{(x-b)^k} + h_b(x), \quad h_b(x) = \sum_{a \neq b \in \mathbf{C}} \sum_{k=1}^{n_a} \frac{c_{a,k}}{(x-a)^k}$$

という形のローラン展開をもつ．ここで，$h_b(x)$ は b では正則な有理関数である．したがって，$f(x)$ と $g(x)$ は，b において負べきのローラン展開部分が一致するので，b において $f(x) - g(x)$ は正則である．b は任意であったので，$f(x) - h(x)$ は複素平面内で正則で，無限遠でも有理型であるから，多項式となる．

2.2 テーラー展開を考えて，必要であることは明らかである．$u(\theta)$ は周期 1 の周期関数なので，フーリエ展開

$$u(\theta) = \sum_{n \in \mathbf{Z}} a_n \mathbf{e}(n\theta)$$

を考えると，これは絶対収束する．実際，シュワルツの不等式

$$\left(\sum_n |a_n| \right)^2 = \left\{ \sum_n (|n|+1)a_n \cdot \frac{\overline{a_n}}{|a_n|(|n|+1)} \right\}^2$$

$$\leq \left\{ \sum_n (|n|+1)^2 |a_n|^2 \right\} \left\{ \sum_n \frac{1}{(|n|+1)^2} \right\}$$

および，

$$\int_0^1 \left| \frac{du(\theta)}{d\theta} \right|^2 d\theta = 4\pi^2 \sum_{n \in \mathbf{Z}} |na_n|^2 < \infty$$

となることからわかる．さらに，$n > 0$ に対して

$$a_{-n} = \int_0^1 u(\theta)\mathbf{e}(n\theta)d\theta = 0$$

であるので，$u(\theta) = \sum_{n=0}^{\infty} a_n \mathbf{e}(n\theta)$ となる．したがって，$f(z) = \sum_{n=0}^{\infty} a_n z^n$ とおけば，これは $\overline{D}$ 上の連続関数で，D 上では正則関数に絶対収束する．また，

$$a_n = \int_0^1 u(\theta)\mathbf{e}(-n\theta)d\theta$$

なので，$f(z)$ は

$$f(z) = \sum_{n=0}^{\infty} \int_0^1 u(\theta)z^n \mathbf{e}(-n\theta)d\theta = \int_0^1 \frac{\mathbf{e}(\theta)u(\theta)}{\mathbf{e}(\theta) - z}d\theta$$

で与えられる.

2.3 $\mathrm{ord}_a(f) = n_a$ とおくと,

$$\frac{df}{f} = \frac{n_a dx}{x} + h_a(x)$$

で, $h_a(x)$ は a で正則関数の形に書ける. $g(x)$ が多項式で特に a において正則であることから,

$$g(x)\frac{df}{f} = g(a)\frac{n_a dx}{x} + \varphi(x)$$

で, $\varphi(x)$ は a において正則関数という形に書ける. したがって, $\mathrm{Res}_a(g(x)df/f) = g(a)n_a$ となる. この留数を複素平面上で加えることにより, 主張が示される.

第3章

3.1 ヤコビ行列を求めると,

$$\left(\frac{\partial F(X_0, X_1, X_2)}{\partial X_0}, \frac{\partial F(X_0, X_1, X_2)}{\partial X_1}, \frac{\partial F(X_0, X_1, X_2)}{\partial X_2}\right)$$
$$= (nX_0^{n-1}, nX_1^{n-1}, nX_2^{n-1})$$

なので, $(X_0, X_1, X_2) \neq (0,0,0)$ であれば階数は 1 となる. したがって, $F(X_0, X_1, X_2) = 0$ で定義される図形はリーマン面となる.

3.2 まず, $U_0 = \{X_0 \neq 0\}$ での座標を $x = X_1/X_0, y = X_2/X_0$ とおくと, フェルマー曲線の方程式は $f(x,y) = x^n + y^n + 1 = 0$ で与えられる. a, b を $0 \leq a+b \leq n-3$ となる 0 以上の整数とする. このとき, 微分形式 $\omega_{a,b}$ を

$$\omega_{a,b} = \frac{(X_0^{n-a-b-3}X_1^a X_2^b)(X_0 \wedge dX_1 \wedge dX_2 - X_1 \wedge dX_0 \wedge dX_2 + X_2 \wedge dX_0 \wedge dX_1)}{X_0^n + X_1^n + X_2^n}$$
$$= \frac{x^a y^b dx \wedge dy}{f}$$

とおいて, 定義 3.9 で定まるポアンカレ留数を計算する.

$$\frac{x^{a-n+1}y^b}{n}\frac{df \wedge dy}{f} = \frac{x^{a-n+1}y^b}{n}\frac{nx^{n-1}dx \wedge dy}{f} = \omega_{a,b}$$

となるので,

$$\mathrm{Res}_X(\omega_{a,b}) = \frac{x^{a-n+1}y^b}{n}dy\,\Big|_X$$

となる. a, b が $a, b \geq 0, a+b \leq n-3$ なる整数を動くときに, これらがフェルマー曲線の正則微分形式の基底となる.

3.3 (x, y) が E の元であると仮定して, $f(x, y)$ が F に乗っていることを示す. 実際,

$$\eta^2 - \xi(\xi-1)(\xi-\lambda^2) = (xy)^2 - x^2(x^2-1)(x^2-\lambda^2)$$
$$= x^2\{y^2 - (x^2-1)(x^2-\lambda^2)\} = 0$$

となるので, F 上の点になる. また, 写像 f は代数的な関数で与えられているので, リーマン面の写像になっている. いま, F 上の点を (ξ, η) とする. $\xi \neq 0$ であれば, $x^2 = \xi$ となる x は二つあり, この x を用いて $\eta = xy$ を満たす y はただ一つに定まる. さらに, このようにして定まる (x, y) は, 上の式変形により E の元になっている. したがって, この場合の f による逆像の個数は 2 個になる. F 上の点 (ξ, η) について, $\xi = 0$ であるときは $\eta = 0$ となる. このとき, $x^2 = \xi$ となる x は $x = 0$

のみであり，このとき (x, y) が E 上にあるとすれば，$y^2 = \lambda^2$ でなければならない．したがって，$y = \pm\lambda$ となるが，そのとき (x, y) の像は f によって $(0, 0)$ に写像される．よって，いずれの場合も逆像は 2 個である．

第 4 章

4.1 (1) まず，β が全射であることを示そう．層の全射の定義により，x を X の点，$f(x)$ を x において可逆な正則関数とするときに，x の十分小さい近傍 U が存在して $f(x) = \exp(g(x))$ となる正則関数 $g(x)$ が存在することをいえばよい．実際，x の十分小さい近傍 U をとれば，$z \in U$ において $f(z)$ の偏角が $f(x)$ の偏角の十分近くにあるようにでき，$g(z) = \log(f(z))$ が U で連続になるようにとることができる．このとき，$\log(f(z))$ は U において正則関数になることがいえる．α の単射性は明らかである．$\mathcal{O}_X$ における完全性も，$f(x)$ が連続関数であって $\exp(f(x)) = 1$ であれば，局所的に $2\pi i \mathbf{Z}$ に値をもつ連続関数となることからいえる．

(2) $z \in \Gamma(\mathcal{O}_X^\times)$ は $X = \mathbf{C} - \{0\}$ 上の可逆な正則関数だが，$\log(z)$ は $\mathbf{C} - \{0\}$ 上では多価関数であり，一価正則ではない．

第 5 章

5.1 $\dim H^0(C, \Omega_C^1) = g = 2C$ なので，一次独立な微分形式を ω_0, ω_1 とすると，ω_1/ω_0 は C 上の有理関数なので，$C \to \mathbf{P}^1$ なる写像を定める．ω_1 の零点の数は重複度も入れて $2g - 2 = 2$ となるので，もし ω_0, ω_1 に共通零点があれば φ の次数は 1 となり，C は有理曲線となり $g = 2$ の仮定に反する．したがって，φ は 2 対 1 写像を定めるので，C は超楕円曲線となる．その分岐点のまわりでは分岐指数が 2 となる．分岐点の個数を b とおくと，フルビッツの定理から $2g - 2 = 2 \cdot (-2) + b(2 - 1)$ となるので，$b = 6$ となる．

5.2 $g(C) = 3$ なので，C 上の一次独立な微分形式を $\omega_0, \omega_1, \omega_2$ とする．これらに共通零点 P があれば，$\dim H^0(C, \Omega^1(-P)) = 3$ となる．したがって $p \mapsto (\omega_0(p), \omega_1(p), \omega_2(p))$ は $C \to \mathbf{P}^2$ なる写像を定める．このとき，一般の位置にある直線 $H \subset \mathbf{P}^2$ の引き戻しと C との交わりは，ω_0 の零点の個数となり，これは $2g - 2 = 4$ となる．これから f は 2 次曲線の 2 重被覆となるか，単射で 4 次曲線となるかのどちらかである．前者の場合は超楕円曲線であり，後者の場合は平面 4 次曲線となる．

5.3 $g = 4$ なので一次独立な微分形式を $\omega_0, \ldots, \omega_3$ とすると，$(\omega_0 : \cdots : \omega_3)$ は $\mathbf{P}^3$ への写像を定義する．H の逆像の個数は H を一般的にとれば $\deg(\Omega^1) = 2g - 2 = 6$ となる．したがって，f の像への写像を考えると，写像 f の被覆の次数 d は $1, 2, 3, 6$ のいずれかとなるが，$d = 6$ であると，その像の次数は 1 となり，$\omega_0, \ldots, \omega_3$ の一次独立性に反する．$d = 3$ とすると，f の像の次数は 2 となり，$\mathbf{P}^3$ 内の 2 次曲線は像が平面に含まれるので，やはり一次独立性に反する．$d = 2$ のときは，その像は平面に含まれない 3 次曲線となり，これはねじれ 3 次曲線となる．これは有理曲線なので，この場合は C は超楕円曲線となる．$d = 1$ のときは，C の像は 6 次曲線となる．$g = 4$ なので，リーマン–ロッホの定理（定理 6.18）から

$$\dim H^0(C, (\Omega^1)^{\otimes 2}) = 1 - 4 + 2(2 \cdot 4 - 2) = 9$$
$$\dim H^0(C, (\Omega^1)^{\otimes 3}) = 1 - 4 + 3(2 \cdot 4 - 2) = 15$$

となる．$\mathbf{C}^4$ の 2 次および 3 次の多項式の次元は，それぞれ 10 次元，20 次元となる．したがって，$(\omega_0, \ldots, \omega_3)$ の間には 2 次の関係式がある．独立なものがもし 2 次元以上あると，C の像の次数は 4 以下となり，これは次数が 6 となることに矛盾するので，独立な 2 次の関係式は一つだけである．これを Q とおくと，既約である．実際，既約でなければ，1 次の積となり，どちらかが C 上で消えて $\omega_0, \ldots, \omega_3$ の一次独立性に反する．3 次の関係式は Q の倍数となっているものが 4 次元分あるが，C 上で消えるものは 5 次元あるので，さらにもう一つ 3 次の関係式がある．これを R とすると，こ

れは Q で割り切れることはなく，既約であることがわかる．したがって，C は $Q = R = 0$ に含まれる．これは 6 次曲線を定めるので，C と一致する．

第 6 章

6.1 (1) セールの双対定理より，

$$H^1(X, \Omega^1_X \otimes_{\mathcal{O}_X} \mathcal{O}_X(\Sigma)) = H^0(X, \mathcal{O}_X(-\Sigma))^* = 0$$

となる．

(2) 層の短完全列

$$0 \to \Omega^1_X \to \Omega^1_X(\Sigma) \to \oplus_{i=1}^k \mathbf{C} \to 0$$

から，次の長完全列が得られる．

$$\begin{aligned} H^0(X, \Omega^1_X) &\to H^0(X, \Omega^1_X(\Sigma)) &\to &\quad \oplus_{i=1}^k \mathbf{C} \\ \to H^1(X, \Omega^1_X) &\to H^1(X, \Omega^1_X(\Sigma)) &= 0 \end{aligned}$$

写像 Res は各点の留数で与えられ，δ は和で与えられる．したがって，Res は $\mathrm{Ker}(\delta)$ の上への全射になる．

6.2 (1) $\deg(D) = g - 1$ より，リーマン–ロッホの定理により，

$$\dim H^0(X, \mathcal{O}(D)) - \dim H^0(X, \Omega^1(-D)) = 1 - g - \deg(D) = 0$$

となる．また，D が効果的な因子と有理同値であることは，$H^0(X, \mathcal{O}(D)) \neq 0$ と言い換えられる．したがって，これは $H^0(X, \Omega^1(-D)) \neq 0$ と同値である．

(2) 実際，対合となることは，

$$\iota \circ \iota(\mathcal{L}) = \iota(\Omega^1 \otimes_{\mathcal{O}_X} \mathcal{L}^*) = \Omega^1 \otimes_{\mathcal{O}_X} (\Omega^1 \otimes_{\mathcal{O}_X} \mathcal{L}^*)^* = \mathcal{L}$$

となることで確かめられる．さらに (1) により，これは次数が $g - 1$ の効果的な因子をそれ自身に写すことがわかる．

第 7 章

7.1 (1) 命題 6.12 により，

$$H^i(X, \pi^* \mathcal{L}) = H^i(Y, \pi_* \pi^* \mathcal{L})$$

が成り立つが，Y 上の層 $f_* f^* \mathcal{L}$ には層の同型として G が作用するので，$H^i(X, \pi^* \mathcal{L})$ には G が作用する．

(2) 付録の定理 A.7 より $\zeta = \exp(2\pi i/d)$ ととれば，$\sigma^*(f) = \zeta f$ となる K 内の元 f がとれる．これが求めるものである．

(3) $\sigma^m(x) = x$ を満たす最小の m が分岐指数 e_x と一致する．$x' = \sigma^k(x)$，$\sigma^m(x) = x$ とすると，$\sigma^m(x') = \sigma^{m+k}(x) = \sigma^k(x) = x'$ となるので，$e_{x'} \leq e_x$ となる．逆の不等号も同様である．

(4) f, f' を (2) を満たす有理関数とする．このとき，$\sigma(f/f') = (\zeta f)/(\zeta f') = f/f'$ となり，L の元となる．したがって，$\mathrm{ord}_y(f/f') = m \in \mathbf{Z}$．ゆえに，$\mathrm{ord}_x(f) - \mathrm{ord}_x(f') = \mathrm{ord}_y(f/f') \cdot e_x$ となり，e_x の倍数である．

7.2 (1) $\mathcal{O}_{Y,y}$ を y における Y の正則関数の芽として，K_y をその分数体とする．χ を $G \to \mu_d$ を $\chi(\sigma) = \exp(2\pi i/d)$ となるものとすると，

$$K_y f \cap (\pi_* \mathcal{O}_X)_y = (\pi_* \mathcal{O}_X(\chi))_y$$

となる．したがって，$g \in K_y$ が $gf \in \pi_* \mathcal{O}_X$ となるためには，$e \operatorname{ord}_x(g) + \operatorname{ord}_x(f) \geq 0$ となることが必要十分であり，これは

$$e \operatorname{ord}_y(g) + \operatorname{ord}_x(f) - e \operatorname{ind}_y \left(\frac{X}{Y} \right) \geq 0$$

となることとも同値である．したがって，

$$\pi_* \mathcal{O}_X(\chi) = \mathcal{O} \left(\sum_{y \in \Sigma} \left(\frac{\operatorname{ord}_x(f)}{e} - \operatorname{ind}_q \left(\frac{X}{Y} \right) \right) \right)$$

を得る．

(2) G の指標全体のなす群を $\widehat{G}$ とおくと，$\pi_* \pi^* \mathcal{L} = \oplus_{\chi \in \widehat{G}} \pi_* \pi^* \mathcal{L}(\chi)$ となり，

$$H^i(X, \pi^* \mathcal{L})(\chi) = H^i(Y, \pi_* \pi^* \mathcal{L}(\chi))$$

となる．射影公式（定理 6.11）により，$\pi_* \pi^* \mathcal{L} = \pi_* \mathcal{O}_X \otimes \mathcal{L}$ を得るが，$\mathcal{L}$ には G は自明に作用するので，

$$\pi_* \pi^* \mathcal{L}(\chi) = \pi_* \mathcal{O}_X(\chi) \otimes \mathcal{L}$$

を得る．

(3) x における分岐指数 e_x は y のみによる d の約数となるので，$\pi^{-1}(y)$ の個数は d/e_x となる．さらに，X において f の位数の和は 0 なので，$\sum_{y \in Y} (d/e_x) \operatorname{ord}_x(f) = 0$ となる．したがって，

$$\deg(\pi_* \mathcal{O}_X(\chi)) = \sum_{y \in Y} \left(\frac{\operatorname{ord}_x(f)}{e_x} - \operatorname{ind}_q \left(\frac{X}{Y} \right) \right)$$

$$= - \sum_{y \in Y} \operatorname{ind}_q \left(\frac{X}{Y} \right) = - \sum_{y \in \Sigma} \operatorname{ind}_q \left(\frac{X}{Y} \right)$$

となる．これより，

$$\deg(\pi_* \pi^* \mathcal{L}(\chi)) = \deg(\pi_* \mathcal{O}_X(\chi) \otimes \mathcal{L}) = \deg(\mathcal{L}) - \sum_{y \in \Sigma} \operatorname{ind}_q \left(\frac{X}{Y} \right)$$

が成り立つ．したがって，リーマン–ロッホの定理により，問題の等式が成り立つ．

第 8 章

8.1 $\operatorname{Sym}^k(X)$ の点は，次数が k の $D = x_1 + \cdots + x_k$ という形の効果的因子の集合と同一視される．したがって，D が $AJ_{X,k}^{-1}(\mathcal{L}(k[b]))$ に属するための必要十分条件は，$\mathcal{O}(D - k[b]) \simeq \mathcal{L}$ となることであり，$\mathcal{O}(D) \simeq \mathcal{L}(k[b])$ となる．このとき，この同型を通じて，$1 \in \mathcal{O}(D)$ に対応して $\mathcal{L}(k[b])$ の 0 でない切断が定まり，これは $\mathcal{O}(D)$ の同型，つまり，$\mathbf{C}^{\times}$ の掛け算による差を除いて一意的に定まる．したがって，$H^0(X, \mathcal{L}(k[b]))$ の 0 でない元の $\mathbf{C}^{\times}$ の掛け算による同値類の集合と $AJ_{X,k}^{-1}(\mathcal{L})$ は同一視される．

8.2 (1), (2) $\mathcal{L}$ を次数が 0 の可逆層として，$H^0(X, \mathcal{L}(2[\infty]))$ の次元を計算する．セールの双対定理により，

$$H^0(X, \mathcal{L}(2[\infty])) = H^1(X, \Omega_X^1 \otimes \mathcal{L}^*([-2\infty]))^*$$

となる．$\deg(\Omega_X^1 \otimes \mathcal{L}^*([-2\infty])) = 2g - 2 - 2 = 0$ なので，

$$H^0(X, \Omega_X^1 \otimes \mathcal{L}^*([-2\infty])) \simeq \begin{cases} \mathbf{C} & (\mathcal{L} \simeq \Omega^1([-2\infty]) \text{ のとき}) \\ 0 & (\mathcal{L} \not\simeq \Omega^1([-2\infty]) \text{ のとき}) \end{cases}$$

となる．したがって，リーマン – ロッホの定理により，

$$\dim H^1(X, \Omega_X^1 \otimes \mathcal{L}^*([-2\infty])) = \dim H^0(X, \Omega_X^1 \otimes \mathcal{L}^*([-2\infty])) + g - 1$$

$$= \begin{cases} 2 & (\mathcal{L} \simeq \Omega^1([-2\infty]) \text{ のとき}) \\ 1 & (\mathcal{L} \not\simeq \Omega^1([-2\infty]) \text{ のとき}) \end{cases}$$

となり，$\dim H^0(X, \Omega_X^1 \otimes \mathcal{L}([2\infty])) = \dim H^1(X, \Omega_X^1 \otimes \mathcal{L}^*([-2\infty]))$ なので，問題 8.1 を用いて主張が示される．

第9章

9.1 (1) f を問題に与えられている周期関数とすると，急減少関数に関して和と積分の交換ができることを用いて，

$$a_n = \int_0^1 \mathbf{e}(-nw)f(w)dw = \int_0^1 \mathbf{e}(-nw) \sum_{m \in \mathbf{Z}} g(w + m)dw$$

$$= \sum_{m \in \mathbf{Z}} \int_0^1 \mathbf{e}(-nw)g(w + m)dw = \sum_{m \in \mathbf{Z}} \int_m^{m+1} \mathbf{e}(-nw)g(w)dw$$

$$= \int_{-\infty}^\infty \mathbf{e}(-nw)g(w)dw = \widehat{g}(-n)$$

となる．したがって，

$$f(z) = \sum_{n \in \mathbf{Z}} a_n \mathbf{e}(nz) = \sum_{n \in \mathbf{Z}} \widehat{g}(-n)\mathbf{e}(nz)$$

を得る．

(2) (1) より

$$\sum_{n \in \mathbf{Z}} g(z + n) = \sum_{m \in \mathbf{Z}} \widehat{g}(-m)\mathbf{e}(mz)$$

となる．$z = 0$ とおいて，

$$\sum_{n \in \mathbf{Z}} g(n) = \sum_{m \in \mathbf{Z}} \widehat{g}(-m)$$

となる．

9.2 $f(z) = \mathbf{e}(\tau z^2/2)$ とおく．これは急減少関数なので，ポアソンの和公式（問題 9.1）より

$$\theta(\tau) = \sum_{n \in \mathbf{Z}} f(z) = \sum_{n \in \mathbf{Z}} \widehat{f}(n)$$

となる．ここで，$w \in \mathbf{R}$ に対して

$$\widehat{f}(w) = \int_{-\infty}^\infty \mathbf{e}(wz)\mathbf{e}\left(\frac{\tau z^2}{2}\right)dz = \int_{-\infty}^\infty \mathbf{e}\left(\frac{\tau(z + w/\tau)^2}{2}\right)dz\, \mathbf{e}\left(-\frac{w^2}{2\tau}\right)$$

$$= \frac{1}{\sqrt{-i\tau}}\mathbf{e}\left(-\frac{w^2}{2\tau}\right)$$

となる．したがって，

$$\sum_{n \in \mathbf{Z}} \widehat{f}(n) = \frac{1}{\sqrt{-i\tau}} \sum_{n \in \mathbf{Z}} \mathbf{e}\left(-\frac{1}{2\tau}n^2\right) = \frac{1}{\sqrt{-i\tau}}\theta\left(-\frac{1}{\tau}\right)$$

となる．

第 10 章

10.1 (1) U_2 における $1-\lambda x$ の十分小さい近傍では，局所座標として $w^2 = 1 - \lambda x$ と表される w がとれる．ここで，$dw = -(d\lambda x + \lambda dx)/2w$ なる等式により，この右辺の形が正則微分形式となることが結論される．$x = 0, x = 1, x = \infty$ などのまわりでも同様に考えると，与えられた微分形式が U_1 あるいは U_2 で正則であることが結論される．

(2) (1) の持ち上げを用いる．d_{tot} と外微分の定義に従って $(\nabla(\psi)_1, \nabla(\psi)_2, \nabla(\psi)_{12}), (\nabla(\phi)_1, \nabla(\phi)_2, \nabla(\phi)_{12})$ を求めると，下のように計算される．

$$\nabla(\psi)_1 = \frac{x(\lambda x + 2)}{4y(1-\lambda x)^2} d\lambda dx, \quad \nabla(\psi)_2 = \frac{2x+1}{4\lambda y(1-x)^2} d\lambda dx,$$

$$\nabla(\psi)_{12} = \frac{x(\lambda x^2 - 2\lambda x + 1)}{2\lambda y(1-x)(1-\lambda x)} d\lambda,$$

$$\nabla(\phi)_1 = \frac{x}{2y(1-\lambda x)} d\lambda dx, \quad \nabla(\phi)_2 = -\frac{1}{2\lambda y(1-x)} d\lambda dx, \quad \nabla(\phi)_{12} = \frac{x}{\lambda y} d\lambda$$

(3) 下の等式を用いて，写像 d_{tot} による余核を考える．

$$\nabla(\phi)_1 = \frac{1}{\lambda} \psi_1 d\lambda, \quad \nabla(\phi)_2 = \frac{1}{\lambda} \psi_2 d\lambda, \quad \nabla(\phi)_{12} = \frac{1}{\lambda} \psi_{12} d\lambda,$$

$$\nabla(\psi)_1 = \frac{1}{1-\lambda} \psi_1 d\lambda + \frac{1}{4(1-\lambda)} \phi_1 d\lambda + d\Big(\frac{yd\lambda}{2(1-\lambda)(1-\lambda x)^2}\Big),$$

$$\nabla(\psi)_2 = \frac{1}{1-\lambda} \psi_2 d\lambda + \frac{1}{4(1-\lambda)} \phi_2 d\lambda + d\Big(\frac{xd\lambda}{2(1-\lambda)y}\Big),$$

$$\nabla(\psi)_{12} = \frac{1}{1-\lambda} \psi_{12} d\lambda + \frac{1}{4(1-\lambda)} \phi_{12} d\lambda + \Big(\frac{yd\lambda}{2(1-\lambda)(1-\lambda x)^2} - \frac{xd\lambda}{2(1-\lambda)y}\Big)$$

この式から，ガウス–マニン接続は ψ, ϕ で生成される $\mathcal{O}_S$ 加群の接続を定め，この接続は例 10.1 であげたものと一致していることがわかる．

第 11 章

11.1 $1 \le \lambda_1 \le \cdots \le \lambda_p$ と小さい順番に並べて，この中で 1 の現れる回数を a_1 回，2 が現れる回数を a_2 回，... などとすると，

$$n = 1 \cdot a_1 + 2 \cdot a_2 + 3 \cdot a_3 + \cdots \tag{1}$$

が成り立つ．したがって，$p(n)$ は上の式が成立する 0 以上の整数の列 $(a_1, a_2, \ldots)$ の数と一致する．他方，

$$\frac{1}{1-q^1} \frac{1}{1-q^2} \frac{1}{1-q^3} \cdots$$

の各因数をテーラー展開して得られる無限積

$$(1 + q^{1\cdot1} + q^{1\cdot2} + q^{1\cdot3} + \cdots)(1 + q^{2\cdot1} + q^{2\cdot2} + q^{2\cdot3} + \cdots)(1 + q^{3\cdot1} + q^{3\cdot2} + q^{3\cdot3} + \cdots) \tag{2}$$

を考えると，これを展開したときの q^n の係数は，第 1 因子目からは a_1 番目，第 2 因子目からは a_2 番目，... ととっていって，式 (1) が成り立つものの場合の数と等しくなるので，式 (2) を展開したときの q^n の係数が $p(n)$ と等しくなる．

11.2 $\sigma_1 = \begin{pmatrix} a_1 & b_1 \\ c_1 & d_1 \end{pmatrix}, \sigma_2 = \begin{pmatrix} a_2 & b_2 \\ c_2 & d_2 \end{pmatrix}$ とおく．このとき，$\sigma_1 \sigma_2 = \begin{pmatrix} a_1 a_2 + b_1 c_2 & a_1 b_2 + b_1 d_2 \\ c_1 a_2 + d_1 c_2 & c_1 b_2 + d_1 d_2 \end{pmatrix}$ となる．したがって，

$$\begin{aligned}
(G\mid_{\sigma_1})\mid_{\sigma_2}(\tau) &= (G\mid_{\sigma_1})\left(\frac{a_2\tau+b_2}{c_2\tau+d_2}\right)\\
&= (G\mid_{\sigma_1})\left(\frac{a_1(a_2\tau+b_2)+b_1(c_2+d_2\tau)}{c_1(a_2\tau+b_2)+d_1(c_2+d_2\tau)}\right)\\
&= (G\mid_{\sigma_1\sigma_2})(\tau)
\end{aligned}$$

となり，証明された．

11.3 まず，$p\equiv 3\pmod 4$ のときは，$\#E(\mathbf{F}_p)=p+1$ となることが容易に観察できよう．$p\equiv 1\pmod 4$ のときは，$p=a^2+b^2$ となる自然数 a,b（a は奇数，b は偶数）と表される．また，$\#E(\mathbf{F}_p)$ は $\pm 2a$ という形になっている．

あとがき

　リーマン面に関する本はいくつも刊行されており，それぞれ特色のあるものとなっている．本書を著す一つの動機は，古典的な理論とホッジ理論の間を橋渡ししたいというものであった．現代的なコホモロジー理論がいかに有効に古典的問題を取り扱うことができるか，ということをおみせしたかったのだが，どれくらいその目的が達成されたかは読者の判断を待つしかない．

　リーマン面の名著として，

　(1) [W] H. ワイル，リーマン面

があげられる．コンパクト・リーマン面に関するリーマン‒ロッホの定理，あるいはその周辺において非自明な鍵となるポイントに，コンパクト・リーマン面上の有理関数の存在定理と，ベクトル束のコホモロジーの有限次元性定理がある．本書では，コホモロジーの有限次元性定理を用いてリーマン‒ロッホの定理を導き，その系として有理関数の存在を示した．ワイルの本ではもっと直接的に，ディリクレの原理を用いて与えられた主要部をもつ有理関数の存在を証明しており，その証明ではコホモロジーは用いられておらず，関数論だけの比較的単純なものである．この手法も捨てがたく，議論が単純化できないのかを試してみたが，あとのセールの定理，アーベルの定理などとの整合性を考えたとき，いずれどこかの段階で層係数コホモロジーを用いて表すことが自然となるので，層の議論ははじめに必要な分だけ行うことにした．その代償として，ワイルの本で用いられた興味深いディリクレの原理は，楕円型偏微分作用素のフレドホルム性として，形式的にはみえにくい形になってしまっている．

　本書を書くにあたって，以下のリーマン面に関する図書を大いに参考にさせてもらった．

　(2) [O] 小木曽啓示，代数曲線論

　(3) [K2] 今野一宏，リーマン面と代数曲線

　後半第8章から第10章までの周期積分に関する内容は，ホッジ理論を基礎に一般化され展開される．これには高次元の複素多様体の定義と性質のほか，ケーラー幾何が必要とされるが，本質的に用いられるのが本書で扱った楕円型偏微分作用素のフレドホルム性である．

参考文献

[A1] L.V. アールフォルス（笠原乾吉訳），複素解析，現代数学社 (1982)

[A2] E. アルティン（寺田文行訳），ガロア理論入門（ちくま学芸文庫），筑摩書房 (2010)

[AM] Atiyah, M. F. and Macdonald, I. G., Introduction to Commutative Algebra, Addison-Wesley, Reading, Mass. (1969)（邦訳：新妻弘，Atiyah - MacDonald 可換代数入門，共立出版 (2006)）

[H1] 堀田良之，代数入門—群と加群（数学シリーズ），裳華房 (1987)

[H2] R. Hartshorne, Algebraic Geometry (Graduate Texts in Mathematics 52), Springer (1997)（邦訳：高橋宣能・松下大介，代数幾何学 1〜3，丸善出版 (2004〜2005)）

[J] C. G. J. Jacobi, Über eine neue Methode zur Integration der hyperelliptischen Differentialgleichungen und über die rationale Form ihrer vollständigen algebraischen Integralgleichungen, Crelle Journal, vol.32, p.220-226(1846)

[K1] 黒田成俊，関数解析，共立出版 (1980)

[K2] 今野一宏，リーマン面と代数曲線，共立出版 (2015)

[M1] 松本幸夫，多様体の基礎（基礎数学 5），東京大学出版会 (1988)

[M2] 松坂和夫，集合と位相入門，岩波書店 (1968)

[M3] Mumford, Tata lectures on Tata II (Modern Birkhause Calssics), Birkhauser (2006)

[Sh] 志甫淳，層とホモロジー代数（数学の魅力），共立出版 (2016)

[T1] 田村一郎，トポロジー（岩波全書），岩波書店 (2015)

[T2] 坪井俊，幾何学 III 微分形式，東京大学出版会 (2008)

[U] 梅村浩，楕円関数論，東京大学出版会 (2000)

[W] H. ワイル（田村二郎訳），リーマン面，岩波書店 (2003)

[O] 小木曽啓示，代数曲線論，朝倉書店 (2002)

索　引

記号，英数字

$(0,1)$ 形式　47
$(1,0)$ 形式　47
1 変数代数関数体　101
2 重周期関数　20, 189
C^∞ 構造　78
C^∞ 写像　204
C^∞ 切断　78
C^∞ 多様体　203
C^∞ ベクトル束　77
$\bar\partial$ 作用素　82
j 不変量　188
PID　199
R 加群　196
R 部分加群　197

あ行

アイゼンシュタイン級数　191
跡写像　106
アーベル　2
アーベル多様体　156
アーベルの定理　150
アーベル–ヤコビ写像　151
位数（有理型関数の）　34
位数（零点の）　28
位相的オイラー数　125
一意化リーマン面（$\log(z)$ の）　33
一意化リーマン面（$\sqrt{z}$ の）　33
一致の原理　29, 45
一般化されたコーシーの積分公式　83
イデアル　197
移動補題　122
因　子　90
因子（効果的な）　90
因子群　90
因子類群　91
ヴェイユ作用素　143, 154
ヴェイユ予想　185
エタール・コホモロジー　194
エネルギー保存則　3

オイラー標数　93

か行

解析性（正則関数の）　27
解析接続　29
外積代数　205
外微分　209
ガウス–マニン接続　180
可換環　195
可逆層　81
核（層の準同型 f の）　69
可　縮　24
加法定理（楕円関数の）　13
加法定理（楕円曲線の）　9
ガロア拡大　201
ガロア群　201
完全（層の列，前層の列）　71
完全部分群　212
完全列　71
幾何種数　92
帰納極限　65
帰納系　64
基本周期　20, 188
逆像（層の）　113
共　終　65
局所環　61, 199
局所自明化　78
局所自由 $\mathscr{A}$ 加群　79
局所複素座標　37
局所複素座標系　37
曲線（滑らかな）　23
茎　67
グロタンディーク　194
グロタンディークの定理　111
ケーラー多様体　141
格　子　189
コーシーの積分公式　26
コーシーの積分定理　25
コーシーの積分定理（リーマン面の）　57
コホモロジー（層の）　74

コホモロジー群　213
コンパクト化　13

さ行

算術種数　92
次数（因子）　91
次数（可逆層の）　97
指数完全列　146
志村五郎　194
射（前層の）　62
射影公式　114
射影代数多様体　128
射影同値　189
射影平面　8
主イデアル整域　199
主因子　91
自由 $\mathscr{A}$ 加群　79
周　期　5
周期格子　20, 144, 189
周期積分　141
自由性条件　129
種　数　120
種数（平面曲線の）　128
主偏極　155
主偏極アーベル多様体　156
シュワルツ–クリストッフェル変換　19
順像（層の）　112
準同型（環の）　196
商加群　197
上半平面　190
初等超越関数　1
シンプレクティック　139
シンボル（偏微分作用素の）　88
水平切断　171
正規化された基底　142, 157
正規化周期行列　157
正則 1 次微分形式　47
正則関数　18, 22
正則構造　78
正則写像（リーマン面上の）　43

正則切断　78
正則直線束　81
正則微分形式　47
正則ベクトル束　77
接　続　170
セールの双対定理　107
全射（層の，前層の）　70
前　層　61
前層（R 加群の）　62
前層（$\mathfrak{R}$ 加群の）　64
前層（環の）　62
層　62
層（(01) 形式の）　64
層（(10) 形式の）　64
層（C^∞ 関数の）　64
層（R 加群の）　62
層（$\mathfrak{R}$ 加群の）　64
層（環の）　62
層（正則関数の）　63
層（正則微分形式の）　64
層（連続関数の）　63
像（前層の）　69
像（層の）　69
層　化　68
相対跡写像　118
相対外微分　176
相対整係数コホモロジー層　178
相対正則ド・ラム複体　176
相対正則微分形式の層　176
相対双一次形式　118
相対双対定理　118
相対ド・ラム・コホモロジー層　176
相対微分　116
相対ポアンカレの補題　176
双対加群　104
双対加群層　105
双対基底　104
族（コンパクト・リーマン面の）　172
ソボレフ空間　220
ソボレフの埋め込み定理　228
ソボレフ・ノルム　220

た行─────
対称積　151
タイプ（偏極の）　155
楕円型偏微分作用素　88
楕円関数　1, 4
楕円曲線　43

楕円積分（ルジャンドルの）　168
谷山−志村予想　192
多変数正則関数　155
短完全列　213
単項イデアル　61
単射（層の，前層の）　70
単純被覆　134
単純閉曲線　23
チェック・コホモロジー（前層を係数とする）　74
チェック・コホモロジー（被覆に関する）　73
チェック複体　72
長完全列　215
超幾何関数　182
超幾何微分方程式　169
超楕円曲線　43, 124
テータ関数　158
デルタ関数　184
同型（環の）　196
同値（周期格子の）　189
同値（正則構造の，C^∞ 構造の）　78
特異コホモロジー群　133
特異鎖複体　55
特異ホモロジー群　55, 133
ド・ラムの定理　135
ドリーニュ　185
ドルボー・コホモロジー　86
ドルボーの補題　83
ドルボー複体　84
ドルボー複体（大域的）　86

は行─────
ハイパー・コホモロジー　173
ハーディー　184
ピカール群　96
微分形式　207
標準シンプレクティック基底　155
標準的 2 重被覆　103
複素アファイン平面　13
複素解析族　171
複素解析族（リーマン面の）　172
複素構造（複素多様体の）　156
複素積分　18
複素多様体　144, 155
複素微分　29
複素領域　21
複　体　212
複体（層あるいは前層の）　71

不分岐被覆　124
フーリエ級数　160
フルビッツの定理　124
フルビッツの定理（位相的種数に関する）　125
フレドホルム性　89, 219
分割数　184
分岐指数　98
分岐跡　100
分岐点　99
分類定理（閉曲面の）　139
閉曲線　23
閉曲面　139
閉部分群　212
平面曲線（複素）　37, 127
ヘッケ作用素　185
偏　極　155
偏極（アーベル多様体の）　156
偏極ホッジ構造　154
偏微分作用素　88
ポアンカレ双対　140
ポアンカレの双対定理　139
ポアンカレの補題　214
ポアンカレ留数　53, 128
保型形式　192
保守性　67
ホッジ分解　141
ホッジ分解（重さが 1 の）　153
ポッホハマー・パス　182
ホモロジー群　213

ま行─────
マイヤー−ビートリスの完全列　55
無限遠直線　8
芽　68
モジュライ空間（ヒッグス束の）　166
モーデル　185

や行─────
ヤコビ　2
ヤコビ多様体　144
有向集合　64
有理関数　103
有理型関数　34
有理型関数（リーマン面上の）　43
有理型切断　81
有理型微分形式　49
余核（前層の）　69

余核（層の）　69

ら行————————————
ラマヌジャン　184
ラマヌジャン予想　185
ラングランズ予想　193

離散付値環　199
リーマン　2
リーマン球面　14
リーマンの 2 次関係式　143
リーマン面　15, 36
リーマン–ロッホの定理　93

留　数　50
留数定理　58
レリッヒの定理　228

わ行————————————
ワイエルシュトラス標準形　187

著 者 略 歴

寺杣　友秀（てらそま・ともひで）

1987 年	東京大学大学院理学系研究科数学専攻博士課程修了
	理学博士
1988 年	学習院大学理学部助手
1989 年	千葉大学教養部講師
1992 年	東京都立大学理学部助教授
1995 年	東京大学数理科学研究科助教授
2007 年	東京大学数理科学研究科教授
2019 年	東京大学名誉教授，法政大学理工学部教授
	一般社団法人日本数学会理事長
	現在に至る

編集担当	上村紗帆（森北出版）
編集責任	石田昇司（森北出版）
組　版	三美印刷
印　刷	同
製　本	同

リーマン面の理論　　　　　　　　　　　　ⓒ 寺杣友秀　*2019*

2019 年 11 月 29 日　第 1 版第 1 刷発行　　【本書の無断転載を禁ず】

著　　者	寺杣友秀
発 行 者	森北博巳
発 行 所	森北出版株式会社

　東京都千代田区富士見 1-4-11（〒 102-0071）
　電話 03-3265-8341／FAX 03-3264-8709
　https://www.morikita.co.jp/
　日本書籍出版協会・自然科学書協会　会員
　JCOPY ＜（一社）出版者著作権管理機構　委託出版物＞

Printed in Japan／ISBN978-4-627-07831-4